四川盆地天然气  术

徐天吉　唐建明　程冰洁　著

科学出版社

北京

内 容 简 介

本书紧密围绕四川盆地陆相致密碎屑岩气藏、海相碳酸盐岩气藏和非常规（页岩气）气藏，全面阐述常规地震与三维三分量地震勘探技术的采集、处理、解释等理论方法、实施流程和技术进展等内容，系统论述地震勘探技术在四川盆地天然气勘探开发中的实践效果、面临的挑战和未来的发展方向。基于观测系统设计、采集质量控制、高分辨率处理、AVO 道集优化、全波形反演、逆时偏移成像、多波联合反演、多波流体识别、窄河道薄砂体刻画、生物礁内幕刻画、地质与工程"甜点"评价等前沿方法和技术实例，深入浅出地论述了地震勘探技术的关键环节和核心方法，及其在四川盆地天然气勘探中发挥的巨大作用。

本书可供从事油气勘探开发的生产、管理、科技工作者及相关学科的教师、学生等读者参阅。

图书在版编目(CIP)数据

四川盆地天然气地震勘探技术 / 徐天吉，唐建明，程冰洁著. —北京：科学出版社，2022.2
ISBN 978-7-03-071064-2

Ⅰ.①四… Ⅱ.①徐… ②唐… ③程… Ⅲ.①四川盆地–油气勘探–地震勘探 Ⅳ.①P618.130.8

中国版本图书馆 CIP 数据核字（2021）第 260879 号

责任编辑：刘 琳 / 责任校对：彭 映
责任印制：罗 科 / 封面设计：墨创文化

科学出版社出版
北京东黄城根北街16号
邮政编码：100717
http://www.sciencep.com

成都锦瑞印刷有限责任公司印刷
科学出版社发行 各地新华书店经销
*

2022年2月第 一 版 开本：787×1092 1/16
2022年2月第一次印刷 印张：19 1/4 插页：5
字数：450 000

定价：199.00 元
（如有印装质量问题，我社负责调换）

序

四川盆地天然气的勘探历史，既是一部资源发现史，也是一部科技进步史。进入21世纪，随着天然气成藏理论和勘探开发技术的创新与持续进步，连续发现了新场气田、普光气田、元坝气田、安岳气田及涪陵、威远、长宁页岩气田等一批大型-特大型气田，天然气探明储量及产量实现快速增长，四川盆地已经成为我国重要的天然气生产基地。

地震勘探技术作为油气勘探开发技术家族中的关键成员，在推动四川盆地天然气快速发展的过程中发挥了重要作用。每一次地震勘探技术的进步，都带来了天然气勘探的重大突破。20世纪70～80年代，二维数字地震仪及多次覆盖技术的应用，迎来了川东石炭系勘探的重大突破和规模增储；20世纪90年代中期，多道遥测数字地震仪及三维地震勘探技术的推广，突破了侏罗系河道砂岩气藏精细刻画的技术"瓶颈"，首次实现了川西浅中层气藏的规模开发。进入21世纪，地震勘探技术迅速发展，勘探成效大幅提升。山地高分辨率地震勘探技术的突破，助力了普光飞仙关组、长兴组生物礁滩大气田的发现和规模开发；三维三分量地震勘探关键技术的创新，首次实现了川西深层致密砂岩气藏高效勘探和规模增储；深层、超深层高精度三维地震勘探技术的突破，实现了深层、超深层碳酸盐岩储层内幕结构的精细刻画，支撑了元坝长兴组超深层大型生物礁气田、安岳深层海相大气田的商业发现及百亿立方米产能建设；近期页岩气地震勘探技术得到快速发展，有力支撑了涪陵、长宁—威远、威荣、永川等页岩气田的商业发现及效益开发。

与此同时，地震勘探技术作为地质家的眼睛、油气勘探的先锋、发现突破的尖兵、增储上产和降本增效的利器，在四川盆地跌宕起伏的天然气勘探实践中又得到了不断发展和完善。四川盆地地震勘探始于1953年，至今已有60多年的历史，地震勘探技术由二维地震发展到三维地震，采集设备由百道模拟地震仪发展到超万道数字地震仪，处理设备由小型机发展到高性能集群机，解释技术由手工解释发展到全三维构造岩性解释，三维三分量勘探、两宽一高采集、高密度采集、起伏地表各向异性叠前深度偏移、五维地震资料解释、页岩气地质与工程双"甜点"地震预测、人工智能处理解释等众多地震勘探新方法、新技术快速发展。地震勘探技术的进步，使得采集到的资料信息更加丰富，构造成像精度更高，圈闭识别更加可靠，储层刻画更加精细，气藏描述更加准确，页岩气"甜点"区评价更加精准。

四川盆地天然气资源十分丰富，至今探明率还很低，仍处于快速增储上产阶段，勘探开发潜力巨大。然而，剩余资源的分布更加复杂、隐蔽，必须深化地质研究、强化技术攻关，用创新的理论和创新的方法技术才能加快勘探突破，发现更多的规模优质储量，为四川盆地天然气大规模开发夯实资源基础。显然，地震勘探技术将扮演更加重要的角色，发挥更大的作用。

该书作者长期从事地震勘探技术研究和生产实践，在陆相致密碎屑岩、海相碳酸盐岩和非常规页岩气三大领域的地震勘探技术攻关与应用中取得了丰富的创新成果。我作为一名同在四川盆地的油气勘探工作者，与作者及其团队在多项重大科技攻关和普光等大气田勘探实践中协同工作，亲眼见证了他们不断创新地震勘探方法、技术，持续推进四川盆地天然气勘探大发现、大突破的历程，深深地感受到了地震勘探技术在四川盆地天然气勘探开发中发挥的重要作用和做出的巨大贡献。

　　该书全面总结了四川盆地天然气地震勘探的新方法、新技术及其应用实例和效果，指出了未来面临的挑战和发展方向，内容丰富，特色突出，案例翔实，不仅对油气勘探开发领域相关技术人员大有裨益，也有助于推动地震勘探技术进步，有助于支撑天然气大发展战略的实施。

中国工程院院士　郭旭升

2020年8月8日

前　　言

四川盆地是常规与非常规天然气的"双富集"区，资源量分别占全国的23%和26%。

目前，四川盆地已经在震旦系灯影组、下寒武统龙王庙组、下志留统龙马溪组、下石炭统河洲组、上二叠统长兴组、下三叠统飞仙关组、嘉陵江组、中三叠统雷口坡组、上三叠统须家河组、侏罗系自流井组、沙溪庙组和蓬莱镇组等层系，相继取得勘探突破并投入商业开发，发现了川东北、川西、川南和川中4个大气区，成功建设了27个大中型气田，天然气产量约占全国产量的1/4。

未来，四川盆地天然气产量的占比将提升至全国产量的1/3，将被建设成为西南能源战略枢纽，发挥我国战略大气区和现代化天然气大市场的引领作用。

然而，四川盆地的地表和地下地质条件复杂，陆相气藏、海相气藏和页岩气等多种类型的天然气勘探与开发成果来之不易。新中国成立以来，通过60余年的攻关与探索，经历了地表构造勘探，构造相关裂缝型气藏勘探，裂缝-孔隙型和孔隙型气藏勘探，以及深层、超深层复合型气藏勘探4个阶段，在地质理论、勘探与开发技术等不断进步的前提下，四川盆地的天然气资源被大面积地发现和高效开采，形成了规模化的天然气产业体系，取得了显著的社会与环境效益。

事实上，四川盆地不同规模和不同类型气藏的勘探发现，一直受勘探目标、勘探思路、勘探技术等多种因素影响。"地质指路，物探先行"，物探技术在四川盆地陆相、海相和非常规等气藏的勘探中，一直扮演着"先行军"的角色，长期发挥着重要的"先锋"作用。其实，"物探"是地球物理勘探方法的简称，包括重力、磁法、电法、地震、测井等多门学科。而在四川盆地担当"先行军"角色的是天然气地震勘探技术。

近年来，随着四川盆地天然气勘探开发的不断加深，山前带"双复杂"等领域及超深层碳酸盐岩、火山岩、深层超致密碎屑岩、浅中层窄河道薄储层深层、超深层页岩气及常压页岩气等，勘探开发难题不断涌现，地震勘探面临着复杂地区数据采集、低信噪比数据处理、高分辨率处理、复杂构造成像及薄储层预测、孔渗饱定量预测、含气性定量识别、小尺度裂缝检测、各向异性预测、非均质性预测、脆性预测、高精度孔隙压力与地应力预测、地质与工程"甜点"精细评价等诸多挑战。

因此，本书将向读者重点阐述四川盆地天然气地震勘探技术。在总结过去60余年四川盆地天然气地震勘探成果的基础上，针对浅中层致密砂岩气藏、深层裂缝型砂岩气藏、礁滩相碳酸盐岩气藏、潮坪相碳酸盐岩气藏和页岩气等，重点阐述常规地震和三维三分量地震资料的采集、处理、解释和综合应用等技术的最新进展和应用效果，为四川盆地及我国其他类似探区提供方法启迪和技术参考。

本书共计11章，主要内容包括：

第1章，重点阐述四川盆地天然气勘探历史和现状、地质与地震勘探条件、存在的问题与挑战；

第2章，重点阐述常规地震与三维三分量观测系统的设计、激发、接收、表层结构调查、质量控制等技术；

第3章，重点阐述地震资料的高保真处理、薄层高分辨率处理、大规模连片处理、AVO道集优化处理、五维插值、全波形反演、逆时偏移成像，以及转换波旋转、CIP道集抽取等三维三分量地震数据处理技术；

第4章，重点阐述地层追踪、构造解释、叠后反演、AVO反演及孔隙度、渗透率、饱和度等储层参数预测技术；

第5章，重点阐述AVO含气敏感属性分析、AVO叠前弹性反演、频变AVO、流体密度反演、吸收衰减、孔隙介质渐进方程、含气指示参数反演、机器学习等含气性识别技术；

第6章，重点阐述川西浅中层陆相致密气藏波形分类相带预测、储层定量预测、河道砂体刻画等地震解释与综合应用技术；

第7章，重点阐述川西深层陆相裂缝型气藏裂缝介质正演模拟、全波属性提取、多波裂缝检测、多波联合反演、多波含气性识别等地震解释与综合应用技术；

第8章，重点阐述川东北礁滩相气藏地震识别、礁体内幕刻画、礁滩储层流体识别等地震解释与综合应用技术；

第9章，重点阐述龙门山前潮坪相气藏岩石物理建模、有利相带预测、储层定量预测、裂缝检测与流体识别等地震解释与综合应用技术；

第10章，重点阐述川南深层页岩气"两宽一高"地震资料采集、"三保三高"地震资料高保真处理、深度域高精度成像、高精度弹性参数反演、TOC反演、含气量预测、地层压力预测、地应力预测、脆性预测、多尺度裂缝检测、地质与工程"甜点"评价等地球物理综合预测技术体系；

第11章，重点阐述致密砂岩储层、碳酸盐岩储层和页岩储层测井识别与评价技术。

本书既是前期地震资料采集、处理、解释等理论和方法技术的汇总，也是60余年来四川盆地天然气地震勘探经验的总结和最新进展的介绍，同时探讨了未来天然气地震勘探开发潜力和技术攻关方向。

当然，受四川盆地天然气成藏与地质条件的多样性、勘探开发理论的复杂性及作者科技水平的局限性等多种因素的制约，书中一定还存在疏忽与不妥之处，敬请广大读者批评指正。

作者

2021年1月5日

目　　录

第1章 绪 论

四川盆地属于典型的叠合盆地，天然气资源丰富，勘探面积大，勘探历史悠久。早在公元16~19世纪，在四川盆地的盐都自流井地区(今自贡市自流井区)，就建成了世界上最早的天然气开采井群。新中国成立至今，四川盆地的天然气勘探取得了更加辉煌的成就。经过60多年的勘探，在震旦系灯影组、下寒武统龙王庙组、下志留统龙马溪组、下石炭统河洲组、上二叠统长兴组、下三叠统飞仙关组、嘉陵江组、中三叠统雷口坡组、上三叠统须家河组、侏罗系自流井组、沙溪庙组及蓬莱镇组等层系取得勘探突破并投入商业开发。发现了川东北、川西、川南和川中4个大气区，成功建成了27个大中型气田，成为我国主要的天然气生产基地。在这些大气区的发现和大中型气田的建设过程中，地震勘探技术发挥了重要的作用。

1.1 四川盆地天然气勘探现状

四川盆地(约$18 \times 10^4 km^2$)及其周缘油气有利勘探面积超过$30 \times 10^4 km^2$，从震旦系到侏罗系，已经发现了常规天然气、致密气、页岩气、致密油等4种类型的油气资源，表现出以天然气为主的能源分布特点。其中，致密气和页岩气属于非常规气，四川盆地是常规气和非常规气"双富集"气区。近年来，四川盆地天然气产量已经达到全国总产量的1/4。目前，随着科技的进步和勘探开发力度的不断加大，四川盆地的天然气勘探前景更加广阔。未来，四川盆地的天然气产量将再次实现跨越式的增长，产量占比有望提升至全国总产量的1/3。

1.1.1 天然气勘探简史

中国是世界上最早发现天然气的国家之一，在四川盆地最早建成了天然气生产基地。至今，四川盆地仍然是我国天然气勘探开发的热点区域，为我国经济建设、产业发展、居民生活等做出了巨大的贡献。

1. 天然气的发现与利用

四川盆地最早的天然气发现与利用记录，可追溯到我国的秦朝时期。由于盐卤与天然气共存于地下岩层，人们在凿井掘盐卤的过程中，发现了天然气并用其煮盐。据古代书籍《川盐纪要》记载，秦昭襄王时期(公元前306~前251年)，蜀郡太守李冰"又识齐水脉，穿广都盐井诸陂池，蜀于是盛有养生之饶焉"。李冰在四川兴修水利时，最早开始了地质凿井取盐，发现了天然气，当时把气井称为"火井"。西晋《蜀都赋注》中言"火井，盐井也"，《后汉书·郡国志》中描述"取井火还煮井水"，也证实了天然气是凿井取盐的过程中被发现与利用的。

公元前67年的汉宣帝时期，发现了临邛火井，成为世界上最早的天然气生产井。据《蜀王本纪》记载，"临邛有火井，深六十余丈"，即在现今的邛崃市发现了天然气。《异苑》记载，"临邛有火井，汉室方隆则炎赫弥炽，暨桓、灵之际(147～189年)火势渐微，诸葛一瞰而更盛，至景耀元年(258年)"。说明在三国时期，诸葛亮(181～234年)亲自视察了古火井，用竹筒输导天然气，利用井火煮盐，进而提高煮盐产量。公元347年，东晋《华阳国志·蜀志》中描述了临邛县天然气的开采与应用情景，即"有火井，夜时，光映上昭。民欲其火，先以家火投之，顷许如雷声，火焰出，通耀数十里。以竹筒盛其光藏之，可拽行终日不灭也"。远在山东临沂的"书圣"王羲之(东晋303～361年)，写下了盐井帖给益州刺史"彼盐井、火井皆有不(否)？足下目见不？为欲广异闻，示！"。可见，天然气的发现与应用当时已经远近闻名了。唐朝时期，临邛曾被改名为火井镇。

除临邛以外，四川盆地的其他地方也很早就发现了天然气。例如，后蜀(934～965年)时期，在成都能"宵瞻火井之光"；北宋(960～1127年)时期，"陵上有井，……若以火坠井中，即雷吼沸涌，烟气上冲"，在仁寿县(古称陵州)一带发现了天然气；南宋时期(1127～1279年)，"火井在长江县""焰生于火上"，在蓬溪县发现了天然气。

2. 1949年之前天然气的勘探

尽管在秦汉时期四川盆地就发现了天然气，但是，受当时勘探技术的局限，天然气并未被大规模地开发利用。据《天工开物》记载，到了明朝时期，针对浅层低压气藏和裂缝型气藏的钻井设备、操作工艺、井径、井深、钻速等天然气勘探开发技术，才在邛崃、射洪、蓬溪、富顺、犍为、眉山、青神、井研、洪雅、乐山等地区开始逐渐兴起。至明朝万历年间，朝廷开始"载课火井"(收税)，表明当时的天然气勘探已经具备了较大的生产规模。

明末清初，气卤储集规律研究、层位对比、裂缝描述、井位勘测与部署等地质人员(古代称为"匠氏""山匠""井管事"等)的出现，使天然气勘探开发技术获得了较大进步。那时，根据实践经验，人们已经逐渐总结出了天然气的分布规律和勘探开发方法。通过岩层、山形和气卤露头，"山高大者，须择其低处平原；山低者，须择其曲折凸起之处"和"有水有火必有缝"，概括了利用构造和裂缝(当时将裂缝分为立缝、横缝、骑马缝、水缝、火缝等类型)找天然气的方法，以"相地凿井"；在"两岸夹河、山形险急、得沙势处"，部署井位；通过"规画形势、督工匠以凿井"实现钻井和开采。这些方法，使自贡市自流井地区呈现出"井厂掘凿遍山"的兴盛现象，建成了自流井气田。该气田位于自贡市艾叶滩、贡井、自流井、凉高山、大山铺一带，是喜山运动形成的一个大背斜，沉积层厚，圈闭条件和生储组合良好，裂缝发育为天然气和盐卤水的运移、聚集、保存等创造天然条件。雍正至乾隆年间，盐井超过400余口，火山井有11口。道光年间，"且多火井……，引入锅底煮盐，利最厚，省煤炭，……大火可烧二三百锅，最次者亦烧数十锅"。咸丰、同治年间，"乃大办井灶，并及深井，及于火脉，火乃大升"。光绪年间，盐井与火井猛增至5000口，日产天然气10000m^{3}的火井不低于10口。

显然，在明朝的基础上，清朝时期的天然气勘探技术取得了更大的进步。不仅在地质认识方面获得了大幅度的提高，总结出了许多先进的地质规律，能将绝大部分天然气井部署在构造的顶部和长轴位置，而且天然气勘探开发的深度更深，地层更老，产量更高。乾隆年间，老双盛井深达530m；嘉庆年间，桂粘井深达797.8m，钻穿侏罗系到达三叠系顶部；道光年间，兴海井深达1001.4m，日产盐卤万余担、天然气8500多立方米；咸丰、同治年间，磨子井深达1200m，钻穿三叠系嘉陵江组和雷口坡组气卤层，日产天然气数十万立方米。1850～1878年，"盐火两旺"，天然气产量估计高达$60 \times 10^8 m^3$。

民国时期(1912～1949年)，四川盆地的天然气仍然被广泛勘探开发。1929年10月，欧洲地质学家阿诺德·海姆拍摄的照片，记录了四川盆地天然气勘探开发的现场情况(图1-1)。可见，当时的天然气勘探技术，在一定程度上达到了较成熟的水平，在生产服务中已经被广泛应用。抗战前后，国民政府在四川盆地开展了大量地质调查工作，编写了1∶50万的地质图，实现了威远背斜、隆昌圣灯山背斜的勘查描述。1939年，巴1井钻深达1402.2m，日产天然气约$1.51 \times 10^4 m^3$；1943年，隆昌圣灯山的高产井日产天然气$3.6 \times 10^4 m^3$。1936～1949年，仅在隆昌圣灯山构造和巴县石油沟构造就发现天然气储量$3.85 \times 10^8 m^3$，天然气产量达0.36 $\times 10^8 m^3$。

图1-1　四川盆地天然气勘探开发早期照片(来自网络图片)

3. 当代天然气勘探

中华人民共和国成立后，四川与青海、玉门、新疆成为我国四大石油与天然气基地。其中，四川盆地的天然气勘探始于1953年，20世纪60年代年产量约为$10 \times 10^8 m^3$；70年代后期开始大幅度提升，1979年，天然气年产量达到$64.7 \times 10^8 m^3$；80年代后期，实现了储量和产量稳定增长；90年代水平井和压裂技术普遍应用，天然气产量年增长$1.6 \times 10^8 m^3$。这期间，先后发现了威远、大池干、罗家寨等大中型气田，在我国首次建成了产能超过$100 \times 10^8 m^3$的天然气生产基地。2000年至今，四川盆地的天然气勘探进入高速发展期(马永生等，2010)，基本明确了震旦系、石炭系、二叠系、三叠系等主要含气层系，勘探目标由深层向超深层与新领域不断拓展，先后发现了川东北、川西、川南和川中4个主要大气区，相继建成了普光、广安、合川、新场、安岳、元坝、焦石坝等大中型气田，实现了天然气储量与产量同步快速增长。

概括起来，当代天然气勘探可以划分为4个阶段。

1) 普查探索阶段(1953~1977年)

新中国成立以来，四川盆地的油气勘探工作一直倍受重视。早在1950年，就开始了对龙泉山、龙门山、隆昌、永川、乐山、江油等地区的油气勘查。但是，新中国成立之初，百废待兴，直到1953年才正式着手部署针对四川盆地的油气勘探。1954年，对圣灯山和龙门山地槽区进行了重点勘探；1955年，开辟了四川东南部区域，发现了威远、高木顶、东溪、黄瓜山、石油沟等构造；1956年，对川中龙女寺和南充地台进行了重点勘探；1957年，巴9 井发生强烈井喷，隆10井在圣灯山钻遇二叠系气藏，天然气日产量达 $16.3 \times 10^4 m^3$。1953~1957年，地震、电法、磁法、重力等勘查技术，针对盆地基底、区域构造、含油气构造、含气储层等地质目标进行了广泛的应用，取得了良好的普查和勘探效果，为"川中会战"奠定了坚实的基础。

1958~1966年，在四川盆地实施过两次油气勘探大会战。尽管两次会战并未取得预期的油气成果，但为四川盆地油气勘探带来了新认识和发现。

1958~1959年，开展了第一次"川中会战"。对川中的蓬莱镇、龙女寺、南充、合川、营山、广安、罗渡溪7个构造开展油气勘探工作，将南充、蓬莱镇、龙女寺3个构造列为重点攻关目标。1958年，发现了川中油田，先后在南充构造、龙女寺构造、蓬莱镇构造、广安构造的凉高山组和大安寨段发现了工业油流；在长垣坝构造钻出一口高产气井，日产天然气超过 $14 \times 10^4 m^3$。1959年，完成了1：20万石油地质区域普查，面积达 $22.6 \times 10^4 km^2$，发现119个背斜构造和若干断层封闭、断鼻等有利于油气聚集的构造高点，获工业油井37口，稳产油井9口。这次会战发现川中侏罗系凉高山组砂岩和大安寨段灰岩致密性强，孔隙、裂缝和溶洞是油气的主要储集空间，但结构十分复杂，渗透率较低，油层薄，孔隙度低，非均质性强，勘探难度大；同时，还在二叠系、三叠系、侏罗系、白垩系等地层发现了丰富的沉积物，为认识四川盆地新的油气层系和勘探新方向等埋下了伏笔。

"川中会战"虽然结束，但四川盆地的油气勘探工作仍然在继续开展。1959年末，发现了桂花、罗渡溪、营山等油田和东岳庙新油层。1960~1961年，在隆盛、桂花、大石等勘探区块，获工业油井23口、稳产井21口、高产井5口。1964年，在威远、资中、荣昌等地区实现了震旦系顶部灯影组白云岩高产油藏勘探突破。1958~1965年，在四川盆地绘制地质剖面 $2.2 \times 10^4 km^2$，实施重力勘探 $24.4 km^2$，磁法勘探 $7889 km^2$，发现43个构造、9个油田、18个气田；同时，针对四川盆地的凉高山组和大安寨段裂缝型油气藏在构造、圈闭、储层、气水关系、地层压力等方面取得了丰富的勘探认识。

1965~1966年，开展了第二次"开气找油"大会战。1965年9月，在威远气田探明天然气储量超过 $400 \times 10^8 m^3$，发现了威远2井等7口高产工业气井。1966年，发现了泸州含气构造和老翁场、桐梓园、塘河、合江、荔枝滩、坛子坝等8个新气田，获气井37口，新增天然气年产能$8.5 \times 10^8 m^3$。本次会战在震旦系找到了白云岩高产气藏，发现的最大气田是威远气田。

之后，川中华蓥西、川南泸州古隆起、川西北龙门山成为油气勘探的主要目标区域。1971～1972年，先后发现了中坝、河湾场等4个气田。1974年，在盆内选择了13个重点气田进行勘探开发，大幅度提高了产能，建成了全国天然气基地。1975年，累计探明天然气储量$1422 \times 10^8 m^3$。1977年底，在相国寺首次钻遇石炭系气藏，开始了川东石炭系油气勘探。中坝、卧龙河、相国寺等气藏的发现，表明四川盆地除裂缝型油气藏外，还存在孔隙型大中型气藏。

总之，该阶段四川盆地的油气勘探在起伏跌宕中发现了主力油气产层，证实了盆地内具有裂缝型和孔隙型大中型油气藏，形成了川东、川西、川南、川北、川中五大气区，使四川盆地初步成为我国最大的天然气工业基地。

2）分区域深化勘探阶段（1978～2004年）

自1977年发现中坝、卧龙河、相国寺等气藏后，探索对象由裂缝型气藏向孔隙型气藏转移，并在川东北、川中、川西等区域实施了深化勘探。

1977～1980年，针对川东石炭系气藏实施了重点勘探，部署了横贯川东的5条地震大剖面，在低陡、低潜、高陡等构造上部署了10余口探井。1981年，在17个构造上钻井43口，获工业气井21口，发现张家场、相国寺、雷音铺、卧龙河、福成寨5个气田。

1984～1988年，在大池干井、高峰场等构造，先后发现了大批石炭系气藏、长兴组生物礁、飞仙关组鲕滩气藏，使川东北成为我国天然气勘探的重要区域。

1989～2004年，地震勘探技术进一步发展并被广泛应用。在川东地区，地震高陡构造成像、解释与薄储层特殊处理等技术，在大池干井构造带、大天池—明月峡、七里峡、云安场等构造带的勘探中发挥了重要作用，发现了大天池构造带特大复合圈闭气田群。同时，地震反演和裂缝解释等技术在川中、川南、川西等地区发挥了重要作用。1992年，在周公山构造钻遇玄武岩裂缝型气藏，测试产量为$25.61 \times 10^4 m^3/d$，成为四川盆地第一口火山岩工业气井。1995年，在川东北渡口河、铁山坡、罗家寨等地区发现鲕滩气藏；在川西北发现白马庙—松花侏罗系蓬莱镇组次生气藏，浅层天然气勘探取得突破。1996年，四川盆地累计探明天然气储量$4800 \times 10^8 m^3$。至2000年，相继发现了大兴西、平落坝、观音寺、三皇庙、苏码头等侏罗系陆相浅层气藏，是四川盆地浅层天然气勘探的新领域；同年，新场地区针对须家河组部署的新851井获得天然气无阻流量$326 \times 10^4 m^3/d$，进一步揭示了深层陆相气藏巨大的勘探潜力。至2003年，普光1井在5100m完钻，在海相碳酸盐岩气藏获天然气无阻流量$103 \times 10^4 m^3/d$，宣告普光气田被发现。

总之，该阶段在川东北、川中、川西等区域的深化勘探，形成了高陡构造勘探理论和更先进的地震勘探技术，勘探的重点目标是长兴组、飞仙关组、蓬莱镇组、须家河组等地层，深层和浅中层裂缝型、孔隙型气藏获得了深化认识，进一步揭示了四川盆地的气藏具有生物礁、鲕粒滩、薄砂体、超致密砂体等复杂多样的海相与陆相天然气储层。同时，该阶段在四川盆地形成了完整的天然气产业链，建成了千万吨级油当量的天然气生产基地，具备了向四川盆地大部分区域供应天然气的能力，基本满足了企业、居民等的生产和生活用气需求。

3) 西南能源战略枢纽建立阶段(2005～2015年)

在2005～2015年期间,四川盆地的天然气勘探实现了战略突破。不仅普光气田的勘探获得了进一步深化,还新发现了元坝、焦石坝等大中型气田。

2005～2009年,普光气田被进一步深化勘探,累计提交了天然气探明储量4121 × 10^8m^3。自从2003年普光气田被发现后,普光气田的勘探经验在川东北元坝、川中龙岗和磨溪、川西新场和彭州等地区不断推广。2006年,龙岗1井在长兴组—飞仙关组获天然气产量120 × $10^4m^3/d$,川中地区的龙岗气田被发现。2007年,在二维地震剖面的指导下,元坝1井在长兴组获得38 × $10^4m^3/d$的工业气流,揭示了长兴组生物礁储层的富气特征;在三维地震资料的支撑下,部署的元坝2井、元坝3井、元坝4井、元坝5井、元坝6井等井均获得了工业气流,证实了川东北元坝大型含气区,发现了元坝气田。2007年,针对川西新场构造雷口坡组白云岩储层部署的川科1井试采获得天然气86.6 × $10^4m^3/d$;2012年,在川西彭州地区部署的彭州1井获得天然气115 × $10^4m^3/d$。2011～2012年,安岳地区高石梯—磨溪构造相继在高石1井震旦系灯影组、磨溪8 井寒武系龙王庙组获高产工业气流,实现了川中古隆起震旦系—寒武系勘探的历史性重大突破;2013年,安岳气田的磨溪探区在龙王庙组气藏提交了探明天然气地质储量4403.83 × 10^8m^3。这些勘探成果进一步丰富了四川盆地礁滩相气藏的地质认识,深化了海相碳酸盐岩气藏的勘探理论。

除海相勘探领域外,四川盆地在陆相碎屑岩勘探领域也取得大量的勘探成果。比如,2005年,在川中广安地区发现了三叠系须家河组气藏,当时估计探明储量超过1000 × 10^8m^3,进一步拓展了陆相致密碎屑岩领域的勘探范围。至2014年,四川盆地仅须家河组气藏的天然气产量就超过了100 × 10^8m^3。同时,中江、广汉、什邡、金堂、高庙子、合兴场等侏罗系陆相致密砂岩气藏的勘探开发也取得了重要进展。

此外,在页岩气领域,四川盆地取得了战略性的勘探突破。我国从2004年开始启动页岩气勘探,2006年开始针对四川盆地的页岩气进行选区探索勘探。2012年,礁石坝地区的焦页1井在志留系龙马溪组取得突破;2013年,涪陵页岩气田被设为国家级页岩气示范区,标志着中国页岩气实现了商业开发;2014年,焦石坝区块首个提交中国页岩气探明地质储量1067.5 × 10^8m^3;2015年,涪陵页岩气田累计探明储量达3806 × 10^8m^3,建成页岩气产能50 × 10^8m^3,成为中国第一个特大型页岩气田。

除涪陵页岩气田之外,四川盆地威远、长宁、荣县、荣昌、永川、丁山、井研、犍为、彭水、武隆等页岩气探区也取得了重要的勘探进展。尤其是威远和长宁地区,页岩气勘探成果巨大。2007年,在威远地区寒武系筇竹寺组开展了页岩气资源潜力评价与开发论证;2008年,在长宁构造志留系龙马溪组部署了长芯1井;2010年,威远地区的威201井获得工业气流;2012年,长宁地区的宁201-H1井日产页岩气3.5 × 10^4m^3。2012年,长宁—威远国家级页岩气示范区成立。至2015年底,四川盆地拥有涪陵、长宁、威远、昭通4个国家级页岩气勘探开发示范基地,在威远、长宁、涪陵等页岩气田累计提交页岩气探明储量5441.3 × 10^8m^3。四川盆地的东南、南部等区域,呈现出页岩气加快发展的良好态势。

综上所述,2005～2015年,四川盆地累计获得天然气探明储量3.69 × $10^{12}m^3$,发现了9个千亿立方米级的大型和特大型天然气田。四川盆地天然气产量获得了持续的稳步增长,1977

年为 $50 \times 10^8 m^3$，2004年为 $100 \times 10^8 m^3$，2010年为 $200 \times 10^8 m^3$，到2015年突破 $300 \times 10^8 m^3$；累计产气量约为 $5000 \times 10^8 m^3$。显然，四川盆地天然气的储量和产量取得了同步增长，天然气产业链进一步发展完善，生产与供应能力大幅度提升，逐渐成为我国西南地区的能源战略枢纽。

4）西南能源战略枢纽发展完善阶段（2016年至今）

2016年以来，四川盆地的天然气勘探继续加速发展，形成了浅、中、深、超深等陆相、海相和非常规多领域立体加速勘探的良好局面；尤其在深层-超深层礁滩气藏、深层-超深层页岩气藏、火成岩气藏等天然气勘探新领域取得了重要进展。

在四川盆地深层和超深层海相领域，针对震旦系—寒武系、二叠系—三叠系和大型不整合面3个万亿立方米级增储领域。在新场、彭州、东坡及成都等川西地区取得了雷口坡组深层海相气藏勘探进展，取得了多源多期供烃、白云岩溶蚀控储、构造-地层圈闭控藏、隆起带斜坡带富集等勘探认识。在川北开江—梁平陆棚的茅口组发现大型台地边缘浅滩沉积和优质储层。在川中—川南地区发现受断裂、热液和不整合岩溶作用改造后的茅口组多类型优质储层。川东南茅口组一段发育富含有机质的灰色泥灰岩，具有源储共生、大面积层状分布、后期构造控制天然气富集的特点，涪陵地区的焦石1井在茅口组一段获得工业气流，展示出千亿立方米级储量的大型气田勘探潜力。同时，针对台缘浅滩部署的元坝7井在茅口组三段测试获得 $105 \times 10^4 m^3/d$ 的高产工业气流，川北元坝—九龙山地区长兴组、茅口组等多套层系展现出良好的立体勘探前景。

在四川盆地火山岩勘探领域，针对二叠系茅口组、宣威组、龙潭组等火山岩气藏的勘探取得了重要进展。2018年，在简阳市周家乡部署的永探1井获天然气产量 $22.5 \times 10^4 m^3/d$，成为继周公1井（1992年）后的第二口火山岩工业气井，标志着四川盆地火山岩勘探取得重大突破。永探1井揭示了成都、三台等地区火山碎屑熔岩为一套优质孔隙型储层，首次发现了四川盆地喷溢相火山岩气藏。四川盆地二叠系火山岩主要分布在川西地区，底部与中二叠统茅口组呈不整合接触，顶部自西南向北东分别与上二叠统宣威组、龙潭组呈不整合接触，永探1井展示了四川盆地二叠系火山岩较大的天然气勘探潜力和良好的勘探前景。

在四川盆地页岩气领域，针对龙五峰组—马溪组、筇竹寺组等页岩气勘探，储量和产量均获得了巨大提升。2016年，在川南威远、长宁、昭通等地区新增页岩气探明地质储量 $1635 \times 10^8 m^3$，年产量达到 $78.9 \times 10^8 m^3$。2018年，威荣页岩气田提交储量 $1247 \times 10^8 m^3$。2020年四川盆地页岩气产量超过 $200 \times 10^8 m^3$。

此外，针对四川盆地陆相致密碎屑岩气藏，近几年在近源气藏、远源气藏和源内气藏等领域也取得了较大的勘探进展。2016年以来，川西梓潼凹陷、中江、知新场、石泉场、福兴、回龙等地区的潼深1井、中江117井、中江109D井、知新105井等，在侏罗系或须家河组分别获得了较高的天然气工业产能。2017年，川东北通江—马路背地区的马3井在须家河组二段获天然气产量 $10.12 \times 10^4 m^3/d$；前几年投产的马101井和马103井，在须家河组二段分别累计产气 $2.9 \times 10^8 m^3$ 和 $1.86 \times 10^8 m^3$，元坝地区的元陆7井和元陆12井等井在须家河组二段也获得了较高的天然气工业气流。2018年，川中蓬莱地区须家河组二段气藏总投产23口井，天然气产量为 $4.94 \times 10^4 m^3/d$。2020年，川东断褶带黄金口构造普光东向斜的普陆3井，在千佛崖组砂岩储层获 $13 \times 10^4 m^3/d$ 的高产工业气流，标志着普光陆相碎屑岩领域的天然气勘探取得了重大突破。

总之，经过60余年的天然气勘探，证实四川盆地油气资源丰富，具有寒武系、志留系、二叠系、上三叠统须家河组等6套主力烃源层，在震旦系灯影组、寒武系龙王庙组、志留系龙马溪组、石炭系黄龙组、三叠系茅口组、长兴组、三叠统飞仙关组、嘉陵江组、须家河组、侏罗系自流井组、沙溪庙组、蓬莱镇组已发现了27套油气层，为四川盆地天然气工业大发展奠定了坚实的资源基础。近几年，四川盆地天然气勘探开发、输送配套、供需市场等能源战略枢纽获得了快速发展而日趋完善，战略大气区和现代化区域性天然气大市场的格局已经基本形成。

1.1.2 大中型常规与致密气田的分布及特征

四川盆地大中型气田的发现，受勘探目标、勘探思路、勘探技术等多种因素影响。依据四川盆地大中型气田的勘探进程和气藏类型，可划分为4个阶段。

(1) 20世纪50年代初至50年代末，为地表构造勘探阶段；

(2) 20世纪60年代初至70年代中期，为构造相关裂缝型气藏勘探阶段；

(3) 20世纪70年代中期至90年代末，为裂缝-孔隙型和孔隙型气藏勘探阶段；

(4) 20世纪90年代末至今，为深层、超深层复合型气藏勘探阶段。

1. 大中型常规与致密气田概况

截至2020年，四川盆地已经发现天然气田近130个(图1-2)。其中，天然气探明储量大于$300 \times 10^8 m^3$的大型常规与致密气田共21个，大中型气田共38个(表1-1和表1-2)。大中型气田的储量和产量占比均超过四川盆地的80%，是天然气供需市场的主力军。

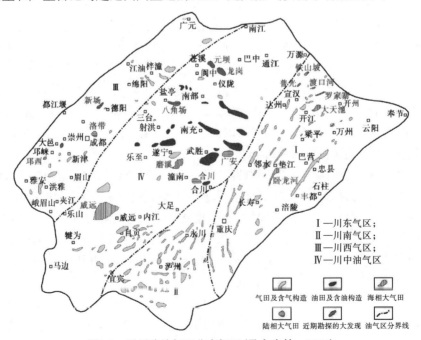

图1-2 四川盆地气田分布概况(马永生等，2010)

表1-1　四川盆地大中型常规与致密气田统计表［据刘辉等(2018)、李书兵等(2019)修改］

气田类型	储量级别(10^8m^3)	气田数量(个)
大型	≥1000	9
	500～1000	5
	300～500	7
中型	200～300	8
	100～200	9
合计		38

表1-2　四川盆地大型常规与致密气田(部分)统计表［据李书兵等(2019)修改］

编号	气田名称	含气区	领域	气藏类型	探明储量(10^8m^3)
1	安岳	川中		构造-岩性	8488
2	元坝	川北		构造-岩性	2303.47
3	普光	川东北		构造-岩性	4122
4	龙岗	川中	海相	岩性	1299.4
5	川西	川西		构造	309.96
6	大天池	川东		地层-构造、地层-岩性	1067.55
7	威远	川南		构造	408.61
8	新场	川西		构造、构造-岩性	2453.31
9	中江	川西		构造-岩性	323.23
10	广安	川中	陆相	岩性	1355.58
11	合川	川中		岩性	1187.06
12	成都	川西		岩性	2658.49

2. 大型常规与致密气田的分布特征

从平面横向分布来看，四川盆地大型气田分布在川东北、川西、川南和川北四大含气区的不同构造带。其中，川中低缓构造带最多，其次为川东北米仓山—大巴山前缘褶皱带，再次为川西拗陷带，较少的是川东高陡构造带，最少的是川南低陡构造带(图1-3)。可以划分为开江—梁平陆棚长兴组—飞仙关组、川东石炭系、川西陆相须家河组—侏罗系、川中威远与磨溪海相、川中广安与合川陆相等大型气田群。

从纵向分布层系来看，四川盆地常规与致密气田的产气层约为24套。其中，大型气田的产气层主要集中在9套层系，包括侏罗系、须家河组、雷口坡组、嘉陵江组、飞仙关组、长兴组、黄龙组、龙王庙组和灯影组。而在这些层系中，大型气田分布最多的是长兴组与飞仙关组，其次须家河组，再次为灯影组和龙王庙组。

从纵向埋藏深度来看，大型气田在浅层、中层和深层均有分布。其中，9个大型气田的埋藏深度小于3500m，6个大型气田的埋藏深度为3500～5000m，6个大型气田的埋藏深度大于5000m。

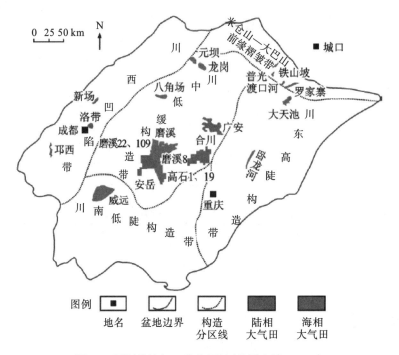

图1-3　四川盆地气田分布概况(魏国齐等，2019)

3. 大型常规与致密气田的生、储、盖特征及气藏类型

1) 烃源岩特征

针对大型常规与致密气田的研究发现，四川盆地主要发育下寒武统筇竹寺组、上震旦统灯影组、下志留统龙马溪组、上二叠统、下三叠统、上三叠统须家河组等多套区域性烃源岩。其中，4个大型气田的烃源岩发育在筇竹寺组和灯影组；8个大型气田的烃源岩发育在上二叠统和下三叠统；7个大型气田的烃源岩发育在须家河组；2个大型气田的烃源岩发育在龙马溪组。除须家河组为陆相煤系烃源岩外，其他均为海相泥页岩和碳酸盐岩烃源岩。这些烃源岩厚度大、TOC含量高、生烃能力强、分布范围广，为大型气田提供了丰富的气源基础。此外，四川盆地还发育了区域性的烃源岩，如下寒武统沧浪铺组、上二叠统龙潭组等，也具备了良好烃源的条件。

2) 储层特征

在四川盆地的大型常规与致密气田以碳酸盐岩和致密砂岩两类储层为主。在21个大型气田中，分别有14个和7个大型气田的储层为碳酸盐岩和致密砂岩。其中，碳酸盐岩储层以礁滩相和潮坪相的白云岩与灰岩为主，平均孔隙度为3.2%～12.0%，平均渗透率为0.1～180.0mD，多数属于裂缝-孔隙型储层；致密砂岩储层主要发育在三角洲、三角洲前缘等沉积相中，平均孔隙度为5.1%～10.2%，平均渗透率为0.11～2.64mD，多数储层具有低孔低渗、特低孔特低渗的特征，局部发育高孔隙型、裂缝-孔隙型储层。

3) 主要盖层特征

泥岩、泥灰岩和膏盐岩等超致密巨厚岩石是四川盆地大型气田的主要盖层，如筇竹寺组、灯影组、二叠系和须家河组的泥岩，飞仙关组的泥灰岩，嘉陵江组和雷口坡组的膏盐岩。有的泥岩既是盖层又是烃源岩，如筇竹寺组的泥岩，既是优质烃源岩，也是灯影组储层的良好盖层。同时，盖层厚度较大，对储层具有良好的封堵作用，如高石梯—磨溪地区的膏盐岩盖层厚度超过300m，威远—安岳—合川等地区的二叠系泥岩盖层厚度约为200m。

4) 气藏类型

从构造、储层岩性等特征来看，四川盆地大型气田可以划分为构造、构造-岩性、岩性-构造和岩性4种类型。在已经发现的21个大型气田中，以构造-岩性气藏为主，共11个；其次为岩性气藏，共4个；再次为岩性-构造、构造气藏，共6个。从气藏压力系统来看，四川盆地大型气田可以划分常压、高压和超高压3种类型。在21个大型气田中，9个为常压气藏，8个为高压气藏，4个为超高压气藏。这些气藏的成藏模式具有多样性，主要包括下生上储型、旁生侧储型、上生下储型、自生自储型、他源次生型5种类型。

1.1.3　常规与致密气藏的勘探前景

《中国天然气发展报告(2019)》指出，在中国天然气开发的七大重点布局中，四川盆地是常规气、非常规气"双富集"气区，资源量分别占全国的23%和26%。目前，四川盆地天然气产量约占全国产量的1/4，未来四川盆地天然气产量占比将提升至1/3，以进一步发挥战略大气区和现代化区域性天然气大市场的引领作用。

尽管四川盆地的天然气勘探已经取得了巨大的成就，已经发现了震旦系灯影组地层-岩性复合气藏、下寒武统龙王庙组岩性气藏、石炭系岩性及构造-岩性复合圈闭气藏、二叠系长兴组生物礁岩性气藏、飞仙关组鲕粒滩岩性及构造-岩性气藏、中三叠统雷口坡组潮坪相气藏、上三叠统须家河组岩性及构造-岩性气藏、侏罗系构造-岩性气藏等类型的气藏；但是，受气藏类型与成藏模式的多样性和复杂性的影响，四川盆地天然气资源的探明率较低，勘探开发潜力极大。

1. 深层、超深层气藏

就陆相勘探领域而言，四川盆地埋深超过4000m的陆相深层、超深层气藏，孔隙和裂缝为高渗体的发育创造了有利条件，资源量巨大，但勘探程度低，开发潜力较大。例如，川西拗陷新场、孝泉、合兴场等地区的深层须家河组致密-超致密陆相气藏。

就海相勘探领域而言，四川盆地埋深超过7200m的深层、超深层海相气藏，生烃条件和储、盖组合良好，勘探开发潜力巨大。例如，开江、梁平等地区的二叠系—三叠系礁滩相气藏，乐山—龙女寺古隆起东段的灯影组碳酸盐岩气藏，川西新场、彭州、聚源、金马、鸭子河、大邑等地区的雷口坡组潮坪相气藏，川东、川南和川北地区的嘉陵江组鲕滩气藏，绵阳—长宁拉张槽南端赤水地区的寒武系和震旦系海相下组合气藏。

2. 浅中层气藏

四川盆地浅中层气藏具有孔隙-裂缝型、裂缝型、裂缝-孔隙型等气藏模式，重点勘探目标是须家河组构造-岩性气藏和岩性圈闭气藏。例如，川东北元坝、马路背、九龙山、通南巴，以及川中合川、安岳、广安等地区的须家河组气藏，预测探明储量可能高达$(5000 \sim 10000) \times 10^8 \mathrm{m}^3$，勘探潜力极大。

3. 山前带气藏

四川盆地是典型的叠合盆地，山前带气藏是重点勘探目标。例如，龙门山山前带、米苍山—大巴山山前带，烃源岩厚度大，气源充足，储层和构造圈闭发育，成藏条件优越，勘探潜力巨大。又如，川西北地区龙门山断褶带的双鱼石潜伏构造，以及龙门山断裂带以西的安县构造、金马—鸭子河构造的中二叠统栖霞组气藏。但是，这些区域构造比较高陡，储层类型多，气藏埋藏深，地表和地下条件复杂，勘探难度大。

4. 火山岩气藏

2018年，川西龙泉山东侧的永探1井天然气测试产量为$22.5 \times 10^4 \mathrm{m}^3/\mathrm{d}$，揭示了四川盆地火山岩气藏的勘探潜力。永探1井在二叠系钻遇$200 \sim 300\mathrm{m}$厚的火山碎屑岩，储层以火山角砾凝灰岩、熔结火山角砾岩为主，不同的火山机构溢流的玄武岩及围岩的石灰岩形成了构造-岩性圈闭，上覆龙潭组泥页岩和三叠系厚层膏岩为优质区域盖层，下伏有筇竹寺组烃源岩，有机质丰度高、厚度大。这些良好的成藏条件为火山岩气藏形成了有利的源、储、盖组合。山台县—新津县一带多个地区发育火山机构，二叠系火山岩气藏勘探前景广阔。

1.1.4 页岩气资源分布及勘探前景

中国页岩气可采资源量约为$31.57 \times 10^{12} \mathrm{m}^3$，居全球之首。其中，四川盆地页岩气可采资源量高达$27.5 \times 10^{12} \mathrm{m}^3$，居中国之首(据美国EIA，2013)。目前，四川盆地已经成为我国页岩气勘探开发的主要阵地。

1. 四川盆地页岩气资源分布

四川盆地及周缘页岩气资源巨大，主要分布在6套富有机质(TOC)页岩之中，见表1-3。其中，下震旦统陡山沱组在盆地内部主要为浅水台地沉积，埋藏很深；下寒武统筇竹寺组在川中古隆起(金石、威远等地区)获得低产工业气流，在盆地周缘(长宁、城口等地区)热演化程度过高，孔隙不发育，含气量不高；下二叠统龙潭组页岩层系主要为海陆过渡相页岩夹煤层；上三叠统须家河组五段页岩含气产量不高，低于同区(新场、孝泉等地区)的致密砂页岩气；下侏罗统自流井组大安寨段的页岩在元坝地区压裂获气，但是整体热演化程度较低，以生油为主；上奥陶统五峰组—下志留统龙马溪组页岩热成熟度适中，TOC含量和含气量较高，微裂缝与孔隙发育，是我国唯一取得商业突破的页岩层系(图1-4)。前5套页岩储层仍然处于探索阶段，勘探开发前景尚不明朗(马新华，2018)。

表1-3 四川盆地6套页岩地层及地质特征(马新华,2018)

层系	沉积环境	有机碳含量(%)	孔隙度(%)	含气量(m³/t)	脆性矿物含量(%)	黏土含量(%)	优质页岩厚度(m)	R_o(%)	岩性
大安寨段	浅湖-滨湖	0.9～2.6	1.00～5.00	—	15～40	30～50	20～120	0.6～1.3	黑色页岩、粉砂质泥岩
须家河组	湖泊-沼泽	1.0～2.5	0.50～2.00	—	35～60	35～60	30～150	0.7～1.4	粉砂质泥岩,夹煤层
龙潭组	海陆交互相	2.0～4.0	4.00～9.00	—	70～85	10～20	20～60	1.8～3.2	砂质页岩、凝灰质砂岩,含煤
五峰组—龙马溪组	深水陆棚	2.0～5.0	3.00～7.00	1.7～8.4	40～80	15～40	20～80	2.1～3.6	碳质泥页岩
筇竹寺组	深水陆棚	4.0～8.0	0.92～1.91	0.8～2.8	51.5～95	10～34.6	60～135	2.5～4.3	粉砂质页岩
陡山沱组	滨海-浅海	0.3～3.5	—	—	40～75	20～40	20～100	3.0～4.5	石英砂岩、黑色碳质页岩、砂泥质白云岩

图1-4显示了四川盆地及其周缘下志留统龙马溪组已发现页岩气藏的主要分布区域。目前,仅在四川盆地内的涪陵、威远、威荣、长宁和昭通等页岩气田投入商业开采。

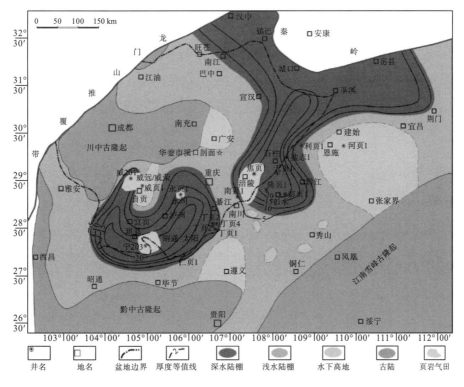

图1-4 四川盆地及其周缘下志留统龙马溪组已发现页岩气藏的主要分布区域(聂海宽等,2020)

2. 现阶段取得的主要认识与经验

四川盆地页岩气的成功实践表明(赵文智等，2020)，能获得工业化产能的页岩气资源具备如下几个方面的条件：

(1)"两高"——含气量高、孔隙度高；

(2)"两大"——高TOC集中段厚度大、分布面积大；

(3)"两适中"——热演化程度适中、埋藏深度适中；

(4)"两好"——保存条件好、可压裂性好。

通过四川盆地及周缘奥陶系五峰组—志留系龙马溪组页岩气勘探开发，形成了六大主体技术系列，具体如下：

(1)地质综合评价技术；

(2)开发优化技术；

(3)水平井优快钻井技术；

(4)水平井体积压裂技术；

(5)工厂化作业技术；

(6)高效清洁开采技术。

四川盆地页岩气商业开发的成功经验(图1-5)，可总结为如下3点。

(1)优选最佳水平井层位。

(2)有效的体积改造技术。

(3)地质、地球物理与工程一体化评价、设计、跟踪及现场支撑。

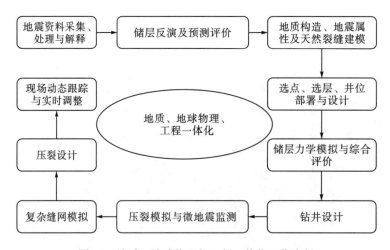

图1-5　地质、地球物理与工程一体化工作流程

四川盆地五峰组—龙马溪组页岩气的成功开发，促进了地质、地球物理、工程等多学科的进步。尤其是在页岩气地质认识方面，证实了沉积与构造环境对有机质分布的控制作用，优质页岩储层受构造位置、构造形态和物源供给等因素影响；高TOC、高含气量的优质储层往往发育在远离物源的深水沉积相带。显然，五峰组—龙马溪组页岩品质是控制页岩气富集高产的重要因素；深水陆棚相被公认为页岩气富集有利沉积相带，是控制页岩气

藏品质的基础条件。因此，在实施工程作业之前，需要根据地质、地震、测井、录井、岩石物理等综合信息，开展原型盆地、沉积地貌、水动力条件、古生物、氧化还原条件、脆性矿物等岩相与沉积相等条件的分析与综合评价；在准确预测富有机质页岩发育区域和层段的前提下，结合储层力学、压裂模拟等手段，优化水平井轨迹和压裂设计方案；在工程作业的过程中，将野外现场动态与地质、地球物理等多学科紧密结合，做到实时监测与不断优化施工方案，以保障储层压裂效果和提升页岩气单井产能。

3. 资源潜力与攻关方向

四川盆地页岩气资源分布面积大、层系广，勘探开发潜力极大。据预测，仅川南地区五峰组—龙马溪组就将建成年产$500 \times 10^8 m^3$页岩气的稳产规模，若其他5套富有机质页岩气藏取得突破，将进一步提升四川盆地页岩气的生产规模和输出产量。目前，四川盆地海相页岩气的成功开采，使中国成为世界第二大页岩气生产国。

当然，页岩气的成功开采，严重依赖科技进步。目前，四川盆地五峰组—龙马溪组埋深小于3500m的浅中层页岩气实现商业开采，得益于3500m以浅的钻井、完井、压裂等工程技术的成熟及开发政策的完善；埋深3500~4000m的开发技术逐渐成熟，而埋深4000~4500m的开发技术尚处于攻关阶段。因此，未来埋深大于3500m的深层页岩气将是主要开发目标，也是页岩气资源最具开发潜力的攻关领域。

1)深层页岩气

四川盆地及其周缘下志留统底界埋深小于3500m的浅中层面积约为$6.3 \times 10^4 km^2$，埋深大于3500m的深层面积为$12.8 \times 10^4 km^2$，约为前者的2倍。深层页岩气藏具有高温、高压、裂缝呈"裂而不破"的状态、构造稳定、地应力差较大、脆性矿物含量高、高-过成熟演化等特点。深层页岩气资源量较浅中层更丰富，勘探开发潜力巨大。

2)常压页岩气

常压页岩气藏是受构造作用的天然气，导致天然气不断逸散，或储集空间扩大，使孔隙压力下降到常压状态的页岩气藏，具有埋深浅、孔隙流体压力低、吸附气比例高、总含气量低、气井低产、稳产期长等特点。主要分布在抬升时间晚、远离深大断裂的向斜核部，以及构造稳定、微裂缝封闭早、埋深适中的区域。这些区域面积大，常压页岩气资源量大，具有较大的商业开发前景。

1.2 四川盆地天然气地震勘探历程

四川盆地天然气发展历史，既是一部资源发现和开发的历史，也是一部利用地震勘探新方法、新技术，不断推进天然气勘探大发现、大突破的历史。

1949年11月，西南军政委员会接管了原国民政府的中国资源委员会四川油矿勘探处和中国石油公司重庆营业所；1950年7月，两机构合并成立中央燃料工业部石油管理总局重庆办事处。1952年11月，撤销重庆办事处，成立西南石油勘探处，开始四川盆地石油勘探工作。1953年，西南石油勘探处组成第一批石油勘探队开展地震勘探工作，开启了四川盆地天然气地震勘探历程。1956年春，整合成立的石油工业部四川石油勘探局在四川盆地蓬莱镇构造首次利用反射波地震方法，获得全国第一张地震反射标准层(0.8s反射层)构造图。

迄今，四川盆地天然气地震勘探已经历了67年的发展，地震勘探技术的每一次技术进步都带来了天然气勘探的重大突破。20世纪70～80年代，二维数字地震仪及多次覆盖技术的应用，迎来了川东石炭系勘探的重大突破和规模增储，实现了天然气产量的快速增长；90年代中期，多道遥测数字地震仪及三维地震勘探技术的推广，突破了侏罗系河道砂岩气藏精细刻画的技术"瓶颈"，首次实现了川西浅中层气藏的规模开发。

进入21世纪，地震勘探技术迅速发展，勘探成效大幅提升。2001年，山地高分辨率地震勘探技术的突破，快速推动了普光飞仙关组生物礁大气田的发现和规模开发；2004年，三维三分量(3D3C)地震勘探关键技术的创新，首次实现了川西深层致密砂岩气藏高效勘探和规模增储；2007年，超深层高精度三维地震勘探技术的突破，实现了7000m超深生物礁储层内幕结构的精细刻画，支撑了长兴组超深层大型生物礁气田的商业发现与效益开发；2013年，山地高精度三维地震勘探技术的推广应用，有力地支撑了安岳气田整体探明及百亿立方米产能建设；2014～2019年，页岩气地震勘探技术得到快速发展，有力地支撑了涪陵、长宁—威远、威荣、永川等页岩气田的商业发现及效益开发。四川盆地天然气勘探历程充分证明，地震勘探技术极其重要，是地质家的眼睛、油气勘探的先锋、油气发现与突破的尖兵，也是增储上产、降本增效的利器。图1-6是四川盆地西南探区历年天然气产量与地震技术发展关系图。可以看出，三次主要的地震勘探技术进步，有力地推动了天然气勘探发现和产量的增长。

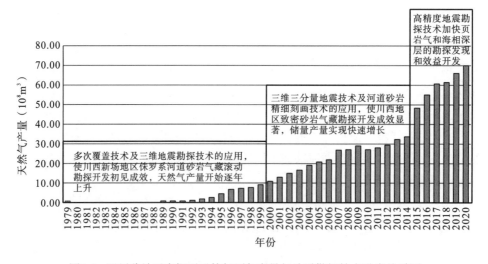

图1-6　四川盆地西南探区天然气历年产量与地震勘探技术进步关系图

1.2.1　光点仪单次覆盖地震勘探阶段(1953～1965年)

地震勘探起步阶段，在四川盆地从事地震勘探的队伍主要是石油工业部四川石油勘探局地调处的地震队。

最初3年，四川盆地只有1个地震队工作，在川西北海棠铺构造、苏码头构造做山地地震勘探方法试验与细测，通过学习和试验，取得了合格光点记录，解释出了地质剖面和构造简图。1956年增加到2个地震队，完成了川中蓬莱镇构造地震勘探，提供了四川第一张反射标准层构造图，标志着四川盆地山地地震勘探方法基本形成。1958～1965年，四川盆地地震勘探快速发展，最多时达到10个地震队同时在四川盆地开展地震普查和详查工作。

地震勘探起步时期使用的地震仪主要是苏联生产的CC-26-51д(26道车载)光点地震仪，俗称51型光点仪，26道接收，通过光点照相的方式，将接收到的地震波经过半自动振幅控制、放大、滤波后直接记录在光敏纸上。这种仪器放一炮仅能获得一张光点波形记录，信噪比低，动态范围在20dB左右，记录频带窄，一般约为30Hz。后期，还先后使用过美制轻便地震仪和苏制CC-24-л型便携式地震仪。1960年开始使用国产地震仪，主要型号有DZ-571型和DZ-611型。直到1974年，光点地震仪才在二维地震勘探中全面停止使用，而井中地震VSP测井则用到了1976年。

当时，主要采用反射波法，进行单次覆盖二维地震勘探。使用光学经纬仪测视距导线，测定炮井井位和测线，再用炮井井位坐标及其相邻炮点间距，确定井间的接收道数，用钢卷尺或测绳测定各检波点位置，最后沿测线实测检波点高程；早期采用顿钻、后期采用苏制ЗИФ-150和国产山西-100等型钻机打井，旋转钻机钻井平均井深为23～26m，采用TNT或硝铵炸药震源激发和苏制СПМ-16型、СПЭП-56型或国产DJ54-1型检波器接收，资料采集时获得一张照相纸上的光点记录。

解释时，利用光点地震仪接收的单张波形照相记录，识别反射标准层，以反射标准层为重点做记录对比，在记录上勾画出反射波同相轴和初至波后，采用反射波互换原理进行对比追踪，并绘制相应的反射波时距图和初至波时距图；根据地层剖面和地震速度测井资料绘制V-t_0图，取观测点进行时深转换，直接从地形线向下画点形成剖面，进而做出构造图。

四川盆地天然气地震勘探初期，采用光点地震仪进行单次覆盖二维地震勘探，建立了山地地震勘探方法，获得了二叠系及以上地层的反射资料，发现了南充、蓬莱镇、龙女寺、合川、广安等一批构造，其中前3个构造于1958年先后获得工业油流，支援了四川盆地第一次石油大会战——川中石油大会战。

1.2.2 模拟磁带地震仪多次覆盖地震勘探阶段(1966～1978年)

这一时期，四川盆地从事地震勘探的力量进一步扩大，地质部第二物探大队于1965年1月奉命调入四川，并在四川省德阳县罗江镇(现罗江区万安镇)建立基地，与四川石油勘探局地调处一起承担四川盆地石油物探工作。1966年在川地震队达到39支。

模拟磁带地震仪由晶体管电子元件组装而成，利用磁带录音技术，将接收到的地震波录制在磁带上，在室内可以通过模拟电子计算机(基地回放仪)对记录的资料进行回放和处理，进而得到地震时间剖面。该设备和技术的应用，使资料整理工作实现了半自动化，工作效率和精度得到提高，资料便于保存。与模拟磁带地震仪配套使用的是磁带回放仪，它是一种处理设备，具有解调、放大、动静校正、带通滤波、多次叠加、简单偏移归位、变面积显示等功能,还可以做速度分析、延迟滤波、速度滤波和多道相关等特殊处理,有利于多次覆盖资料处理。

1965年,石油九二三厂地震207队带1台国产直录式磁带仪入川,在威远地区试用。1966年,四川石油勘探局地调处引进法制AS626(24道车载)模拟磁带地震仪用于四川盆地油气勘探,正式开启模拟磁带地震仪勘探时代。1970年,地质部第二物探大队引进国产DZC-66型(24道)模拟磁带仪,加快了地震勘探磁带化进展;1974年,全面实现了地震仪磁带化。模拟磁带地震仪用磁带记录地震信号,可做多次回放、处理,可提供时间剖面作为解释,动态范围为50~60dB,技术性能较光点地震仪先进,是四川盆地地震勘探使用的第二代地震仪。直到1986年,模拟磁带地震仪才停止使用。

在模拟磁带地震仪使用的前几年,仍然以单次覆盖勘探方法为主。1970年,四川石油勘探局地调处开始进行多次覆盖技术试验;1973年,在川东山区高陡构造勘探中开始全面推广多次覆盖技术;1976年,地质部第二物探大队也开始全面推广多次覆盖技术,并于1977年在国内率先开展了弯曲测线多次覆盖地震勘探,并使用磁带回放仪成功完成资料处理;1975年,引进雷森1704电子计算机(美国),模拟磁带仪生产的多次覆盖资料及直线等距单次覆盖资料开始使用计算机处理。

这一时期的多次覆盖观测系统通常采用24道或48道接收;根据不同的勘探任务,检波点距为30~69m,覆盖次数为4~12次,多数采用深井(15m左右)大药量激发(10~15kg TNT炸药),采用检波器组合接收。

尽管受到"文化大革命"的影响,地震勘探工作按普查、详查和细测3个层次在四川盆地全面展开。以威远构造,泸州古隆起,川中隆盛、桂花、大石及华蓥山西斜坡为重点开展地震勘探,并在川西北、川西南及川东地区开展了普查和详查,在四川盆地落实了一批含气构造,发现了中坝、卧龙河、双龙等气田。在四川盆地第二次石油大会战中做出了重要贡献。

1.2.3　数字地震仪多次覆盖及三维地震勘探阶段(1979~1999年)

以1979年地质部第二物探大队引进DFS-V-60数字地震仪(美国)为标志,四川盆地地震勘探进入全数字时代。随后,地调处和第二物探大队又陆续引进了法国的SN338-96、美国的DFS-V-120、国产SDZ-120一批96~120道的数字地震仪,同时还引进了OPSEIS-5500-120、SGR-II、SN388、SK-1005等多道遥测数字地震仪。数字地震仪较模拟磁带地震仪更加先进,保真度高,后期引进仪器大都配备24位A/D转换器,动态范围大(80~120dB),采集的资料可直接进行数字处理。与此同时,地震资料处理系统也陆续引进数字处理机用于地震资料批量处理,典型机型及处理系统有PDP-11/45、TIMAP-IV、IBM-4381、PE3280EMPS等。

1994年,第二物探大队引进法国CGG公司的GeovecteurPlus和IntergralPlus,标志着地震资料处理、解释技术进入人机交互时代。同时,地震测量设备在这一时期也得到了长足发展。1992年,第二物探大队引进阿士泰克XII GPS接收机,改变了利用光学经纬仪和红外测距仪进行导线测量及炮、检点放样的传统模式,炮、检点测量精度和效率得到极大提高。

在此阶段,二维地震勘探以多次覆盖技术为主,主要应用于区域普查和构造详查。观测系统的接收道数为96～120道，道间距为30～50m，覆盖次数为12～48次；排列长度依据目的层的埋深有所不同，集中在1900～4780m。在激发方面，针对平原卵石覆盖区的中浅层勘探以浅井组合、小药量激发为主，针对丘陵、山区的深层勘探以深井、大药量激发为主。在接收方面，采用20Hz自然频率速度检波器"3串3并"9只检波器组合接收。

这段时期，以数字地震仪多次覆盖二维地震勘探为主，在四川盆地展开全面详查和细测工作，发现和落实了构造近200个，为五百梯、沙坪场、大池干井、高峰场、平落坝、邛西、麻柳场、磨溪嘉陵江、黄龙场、温泉井、磨盘场、麦子山、寨沟湾、石龙场、新场、合兴场、洛带、马井、新都等一批大中型气田的发现和建设做出了重要贡献。

数字地震仪的引进和投产，也催生了三维地震勘探技术的发展。1980年，地调处231队在川南庙高寺、二里场构造开展了单次小面积三维地震勘探试验。1981～1982年，完成了丹凤场构造4次覆盖的三维地震资料采集。1984年，第二物探大队在川东北的双石庙地区完成了4L4S24T1R8F束状集中式观测系统的8次覆盖三维地震勘探试验，正式开启四川盆地三维地震勘探历程。当时，采集仪器接收道数以96～192道为主。进入20世纪90年代中期，SN388及国产SK-1005型480道地震仪开始在覆盖次数较高的三维地震勘探项目中使用。与此同时，三维地震资料处理和解释技术得到快速发展。利用先进的电子计算机和地震资料处理系统，开发出了三维地震资料处理模块，形成了三维观测系统定义、三维静校正、三维速度分析、三维地表一致性剩余静校正、三维地表一致性反褶积和振幅补偿、三维速度分析及两步法叠后偏移等关键处理技术，建立了三维地震资料处理流程。此外，基于人机交互解释系统的开发应用，建立了三维地震资料构造及岩性解释技术。地震勘探精度实现了更大的提升，尤其是复杂构造、隐伏构造、断层解释等精度明显提高；同时，由于三维地震资料特有的空间分辨率，有利于进行三维空间的地震响应异常提取和分析，从而开启了岩性圈闭识别和描述的新时代。利用三维地震属性分析技术，发现了侏罗系蓬莱镇组和沙溪庙组河道砂岩气藏，并建成了以川西拗陷新场气田为代表的陆相大气田。

1.2.4　多道遥测数字地震仪三维地震勘探成熟应用阶段（2000～2014年）

进入2000年以后，以法国Sercel 408XL遥测数字地震仪为代表，地震仪器性能及带道能力有了明显提高；地震采集接收排列道数增加到数千道，全面满足了不同勘探需求的三维观测系统施工要求。在2000年后期，又进一步引进了功能和带道能力更加强大的428XL系统，仪器的稳定性、功耗、漏电保护、数传速率等又有明显提高。制约大规模三维地震勘探的装备瓶颈被彻底打破，三维地震勘探成为四川盆地天然气勘探的主流技术，获得了大面积推广。2008年，第二物探大队引进美国ION公司的Scorpion VC全数字三分量地震采集系统，标志着四川盆地多波多分量地震勘探技术进入规模化工业生产阶段。

为了满足三维地震技术的规模化生产，地震勘探辅助设备的技术水平也得到大幅提升，测量设备全部升级。主要有美国产Trimble 4700、Trimble 5700、Ashtech、Trimble R8等GPS测量设备投入生产，测量效率和精度大幅度提高；地震钻机种类更加丰富，基本满足各种近地表条件的钻井需求，主要有WTRZ-305、WTRZ-2000A、SDZ-30、RT305等空气钻，DT30-C冲击钻，QPY-30、WTY-30液压轻便钻机及WTJ5141TZJ汽车钻机。

地震资料处理与解释软件快速发展。地震资料处理系统主要有法国CGG公司的Geocluster、Geovation及美国Western GECO公司的OMEGA处理系统。解释系统主要是美国的Landmark和Geoframe人机交互解释系统。同时，我国自主研发的特色处理模块及储层预测等软件也得到了快速发展和大量应用。

这一阶段，地震采集观测系统接收线数为12～32线不等，覆盖次数为30～120次，接收道数为2000～6000道，三维三分量勘探时总接收数据道达到12288（4096×3）。在接收装置方面，检波器主要采用DX20-10"3串4并"12只组合检波，三维三分量勘探采用MEMS单点三分量数字检波器接收。在激发装置方面，主要采用单深井震源药柱激发，井深为14～24m，药量为8～18kg。

地震资料处理与解释技术得到了长足发展。地震资料处理技术以精细保幅地震资料处理为基础；同时，叠前时间偏移、叠前深度偏移等技术被广泛运用，成为地震资料处理的标准流程。在三维地震构造解释和岩性解释技术方面，形成了岩石物理及敏感参数分析等技术，以及有利相带预测、储层预测、裂缝预测、含气性检测等技术，建立了叠前/叠后储层参数定量预测技术，有力支撑了岩性气藏的勘探开发。

这一阶段，根据不同的地质条件和勘探目标形成了富有特色的勘探技术体系。例如，山地高分辨率三维地震勘探技术，海相生物礁气藏高精度地震勘探技术，海相大型构造岩性气藏精细描述技术，致密砂岩气藏三维三分量地震勘探技术，河道砂岩气藏精细刻画技术，山前带"双复杂"地区地震勘探技术等。这些技术，为普光长兴组—飞仙关组大型礁滩气藏、元坝长兴组生物礁大气田、安岳龙王庙组及灯影组大气田、新场须家河组气田的勘探开发提供了有力支撑，促进了四川盆地天然气储产量快速增长。

1.2.5 超多道高精度高密度三维地震勘探阶段（2015年至今）

2015年以来，以超万道遥测数字地震仪和节点仪器的引进、研制和推广使用为标志，四川盆地的天然气勘探进入超多道高精度高密度三维地震勘探阶段。此时，地震采集已基本摆脱了接收道数的限制，地震采集观测系统设计以"两宽一高"（宽频带、宽方位、高精度）为主流，针对的勘探目标是埋藏更深的海相勘探目的层（大于6000m的超深层勘探）、难度更高的"双复杂"山前带、要求更高的致密砂岩储层精细刻画、地质与工程双"甜点"预测需求的非常规页岩气勘探开发。

地震仪器以Sercel 508XL、中国石油和中国石化自主研制的eSeis、i-Nodal节点地震仪为主，采用有线遥测仪采集、有线仪与节点仪混采、节点仪盲采3种方式采集资料，排列接收道数为10000～50000道，炮道密度为（100～400）×10^4道/km²，覆盖次数为100～600次，横纵比为0.7～1.0，接收点距为20～40m，接收线数为24～40线，排列长度为6000～8000m。信号接收使用的检波器以单点高灵敏度速度检波器为主，检波器自然频率为5Hz或10Hz。炸药震源激发时，井深为14～24m，药量为12～18kg，根据不同的激发条件试验优选，实施动态井深和药量设计。

高精度、高密度三维地震勘探更加重视高精度的近地表速度结构调查，更精细的激发接收条件调查评价，更加精细的施工和高标准的质量管理。

这个阶段，各向异性的叠前时间偏移和叠前深度偏移已成为地震资料处理的标准流程，特别是真地表各向异性RTM叠前深度偏移技术在复杂构造带、非常规页岩气等地震勘探项目中广泛应用，为构造落实、断裂解释及裂缝发育带预测、水平井轨道设计和控制提供了高精度构造研究成果，在页岩气勘探开发中深度误差甚至仅为0.1%。

由于"两宽一高"地震采集带来的丰富信息，地震储层预测能力得到大幅度提高。利用宽方位信息，可以提取方位各向异性信息，用于小微尺度裂缝预测；利用大炮检距信息，可以开展更高精度的叠前三参数或五参数弹性反演，可以更加可靠地预测储层的物性、含气性等；利用宽频带资料，可以进行高分辨率储层预测，并利用吸收衰减等信息预测储层含气性。针对页岩气地震勘探，利用高精度的叠前反演和方位各向异性信息，可以预测优质页岩厚度、TOC含量、孔隙度、含气量、脆性指数、地应力方位和大小、地层压力系数等，进而评价优选页岩气地质与工程双"甜点"区；同时，还能为页岩气水平井设计和调整控制提供支撑，提高页岩优质储层钻遇率，为压裂分段分簇设计提供依据，提高储层压裂改造效果。

近年来，高精度三维地震勘探技术的应用，在川南页岩气的勘探突破和效益开发中发挥了重要作用。目前，已经探明和成功开发的页岩气田，主要包括涪陵页岩气田、长宁页岩气田、威远页岩气田、威荣页岩气田、永川页岩气田等。截至2019年底，四川盆地的页岩气探明储量高达$1.81 \times 10^{12} \mathrm{m}^3$，产量达到$154 \times 10^8 \mathrm{m}^3$，高精度地震勘探技术应用成效十分显著。

1.3　四川盆地天然气地震勘探条件

四川盆地以平原、丘陵、山区等多种地形为主，总体表现出多类型地貌、亚热带季风性湿润气候、人口较集中、交通发达、岩性出露种类多、速度结构复杂、波阻抗差异大等自然地理、人文、地质与地球物理特征，为天然气地震勘探带来了复杂的影响。在丘陵区、平原区低降速层覆盖厚，潜水面浅而稳定，地震震源能够在潜水面以下激发，采集干扰主要为电磁脉冲、牲畜及车辆运行、折射波和面波等，地震资料整体主频较高、频带较宽、信噪比较高、品质较好。而在龙门山、镇巴、米仓山、龙泉山等山区，地表黏土较薄，潜水面深，出露多类岩性，断层发育，岩层疏松破碎，地震激发与接收条件差；导致地震反射同相轴连续性较差，主频低，频带窄，干扰严重，信噪比低，资料品质整体较差。

1.3.1　地形、气候等自然地理与人文条件

大山区、丘陵区、平原区、人口、交通等自然地理与人文条件，对地震资料的采集部署、资料品质等具有重要影响，决定了后期地震数据处理的难易程度和解释精度。

1. 地形条件

四川盆地天然气分布广泛，地形复杂，大体上可以划分为如下3类。

第一类为大山区，海拔为1000～3000m，最高超过3000m，地形高陡，地层倾角大，多数油气探区具有地表、地下"双复杂"特征。

第二类为丘陵区，海拔约为500～800m，地形较平缓，地层倾角较小。

第三类为平原区，海拔约为300～500m，地形平缓，地层近似水平。

2. 气候、水源与植被条件

四川盆地气候属于亚热带季风性湿润气候。整体上，气温具有东高西低、南高北低、盆地高而边缘低等特征；夏季平均温度为24～28℃，高温为36～42℃；冬季平均温度为4～8℃，低温为-8℃～-2℃。降水量为1000～1300mm/a，整体表现为冬干、春旱、夏涝、秋雨绵；冬季与春季多雾，夏季多雷、多暴雨，秋季属梅雨季节，冬季山区、大山区多积雪。

一般情况下，四川盆地的水源条件与地形关系密切。大山区、丘陵区水源缺乏，平原区水系发达、水源良好。潜水面条件变化较大，平原区潜水面较浅，一般小于6m；丘陵区潜水面较深，一般超过9m；而在诸如龙门山、米仓山、大巴山、华蓥山等大山区，潜水面则很不稳定，整体较深。

受气候、水源等因素的影响，加之地表岩石以紫红色砂岩和页岩为主，极易风化形成钙、磷、钾等营养元素丰富的肥沃土壤，使四川盆地的植被整体发育良好。平原区和丘陵区小麦、玉米、水稻、油菜、蔬菜、水果、苗圃、草药等经济作物四季发育，且分布面积广阔；大山区则长期封山育林，多数地区植物茂盛，灌木丛生。此外，少数地区还分布有大面积的国家地质公园、军事禁区、自然保护区等。

3. 人口与交通条件

四川盆地的人口集中区，主要分布在丘陵区与平原地区的城镇和乡村，人口稠密；而大山区则人口稀少，许多高山区居住条件极差，人烟稀少，甚至人迹罕至。

四川盆地的交通条件与经济圈的发展具有密切关联。四川盆地的经济圈主要包括以成都为中心的川西经济带和以重庆为中心的川东经济区，以成-遂-渝、成-安-渝、成-内-渝为交通枢纽，包括318国道、212国道、嘉陵江航道、成-南-万铁路、兰-渝铁路等；川东、川南则以长江黄金水道、宜-泸-万等交通线为枢纽；同时，在广元—巴中—达州—泸州—宜宾—乐山—雅安—成都—德阳—绵阳—广元等形成了交通环线。

随着经济圈的进一步发展，四川盆地已经形成了便利的交通条件，人口表现出进一步向城镇集中的发展趋势。

1.3.2 地貌、地质与地球物理条件

对地震资料采集、处理和解释等环节具有重要影响的因素，除了大山区、丘陵区、平原区、人口、交通等自然地理与人文条件，还包括地貌及出露地表的岩性、速度、阻抗等地质与地球物理条件。

1. 地貌条件

四川盆地是我国著名的红层盆地。中生代—新生代初期，受热带或亚热带干旱环境作

用，形成了红色砂岩、砾岩和泥岩组成的红色地层，在中生代燕山期造山运动中进一步沉积并形成红层盆地。该类盆地的地貌特征可以划分为4类：

第一类为外围山地地貌。山地与红层丘陵被断层分隔，环绕于盆地四周或两侧。

第二类为边缘红层高丘陵地貌。红层丘陵受山地河流切割，岩层倾角较大，具有较陡的地形特征。

第三类为红层低丘陵地貌。岩性多为砂岩和页岩，岩性稳定性差，岩层平缓，具有平缓丘陵地形，是红层盆地的主体地貌。

第四类为阶地、平原和丹霞地貌。一般位于盆地中心，河湖发育，砂岩和泥岩出露，岩层倾角较小，阶地和平原宽广。

2. 地表岩性条件

四川盆地出露的岩性可划分为5类，如图1-7所示，即：

第一类为灰岩［图(a)］，岩性较稳定，硬度受风化程度影响，主要分布在海相地层出露的山区或大山区及盆地边缘，如龙门山、华蓥山等地区。

第二类为卵石、砂卵石和黄泥夹卵石［图(b)、(c)］，主要分布在河滩地带或平原地区，如川西鸭子河、绵远河、毗河，以及川中沱江、嘉陵江等地区。

第三类为砂泥岩［图(d)］，分布非常广泛，包括川西、川中、川东等丘陵区、平原区及大山区。

第四类为疏松砂岩，岩性不稳定、硬度差，在边缘红层高丘陵、红层低丘陵、阶地、平原和丹霞等地貌中均有分布。

第五类为砾岩［图(e)、(f)］，岩性稳定、硬度强，在山前带、安州—江油等区域均有广泛分布。

(a)灰岩　　　　　　　　　(b)砂泥岩　　　　　　　　(c)黄泥夹卵石

(d)砾岩　　　　　　　　　(e)河滩卵石　　　　　　　(f)黏土

图1-7　四川盆地出露地表的岩性

3. 地表速度条件

地表速度受地表岩性、厚度、深度、破碎与压实程度等多种因素控制。四川盆地的地表速度，按地表岩性出露特征，可以划分为6类：

第一类为灰岩地表速度带；

第二类为卵石、砂卵石和黄泥夹卵石地表速度带；

第三类为砂泥岩地表速度带；

第四类为疏松砂岩地表速度带；

第五类为砾岩地表速度带；

第六类为黏土地表速度带。

4. 纵波阻抗条件

纵波阻抗的差异，直接控制着地震纵波反射的强弱，是利用地震资料识别地质界面和岩性变化特征的关键依据。例如，在川西地区，雷口坡组顶、须家河组二段顶、侏罗系白田坝组底一般都具有良好的波阻抗界面，采集的地震资料同相轴连续性好、反射波组清晰；须家河组三段顶、须家河组四段顶波阻抗横向变化大；二叠系顶波阻抗界面清晰，采集的地震资料反射波组连续性较好；嘉陵江组、飞仙关组储层薄波阻抗横向变化大，采集的地震资料品质较差。

在纵波阻抗较大的地质界面，采集到的地震资料纵波能量较强，反射波形稳定，相位特征清晰，有利于资料处理和地层连续追踪解释。在断裂较多、地层陡峭的复杂区域，地震采集难度大，反射系数不稳定，反射波组难以连续追踪。在丘陵、平原等区域，地质与地球物理条件良好，构造相对简单，地层平缓，沉积稳定，纵波组抗横向变化小，采集到的地震资料反射同相轴变化平缓，纵向界面特征清晰。

1.4　四川盆地天然气地震勘探难点及挑战

1.4.1　地震资料采集问题

在四川盆地的天然气地震勘探过程中，地震资料的采集质量，直接影响着后期地震资料的处理和解释。尤其是针对龙门山、米仓山、大巴山等地表与地下"双复杂"的山前带区域，地震资料的采集品质，甚至可能成为天然气勘探能否成功的决定性因素。

目前，影响四川盆地地震资料采集的因素主要表现在以下几个方面。

1. 激发和接收条件差

灰岩、砂岩、泥岩、砾岩等各类岩层出露，地表岩层破碎、岩层陡峭、阻抗差异大等，地质与地球物理条件差不利于地震信号的有效激发和接收。

2. 观测系统设计难度大

四川盆地天然气储层层系多，埋藏深度差异大，地表与地下地质条件复杂，难以建立准确的数值模型，不利于精确的观测系统设计。尤其是在地形与地貌复杂、气藏超深、地层倾角大、高陡断层与逆掩断层发育等区域，地质模型与地震波场数值模拟复杂，难以实现高精度的照明分析和射线追踪，影响观测参数的论证精度。

3. 野外施工难度大

在平原区，交通发达，人口稠密，工厂、湖泊与河流多；在丘陵区，电网与交通复杂，煤田、矿山等采空区多；在大山区，地形、地貌复杂。这些复杂的施工条件，不利于野外测量和测线、震源与检波器布设等现场作业。

1.4.2 地震数据处理问题

目前，四川盆地的地震数据处理问题主要表现在如下几个方面。

1. 静校正问题严重

在地形、地貌较复杂的区域，岩性、阻抗纵横向变化较大，地层产状陡且起伏变化大，基岩反射界面不稳定，地震初至波与干扰波混杂，校正难度大，导致静校正问题十分突出。

2. 干扰严重、信噪比低

在四川盆地，牲畜、交通工具、人类活动、电磁脉冲、采空区、折射与面波等干扰类型多且干扰源复杂，直接影响地震资料的信噪比。

3. 分辨率不够高

就浅层陆相勘探而言，致密砂岩气藏中的窄河道、薄砂体等储层逐渐成为主要勘探目标，丛式井组、水平井组等开采设计，对地震资料分辨率的要求越来越高。就深层陆相与海相勘探而言，地震波传播路径长，深层透射与反射需要穿越较厚的第四系砂卵石松软沉积层，高频吸收与能量衰减严重，导致深层反射能量弱、频带窄、分辨率低。

4. 各向异性校正难度大

裂缝型、裂缝-孔隙型、孔隙-裂缝型等天然气藏，是四川盆地深层与超深层陆相、海相和火山岩等天然气勘探领域的重要目标。地震波在这些气藏中传播时，存在明显的各向异性现象。如果没有针对性地进行校正处理，则将直接影响成像精度和后期解释效果。

5. 高精度成像挑战大

在四川盆地不同的天然气勘探领域，存在相应的地震资料成像问题。在山前带领域，地层倾角大，地表与地下构造复杂，噪声干扰严重，对常规的叠加和偏移成像提出了挑战。在深层与超深层领域，地震波传播能量弱，主频低、频带窄，多次波干扰重，分辨率与成像精度低。

1.4.3　地震资料解释问题

四川盆地地震资料解释问题较多，主要表现在如下几个方面。

1. 地层、构造、断层、圈闭等地质解释问题

平原区地形、地貌相对简单，构造解释复杂程度不高，但是在山前带、大山区、超深层等领域，地震成像较差，地质目标更加复杂，地层追踪、层位解释、微幅构造与假构造判别、圈闭识别等基础地质解释问题十分突出。

2. 薄储层预测问题

受地震资料分辨率的局限，陆相、海相等各类气藏勘探均受到薄储层预测问题的困扰。例如，地震资料分辨率低，陆相浅层河道、冲积扇、席状砂等地质体的厚度和边界预测难度大；同样地，深层和超深层储层也遭受了弱反射、窄频带和低分辨率的制约，大型尖灭带、不整合面、超覆地层、断溶体等地质体的边界也难以精确刻画。

3. 岩性判别难题

岩性判别是烃源层、储层及盖层预测的基础，尤其是优质储层预测的关键。随着勘探程度的不断加深，浅中层陆相气藏经常遭遇"泥岩陷阱"，砂岩与泥岩密度、速度、阻抗及其他弹性特征近似，储层预测受到砂岩、泥质砂岩、泥岩、砂质泥岩等岩性判别问题困扰；深层陆相气藏虽然砂体发育，但孔隙度相对发育、渗透性良好的优质砂岩储层与普通砂岩物性近似，测井、岩石物理等岩性识别参数差异性小，优质砂岩储层预测难度大；深层、超深层海相气藏以灰岩、白云岩等储层为主，但受地震资料频带、信噪比等不利因素影响，储层反演受数据品质"瓶颈"限制，难以实现高精度的岩性判别。

4. 裂缝检测难题

裂缝检测问题一直属于世界级难题。四川盆地也不例外，包括裂缝的走向、倾角、尺度、密度、开启度、连通性等，一直是困扰气藏勘探开发的难点。无论是山前带领域，还是深层、超深层领域和火山岩领域，裂缝是天然气运移、聚集和成藏的主控因素，也是地质与地球物理的重点攻关方向。例如，川西陆相深层须家河组、海相深层雷口坡组、海相超深层灯影组等气藏，裂缝均是富集高产的控制因素，多尺度裂缝的精确预测一直是地震勘探追求的目标。

5. 流体识别与气藏边界固定难题

几十年来，综合地质、测井、岩石物理、地震等多类信息，尽管已经形成了常规AVO、频变AVO、吸收衰减、流体反演、弹性参数等多种类型的流体识别方法，但是实际应用效果始终不尽理想。尤其是气藏预测与描述过程中，底水、边水等气藏边界和气水边界识别难题，以及天然气富集气带精确预测等问题，长期困扰勘探决策。流体分布的空间不确定性，为流体识别与气藏边界固定等带来困难，使勘探开发控制面临极大挑战。

第2章　地震资料采集技术

迄今，针对各类地质勘探需求，在四川盆地已经实施了二维、三维、二维三分量、三维三分量及宽方位高密度地震资料采集。近10年来，重点实施了常规地震资料采集和三维三分量地震资料采集。本章重点介绍常规地震资料采集技术和三维三分量地震资料采集技术。

2.1　常规地震资料采集技术

为了获得高品质的纵波地震资料，常规地震资料采集主要包括基于地质模型的地震采集设计、地震波激发与接收、表层结构调查、采集质量控制等技术环节。

2.1.1　基于地质模型的地震采集设计

1. 地震地质资料的收集和分析

为了设计出与地下实际情况近似的地质模型，以便后期进行采集参数论证与分析，需要开展区域与局部相关地质与地球物理等资料收集、整理和分析，包括如下几个方面。

(1)收集地表、地下与构造、地层、断层、地层倾角、岩性、物性、层速度、密度等相关的地质、地球物理、测井、岩石物理、地震等综合资料；

(2)建立数值地质模型，利用正演技术模拟分析地震波的传播，获取各类地表、地下条件变化情况的地震射线和传播记录，评估可能影响地震资料采集的地形、地貌及其他地质与地球物理因素；

(3)开展近地表结构、低降速带等调查分析，建立近地表模型，评估静校正难点及措施。

2. 关键采集参数论证

利用地质与地球物理资料，在建立地质模型和开展数值模拟的基础上，分析道距、炮点距、接收线距、炮线距、面元尺寸、最大炮检距、覆盖次数等关键采集参数，在纵向和横向上满足高分辨率、全面接收目标地层有效反射等条件，获得最优化的采集参数，确保地震资料的高品质采集。

3. 观测系统设计

地震采集观测系统设计，需要分析以下因素。

1) 纵向与横向分辨率

分析地震资料对地质目标的纵向与横向识别能力。

2) 采样间隔

采样间隔的选择必须满足需要保护及实际能够得到的反射波高频信号的要求。

3) 最大炮检距

要防止大入射角入射时反射系数不稳定的影响，避免排列长度过大而引起过大的动校拉伸畸变；同时也必须满足速度分析精度AAVO分析的要求。

4) 偏移孔径

在勘探范围内的地震波场数据，需要满足勘探主要目的层正确偏移归位的要求。

5) 覆盖次数

需要既能满足地质任务要求，又充分考虑成本的合理覆盖次数。

6) 激发接收点布设参数

包括线距、接收道距、炮线距、炮点距、方位角、横纵比等参数及观测器组合图形参数。

2.1.2　地震波激发与接收

1. 地震波激发技术

1) 成井技术

在大山区、山区及高陡地区，成井方式一直以山地钻、空气钻成深井为主，井深14～20m，依据不同的地震地质条件及勘探目的层深度试验确定。在平原区，成井方式则随着勘探任务的要求及地震资料采集认识的深化而不断改进。20世纪90年代，在平原卵石覆盖区，一般采用洛阳铲成1～2m深、10～36坑组合浅井的成井方式；2000年左右，开始采用冲击钻成深井、洛阳铲成浅井等成井方式；2002年以后，基本取消浅井成井方式，全部采用深井激发，单深井一般为12～14m，组合深井一般为3×8m、4×6m。在不能成深井的河滩地段，采取挖掘机挖深坑的成井方式。另外，在其他冲击钻不能成深井的地段，引进百米钻、重型履带式钻机成深井，同时采用劈刀法、空气钻和冲击钻联合成井等技术。

2) 激发因素

20世纪90年代，平坝卵石覆盖一般采用高密度乳化炸药、小药量、浅井组合激发，激发井深一般为1～2m，组合个数为10～36个，药量为3～6kg。1998年以后，虽然仍使用乳化炸药，但药量增加到4～20kg。2004年左右，由于成井方式逐渐变为深井，激发药性也开始使用高密度成型震源药柱；激发药量的选择依据激发条件、勘探目的层深度试验确定，单深井激发药量一般为10～16kg，丘陵、山区单深井激发药量一般为6～16kg，山前带灰岩或疏松砂岩出露区药量一般为14～24kg。

2. 地震波接收技术

1) 仪器因素

1996年以前，主要采用SN338HR、OPSEIS-5500、SGR-II等地震仪，采样间隔一般为2ms；记录长度一般为4000～5000ms。1996年以后，采集地震仪以SN388为主，采样间隔逐渐变为1ms，前放增益为12dB，记录长度一般为5000ms。至2004年，主要使用428XL、508XL数字遥测地震仪采集，采样间隔一般为1ms，记录长度为6000～7000ms，前放增益为12dB，高截频为0.8FN，2018年以后，多个品牌的节点地震仪开始推广应用。

2) 接收因素

2004年之前，一般采用28Hz自振频率检波器，3×3方形面积组合接收，特殊地区采用多串检波器组合接收，如龙门山前缘地区；2004年之后，主要采用10Hz自振频率检波器、3×3或6×2面积组合接收；2018年以后，10Hz、5Hz型检波器开始大量投入使用。

2.1.3　表层结构调查

经过多年勘探经验累积，主要采用小折射法、微测井法和层析反演法等技术进行表层低降速带调查，为静校正提供可靠的表层速度模型数据。小折射法主要适用于地形平坦、低降速层较厚且难以成井的地区；微测井法主要适用于容易成井、低降速层较薄地区；层析反演法主要适用于低降速层厚度大、通过小折射和微测井无法调查的非均质性较强的近地表地区。

1. 小折射法

在实施小折射法表层调查时，排列长度、最小炮检距、道距的选择应以求准低速层、降速层的速度、厚度和追踪到高速层顶面埋深及求取速度为依据。排列长度宜为低降速层厚度的8～10倍，排列方向一般与检波线或炮排一致，因地表高差影响可适当做旋转，角度尽量小，排列内相对高差小于2m，相邻道间高差小于1m，道间距一般采用中间疏两端密的形式。当低降速层较厚需要采用追逐法放炮时，延长排列应有两个或以上重复道，移动炮点应保证炮点与排列在同一直线上，移动距离不大于排列长度的2/3。

小折射法采用浅井炸药震源激发，井深和炸药量以获取较高信噪比初至波和保证安全为准，井深不大于1m，炸药量不大于1kg。

2. 微测井法

微测井法包括单井微测井、双井微测井和微VSP测井。双井微测井侧重于虚反射界面和不同深度激发子波特性的调查，微VSP测井针对表层多波(纵波、横波)速度结构进行调查。

3. 层析反演法

在表层低降速层巨厚的区域，采用小折射和微测井方法不能有效调查表层结构，需要采用层析反演法。层析反演法依据大炮初至时间，通过迭代反演计算求取较为可靠的表层低降速层模型，为静校正提供相关参数。

2.1.4 采集质量控制

1. 过程质量控制

野外地震资料采集，过程质量控制贯穿始终，是完成采集任务和获取高品质地震资料的根本保障。

1）制定质量管理制度和开展野外施工培训

在对采集区进行详细踏勘的基础上，对测量钻井、下药、检波器埋置等野外重要施工工序制定并下发相应的技术质量要求及管理办法；施工之前，对全体施工人员开展有针对性的技术培训、质量教育及岗位练兵，全面掌握各施工环节的技术要求。

2）控制好成井、下药、闷井等工序与质量

根据工区岩性调查和生产前试验确定的激发参数，逐点设计激发井深和药量，钻井及下药工序按照设计要求严格施工，确保激发参数符合设计要求；加强对外协调力度，有效控制厂区、交通道路及人为的干扰，保证资料采集背景达到设计要求。

3）全面开展质量检查，有效排除质量隐患

全面检查各工序质量，对存在的质量隐患及时落实、整改。对特殊情况，及时请求相关技术及管理人员共同研究处理方案，确保施工质量和工程周期。坚持单束(线)设计、单束(线)审批的施工顺序；按照行业规范要求，保证野外现场资料采集的准确性和及时性，方便后续资料处理；加强各工序质量管理，确保最终记录炮点位置的准确性；采用现场监控处理手段，及时分析原始记录有效波的频宽和优势频带，掌握资料质量变化情况；定期召开质量分析会，针对施工存在的质量问题及隐患进行及时整改和删除，确保资料质量。

2. 地震资料监控处理与质量分析

地震资料的监控处理主要包括采集设备检测资料分析、单炮记录分析、现场监控处理及效果评估。

1）采集设备检测资料监控

及时对设备的年月检记录进行处理分析，对生产中的爆炸机测试、检波器道一致性检查等项目进行细致、客观的分析，保证投入生产的设备状态正常。

2）单炮记录监控分析

单炮试验资料分析的目的是确保生产参数的合理性。对当天原始单炮记录进行检查，确保计时的准确性；抽取代表性的单炮记录，进行记录道极性检查；通过初至波线性动校正处理，检查炮、检点位置的正确性和炮、检关系的准确性；抽取一定的原始炮记录进行

AGC、固定增益显示、滤波扫描,对主要目的层的能量、信噪比、频谱、子波进行定量分析,定性检查分析记录能量的一致性、资料的连续性和信噪比、主要目的层的主频及有效波频宽,以及时指导野外生产。

3)地震资料监控处理

根据监控处理需要,确定适合的处理流程,包括原始单炮记录监控、几何关系定义及网格化、速度分析及剩余静校正迭代处理、叠加监控处理剖面显示;依据工区以往资料和项目要求,确定主要处理参数(处理采样、处理长度、基准面高程、替换速度、网格原点及方位角等)、滤波参数(叠前和叠后)及叠加监控处理剖面显示方式;及时对施工完的资料进行叠加监控处理,分析叠加效果,为后续生产提供指导,完善质量的持续改进过程。

3. 采集资料评价

对地震采集资料进行评价分析时,一方面要充分认识工区内资料品质情况和影响资料品质的主要因素;另一方面要按照行业规范制定适宜相应工区的采集资料评价方法。

在不同的区域,采集到的地震资料的品质各有差异,但并不影响采集资料。例如,在不同的区域,面波干扰程度、能量强弱、信噪比高低等特征不相同,在严格按设计施工的前提下,这些特征不影响采集资料的评价结果。同时,通过分析资料采集的外界因素(如各种机械干扰、工业电及高频微震干扰等)和设备因素(如数据传输出错、验证数据不回传等),可以找出影响资料品质的主要因素,并采取措施消除或减弱不利影响,提升资料品质,为后期资料处理与解释夯实基础。

2.1.5 川西浅中层气藏三维地震资料采集技术

川西浅中层侏罗系气藏埋深为200~3200m,经过多年的探索和实践,20世纪90年代形成了浅中层气藏三维地震资料采集技术。其特点可归纳为"四小、三中、两高、一低"。"四小"是指小偏移距、小组合距、小口径组合激发井、小口径组合检波器埋置井;"三中"是指中等激发药量、中频检波器、中等道间距;"两高"是指高采样率、较高的覆盖次数;"一低"是指夜间放炮、低环境噪声背景。

1. 三维地震资料采集参数论证

1)基础资料收集、整理与分析

基础资料收集、整理与分析是三维观测系统的设计基础,是全面了解工区地质认识和研究程度、地震地质条件、自然地理条件,以及已有勘探成果和三维勘探目标任务不可缺少的过程。主要包括如下几个方面:

(1)了解勘探地质任务、勘探目的层、勘探目标及要求;

(2)勘探区位置及大小、方位及几何形态;

(3)前期勘探成果、勘探程度、油气发现、构造形态及断裂展布特征,地震资料质量状况、速度、频谱资料等;

（4）勘探区内的地形、地貌、河流、水网、交通、城镇、人文、气候等地理信息；

（5）勘探区地面、地下设施及主要障碍物分布情况；

（6）近地表地震地质条件；

（7）深部地震地质条件；

（8）前期勘探工作方法及其优缺点分析；

（9）详细踏勘取得的其他相关资料。

2）采集参数论证

采集参数论证应以探区基本地球物理参数和地质任务为基础，重点论证采样率、纵向分辨率、横向分辨率、道间距、最大炮检距、接收线距、组合形式及组合基距、偏移距、偏移孔径、覆盖次数、井深、药量、随机噪声相关半径、检波器主频等参数。

2. 三维观测系统设计

优秀的观测系统应具有完全满足地质任务要求，地震地质条件适应性强，主要勘探目标针对性强，反射点距适中，纵横比大（大于0.85），Inline和Crossline覆盖次数比小，面元内各方位角内覆盖次数均匀，各方位角范围内偏移距分布均匀，反射点分布集中，反射点分布重心与面元中心位置偏差小，经济高效等特点。

1）排列片优选

地震勘探三维观测系统千变万化，类型繁多，实际勘探中应用最为广泛的是三维束状观测系统。由于三维束状观测系统是规则、组合、垂直型观测系统，因此排列片便是一个三维观测系统的最基本单元。排列片的选择必须考虑三维观测系统面元尺度适中、偏移距分布均匀性好、有较好的纵横比和方位特性、覆盖次数均匀、浅层覆盖次数满足勘探要求、浅中深层勘探目的层的兼顾能力、避让障碍的能力、接收线或炮线重复数及经济可行性等。

三维束状观测系统的研究重点是排列片中Crossline方向（Y方向）覆盖次数的研究及炮线和检波线关系分析。早期，为克服仪器带道能力限制，在川西地区，形成的三维地震勘探主要排列片性能对比表见表2-1。

表2-1   川西地区三维地震勘探主要排列片性能对比表

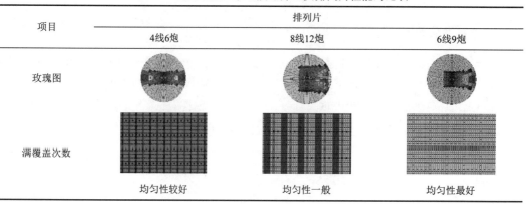

项目	排列片		
	4线6炮	8线12炮	6线9炮
玫瑰图			
满覆盖次数			
	均匀性较好	均匀性一般	均匀性最好

续表

项目	排列片		
	4线6炮	8线12炮	6线9炮
Offset=3520m 覆盖次数分布	均匀性好	均匀性一般	均匀性最好
Offset=2440m 覆盖次数分布	达到满覆盖30次，均匀性好	32~40次，均匀性较好	30~33次，均匀性好
Offset=1440m 覆盖次数分布	16~18次，均匀性好	22~28次，均匀性较好	20~24次，均匀性一般
Offset=736m 覆盖次数分布	8~10次，均匀性好	8~12次，均匀性一般	8~12次，均匀性好
炮检距方向性	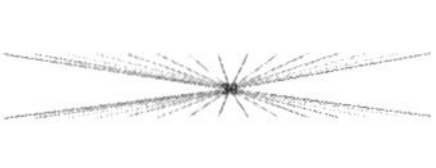	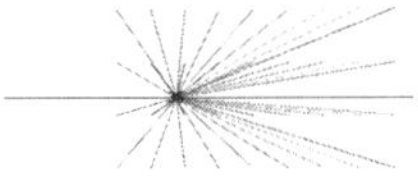	
炮检距分布及重叠	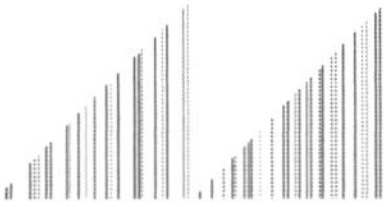 均匀，重叠最少	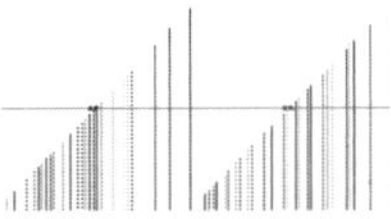 均匀性差，重叠较多	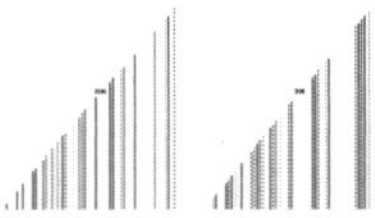 均匀，重叠少
各炮检距覆盖次数贡献率	 线性增加	 中等炮检距贡献大	中、小炮检距贡献大
炮检距集中度	 集中于480~2400m	 集中于500~1500m	 集中于500~1200m
最大炮检距分布	均匀	一般均匀	均匀
中等炮检距分布	较好	好	好
最小炮检距分布	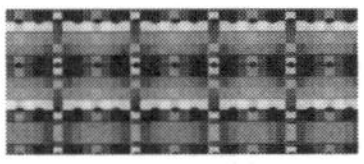 好	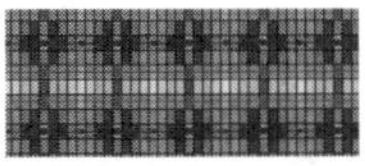 较好	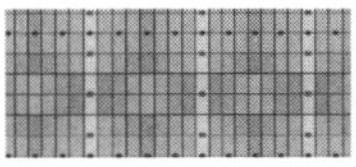 好

(1)连续炮点横向规则实用排列片

连续观测系统在束进时有一个共同的特点，炮排线(炮点)重复一半，检波线不重复。通过对连续炮点横向规则观测系统的综合分析，按横向叠加次数大小进行排列，可得到由小至大的横向叠加金字塔图。

(2)交叉炮点横向规则实用排列片

交叉炮点横向规则实用排列片单束检波线距分布均匀，炮排线距间隔均匀分布，束进时束与束间的炮排线交叉分布。

三维地震勘探横向规则实用排列片基本模型与不同的纵向观测系统组合，便可构成勘探所需要的三维束状观测系统。横向观测系统与单边放炮纵向观测系统组合，可以构成单边放炮三维线束状观测系统；横向观测系统与中间放炮纵向观测系统组合，可以构成中间放炮三维线束状观测系统。

在川西地区早期浅中层气藏勘探中，采用的三维束状观测系统，包括如下3种类型。

4线6炮：4×120道接收，2×15次覆盖，2400-40-40-40-2400，中间对称放炮，适用于障碍众多的地区，以蓬莱镇组—沙溪庙组为主要勘探目的层的浅中层天然气勘探，如新场气田三维地震资料采集。

8线12炮：8×74道接收，4×9.25次覆盖，800-40-40-40-2160，中间非对称放炮，适用于浅中层信噪比较低，环境干扰较重，地震地质条件较差地区的天然气勘探，如马井构造三维地震资料采集。

6线9炮：6×96道接收，3×12次覆盖，960-40-40-40-2880，中间非对称放炮，适用于浅中层信噪比较低，环境干扰较重，需要浅、中、深层兼顾的天然气勘探，如孝泉气田三维地震资料采集。

2）观测系统设计

目前，三维观测系统设计已摆脱了仪器道数、资料处理技术等因素的制约。利用计算机辅助设计手段不仅可设计出规则三维观测系统，还能设计非规则三维观测系统，辅助分析观测系统合理性和对勘探目标的针对性，设计穿越大型障碍的变观方案等。在有高精度的地形图或卫星照片的条件下，可以对每个炮点和检波点进行精确设计，并输出SPS文件指导野外作业。图2-1分别为优选的川西地区三维地震勘探观测系统炮检点位置示意图及反映方位角、炮检距和覆盖次数关系的玫瑰图。

观测系统设计应包含满覆盖面积、一次覆盖面积、施工面积、面元尺度、检波线距、点距、炮线距、点距、每束接收线数、每束炮点数、每线接收道数、每炮线炮点数、总接收道数、总炮数、放炮方式、放炮方向、炮线和接收线重复方式、最大炮检距、最小炮检距、覆盖次数、纵横比、每平方千米炮点数、搬家道数等参数。

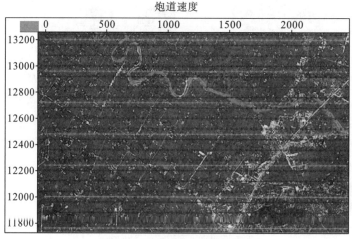

(a) 带卫星照片底图的炮、检点位置图

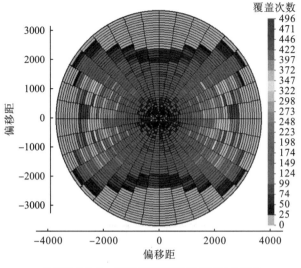

(b)反映方位角、炮检距和覆盖次数关系的玫瑰图

图2-1　8线21炮三维观测系统设计图

2.1.6　川西深层气藏宽方位三维地震资料采集技术

宽方位三维地震资料采集的目的是利用纵波(P波)的振幅、速度、衰减、频率及AVO响应等与方位各向异性的关系，以获得裂缝发育密度、走向等信息。围绕深层超致密非均质裂缝型气藏识别的目标，在川西丰谷地区实施了宽方位三维采集(丰谷三维：14线240炮60次覆盖块状砖墙式，每块14线接收，48条炮线240炮激发；面元大小：25m×50m；炮线距：100m；接收道数：2016道；道间距：50m；检波线距：400m；覆盖次数：60次；横纵比：0.82)；之后，在鸭子河地区(16线144炮块状砖墙式；面元大小：25m×50m，检波线距：400m；炮线距：100m；接收道数：1984道；检波点距：50m；覆盖次数：64次；横纵比：0.95)完善和发展了川西深层气藏宽方位三维地震资料采集技术。针对深层须家河组裂缝型气藏设计的宽方位角三维观测系统，获得了高品质的三维地震资料(宽方位角、大炮检距、较高的覆盖次数、横纵比高、信噪比高)，满足了深层须家河组纵波方位各向异性裂缝检测和储层含气性识别的需要，有利于储层综合识别技术的应用。

归纳起来，川西深层气藏宽方位三维地震资料采集技术具有宽方位、大横纵比、高覆盖、各方位扇区炮检距分布均匀、深井、较大药量、低自然频率检波器、低环境噪声背景等特征。

2.2　三维三分量地震资料采集技术

由于转换波(PS波)下行波和上行波具有不对称的射线路径，且转换波的转换点与纵横波速度比和深度有关，因此，三维三分量观测系统设计有其自身的特点。根据国内外通行的采集设计理念——纵波和转换波在同一个观测排列片中接收，结合地理、近地表和深层地震地质条件，三维三分量地震勘探资料采集设计思路及原则如下：

(1) 兼顾纵波CMP和转换波CCP分布特点，用一个观测系统同时采集纵波和转换波资料，使纵波和转换波具有相同的时间采样率和目的层空间采样率，便于纵波和转换波联合处理、联合反演和联合解释研究；

(2) 以勘探目的层为目标，以致密裂缝型储层地质模型为基础，采用射线追踪或波动方程正演方法进行采集参数论证和模拟采集，确定最佳采集参数和观测系统；

(3) 宽方位或全方位采集，使纵波和转换波面元属性具有均衡的方位分布，每个方位扇区的炮检距、覆盖次数分布均匀，满足纵波和转换波方位各向异性研究、横波分裂分析和裂缝检测的要求；

(4) 最小炮检距分布良好，满足近地表模型的反演，保证纵波和转换波表层静校正精度。最大炮检距分布均匀，满足纵横波叠前联合反演和方位各向异性研究要求；

(5) 有较小的面元尺寸，满足纵波和转换波叠前时间偏移处理及构造、断层和岩性变化边界的精细解释要求；

(6) 结合地质任务及施工条件，考虑经济技术的合理性，满足低成本、高效率三维三分量地震资料采集要求。

2.2.1 三维三分量地震资料采集前的准备

1. 地质论证

地质论证是开展三维三分量地震勘探可行性论证的主要组成部分。需要收集、整理和分析探区勘探简况与现有地质资料，开展成藏地质条件及勘探潜力分析，认识储层基本特征及油气藏地质模型，分析存在的主要问题，研究地震勘探条件，明确勘探任务和目标。在实施三维三分量地震资料采集前，论证地形、地貌等可行性条件。

2. 技术论证

技术论证的目标是明确开展三维三分量勘探的必要性，分析地质任务的解决能力，论证技术指标、预期成果等。

在技术论证的过程中，首先，需要开展前期勘探资料分析，明确前期采集资料质量状况、影响因素、主要目的层的有效频带、干扰波类型及分布、干扰波特征、处理解释成果、勘探效果、存在的问题等。其次，需要开展二维三分量(2D3C)试验采集，部署2~3条测线，使2条正交，1条45°交于前2条测线的交点，明确探区目的层转换波品质条件、各向异性响应、纵波与转换波的分辨率及其他应注意的问题。再次，建立纵波与横波的干扰波参数模型、近地表低降速带模型、深部地球物理参数模型，研究转换波在各主要勘探目的层的波场特征、传播规律等，分析地震波的传播特征及影响因素。最后，借鉴邻区或类似地区的三维三分量勘探经验，提高实施成功的概率。

3. 可行性分析

三维三分量地震勘探技术是一种针对性特别强的特殊技术，不应该指望利用三维三分量勘探技术解决所有的勘探问题。例如，复杂表层地震地质条件和复杂地形、低信噪比资料地区、复杂构造等情况下，不宜采用三维三分量地震勘探技术。因此，在选择三维三分量勘探技术时必须分析其可行性。

2.2.2　采集参数论证与观测系统设计

三维三分量采集参数论证既要考虑所有采集参数满足纵波勘探的要求，又要满足三维三分量地震勘探的要求。其中，重点是面元尺寸、最大和最小炮检距、满覆盖面积、覆盖次数、记录长度、观测系统模板等设计。

1. 采集参数论证

1）观测方向

在观测系统中，Inline方向的确定主要考虑以下几个方面：

(1) 垂直构造带走向。有利于获得更加可靠的构造成像；

(2) 垂直断层及断裂带的走向。有利于清晰的断点、断面成像；

(3) 相邻三维的无缝衔接。有利于连片处理和解释，且有利于不同构造之间的构造和断裂研究。

2）勘探指标分析

(1) 在设定的纵向分辨率指标条件下，计算主要目的层要求达到的主频和要保护的最高频率。

(2) 根据目的层的纵横波速度比（V_P/V_S），计算转换横波要求达到的主频和要保护的最高频率。

通常，该类参数主要针对纵波的分析来确定，横波的分析做参考。

3）面元大小

面元大小一方面直接影响资料的品质，另一方面对于勘探成本、勘探效益均有重要影响，纵波面元大小的确定，至少要考虑横向分辨率、最高无混叠频率、F-K谱空间假频等因素。为准确确定适合采集的面元尺寸，需从剖面上量取时间倾角进一步验证，优化面元大小的选择。按以下公式计算：

$$\frac{\Delta t_1}{n\Delta x_1} \leqslant \frac{\dfrac{T_{min}}{2}}{\Delta x} = \frac{1}{2\Delta x f_{max}} \tag{2-1}$$

$$\Delta x \leqslant \frac{n\Delta x_1}{2 f_{max} \Delta t_1} \tag{2-2}$$

式中，Δx 为CMP间距；$n\Delta x_1$ 为测量时间倾角CMP距离，即道数乘以CMP间距；Δt_1 为测得的时差；f_{max} 为最高频率。

以四川盆地合兴场—高庙子地区为例，在叠加剖面上量取时间倾角，计算如下：

$$n\Delta x_1 = 19 \times 25m = 475m$$

$$\Delta t_1 = 70\text{ms}$$

当最高无混叠频率 $f_{\max} = 120\text{Hz}$ 时(针对浅层),CMP间距不大于28m;当 $f_{\max} = 75\text{Hz}$ 时(针对深层),CMP间距不大于57m。

以上计算结果表明,由于地层倾角较小,上述条件允许的面元可以取得较大。但当三维三分量勘探是针对深层目标进行勘探时,需要尽可能高的纵向分辨率,以便能够准确描述小断层及破裂、裂缝发育带的分布。因此,面元尺寸选择需要进行更有针对性的设计,主要考虑两个方面因素。

(1)目标尺寸:复杂区域的地质勘探调查目标上需要至少应有10个以上的CMP点,即200~300m。而对断层、断裂带、与断层相关的裂缝发育带及沉积微相边界识别的横向分辨率一般要求不大于50m。加之需要利用相干体、曲率体等技术预测裂缝发育带,从目标尺寸考虑,面元选择为20~30m较为适宜。

(2)CCP面元尺寸:CCP面元大小与速度比有关,比CMP面元要大,要使CCP面元较小则需要更小的空间采样。CCP面元尺寸为

$$B_{\text{PS}} = \frac{2\Delta x}{1 + \dfrac{V_{\text{S}}}{V_{\text{P}}}}\frac{2\Delta y}{1 + \dfrac{V_{\text{S}}}{V_{\text{P}}}} \tag{2-3}$$

式中,B_{PS} 为转换波面元的大小;Δx 为三维道间距;Δy 为三维炮点距;$V_{\text{S}}/V_{\text{P}}$ 为横纵波速度比。

显然,纵波和转换波具有不同的面元尺寸,且CCP面元大小与速度有关,比CMP面元要大。设纵横波速度比为2,当纵波面元设计大小为25m×25m时,转换波的面元大小应该为 $\dfrac{100}{3}\text{m} \times \dfrac{100}{3}\text{m} = 33.3\text{m} \times 33.3\text{m}$。此时道间距和炮点距均为50m。因此,面元尺寸不宜选择过大,否则CCP面元的空间采样较大而不利于转换波的处理。

利用三维三分量资料来研究地层的各向异性,需要进行全方位数据采集,且各方位的特性要均匀,从经济和技术的角度考虑,取正方形的面元较合适。考虑到纵横波联合处理及解释的需要,一般选择一致的纵波和转换波面元尺寸。

4)最大炮检距

最大炮检距的设计需要满足目标勘探深度、速度分析精度、转换波动校拉伸和速度分析精度、AVO分析及叠前纵横波联合反演等要求,同时也受到纵波动校正拉伸畸变限制。

在进行最大炮检距优选分析时,需要分析反射系数及转换系数与炮检距的关系。需要根据地球物理参数模型,利用Zoeppritz方程计算纵波和转换波反射系数随入射角或偏移距的变化(图2-2),确定最佳的纵波和转换波勘探的炮检距观测窗。

通过波动方程正演模拟分析,确定最佳的最大炮检距。同时,还需要开展单边放炮观测系统转换波叠加剖面分析,确定转换波的最佳观测炮检距窗口;开展转换波动校正及切除道集分析,确定不同目的层的最佳炮检距范围;开展不同炮检距转换波叠加剖面分析,确定合适的炮检距范围;开展最大炮检距的综合选择除必须满足目的层埋深、速度分析精度、动校拉伸畸变、AVO分析等要求外,还需按纵波和三维三分量地震勘探效能的一定原

则确定三维三分量地震勘探的炮检距范围。

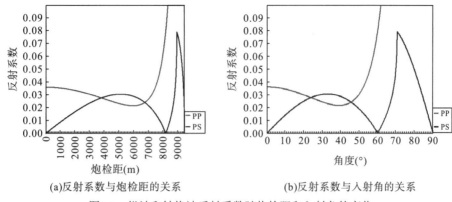

(a)反射系数与炮检距的关系　　　　　　　(b)反射系数与入射角的关系

图2-2　纵波和转换波反射系数随炮检距和入射角的变化

5) 最小炮检距

最小炮检距包括最小炮检距和最大的最小炮检距。

由于转换波在近炮检距的能量较弱，并考虑到近道震源爆破干扰和面波的影响，一般认为最小炮检距应该加大。但考虑要利用初至波信息，采用层析成像反演技术获取近地表速度模型。最小炮检距的选择应越小越好。通常选用0.5个道间距。

为了获得较浅层位的转换波信息，最大的最小炮检距应满足转换波最浅成像层位的要求，但其值过大时，会造成入射角超过转换波临界角而无法获得浅层的转换波资料。最大的最小炮检距应以满足浅层转换波成像要求为原则。同时要使浅层反射波有好的成像，也应有适当采样和一定的覆盖次数。根据经验法则，应为$1.0Z_{sh}\sim1.2Z_{sh}$(Z_{sh}为最浅反射层深度）。

6) 接收线距

通常根据菲涅尔半径公式来确定纵波勘探的接收线距，接收线距一般不大于垂直入射时的菲涅尔带半径。

7) 束间滚动距

常规纵波勘探一般选择滚动半个排列片，或滚动较多的检波线，以获取较高的生产效率，较低的采集成本。当然这种做法是以牺牲纵波的最小炮检距及炮检距分布均匀性为代价的。对于三维三分量地震勘探来说，滚动距的大小对于CCP覆盖次数、炮检距分布、方位特性等的影响很大。为保证转换波有好的方位特性、最小炮检距和最大炮检距分布均匀，滚动距最好不大于2个线距。

8) 线束宽窄方位角

对于常规3D纵波勘探而言，观测系统方位角的宽窄选择往往与地质任务的要求、地震地质条件、地理条件和各向异性的严重程度有关。一般情况下，对于复杂山区，地震地质条件较差，表层各向异性严重的地区，采用宽方位观测系统在没有三维各向异性处理手段时，很难得到好的勘探效果。对于三维三分量地震勘探，由于其勘探的目的是研究地下目的层的各向异性特征，其地质任务需求和苛刻的方法技术要求必然导致三维三分量地震勘探的观测系统一定是宽方位或全方位的观测系统。而且，各个方位角扇区内的覆盖次数、炮检距分布等要求有很好的一致性，即方位特征的一致性。最为理想的观测系统是圆形放炮观测系统，即全方位观测系统。

选择宽方位角必然加大最大非纵距，对于纵波三维勘探而言有最大非纵距的限定，主要是为保证三维地震资料同一面元内不同非纵距和方位角的有效反射在整个道集内能同相叠加。对于三维三分量地震勘探而言。由于要研究目的层上纵波和转换波在不同方位扇区的PSTM走时和振幅变化，窄方位角的观测系统难以满足纵波方位各向异性裂缝检测和转换波分裂裂缝检测的要求。图2-3为窄方位角和相对较宽方位角的对比分析图。可见窄方位角观测系统的CCP覆盖次数均匀性明显比较宽方位角的观测系统差。宽方位角或全方位观测系统有利于提供连续的均匀的CCP覆盖次数。

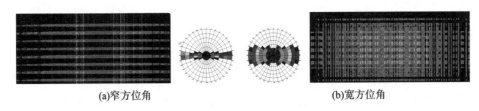

(a)窄方位角   (b)宽方位角

图2-3   宽、窄方位角CCP覆盖次数对比

相对于窄方位角，宽方位角三维三分量地震资料采集具有以下优点：

（1）宽方位角采集在横向（Crossline）方向的不同覆盖次数过渡带比窄方位角小，因此宽方位角比窄方位角更容易跨越地表障碍物和地下阴影带；

（2）在方向各向异性介质条件下，宽方位角勘探振幅随炮检距和方位角的变化（AVOA）更具有识别方向裂隙的能力；

（3）宽方位角比窄方位角的成像分辨率更高；

（4）由于宽、窄方位角在炮点和检波点的空间采样特性不同，宽方位角成像的空间连续性优于窄方位角；

（5）宽方位角在衰减相干噪声、衰减多次波方面强于窄方位角；

（6）宽方位角有更好的CCP覆盖次数分布和均匀的面元方位特性，有利于利用横波分裂技术检测裂缝。

9）观测系统类型

三维三分量观测系统包括正交式观测系统、砖墙式观测系统及斜交式观测系统等类型。其中斜交砖墙式观测系统，在CCP覆盖次数、炮检距分布、方位角分布及最小炮检距分布等方面比其他类型观测系统更加优越。由于不同类型的观测系统获取的地震资料不一样，因此，必将产生不同的勘探效果。图2-4为砖墙式和斜交砖墙式观测系统类型对比图。在覆盖次数、道间距、炮检距、线距、滚动距等主要参数一致的情况下，根据目的层参数，选V_P/V_S=1.8，深度为5000m，计算CCP覆盖次数、炮检距和方位角分布。斜交砖墙式观测系统在纵波66次覆盖的条件下，CCP覆盖次数最高为125次，最低为9次，低覆盖次数的CCP线较少(仅有1条)；而砖墙式(新场三维三分量勘探中采用)观测系统CCP最高覆盖次数达到161次，最低为9次，且低覆盖次数的CCP线明显增加(达到4条)。从CCP面元炮检距分布和方位角分布特征上看，斜交砖墙式观测系统也好于砖墙式。

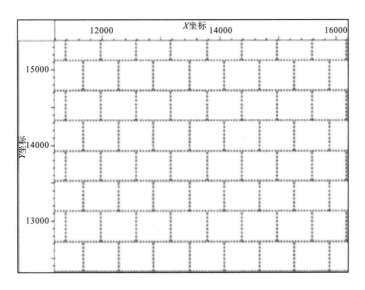

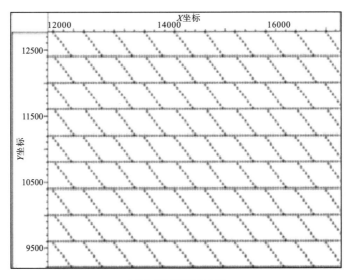

(a)炮点与检波点分布

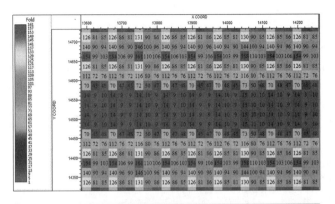

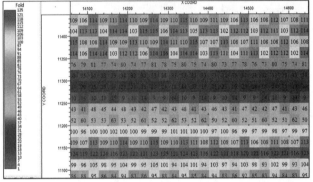

(b)覆盖次数分布

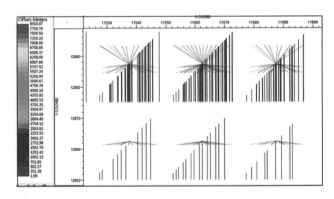

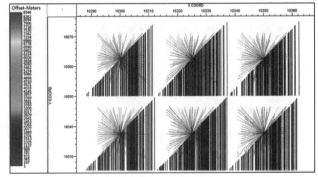

(c)偏移距分布

图2-4　砖墙式和斜交砖墙式观测系统类型对比(彩图见附图)

10) 覆盖次数

三维三分量采集覆盖次数选择主要遵从以下原则：

(1) 充分压制干扰，提高深层有效反射波和转换波能量，改善三维三分量资料信噪比；

(2) 满足纵波方位各向异性和转换波横波分裂研究的需要；

(3) 满足 Inline 方向速度分析和 Crossline 方向静校正耦合精度要求。

通常情况下开展三维三分量地震勘探除完成常规纵波勘探应完成的地质任务外，最重要的目的就是裂缝检测和含油气性识别。从裂缝检测的角度上讲，目前国内外较为先进的做法是，将 CDP 和 CCP 面元分为若干个均等的扇区（如 36、18、12、9 个扇区）分别按各向同性处理方法处理成多个方位 PSTM 数据体，并依据这些方位数据体进行裂缝检测和纵横波精细成像。要使裂缝检测的精度较高，一般会采用 18 或 12 个方位的分扇区 PSTM 处理。根据目前转换波信噪比及 PSTM 对叠加次数的最低要求，至少每个方位应保证不低于 10 次覆盖，按此计算，总覆盖次数分别需要 180 或 120 次。

11) 激发参数

由于转换波能量较弱，三维三分量地震勘探时激发井深应比常规三维地震勘探深，激发药量应比常规三维勘探大。最佳的井深和药量应该通过详细的生产前试验获得。

12) 接收参数

目前，三分量地震数据采用 MEMS 技术的数字三分量传感器（检波器）单点接收。

13) 仪器记录参数

因转换波速度小于纵波，故其旅行时间大于纵波，记录长度应根据转换波决定。记录长度选择要满足能够记录到最深目的层的反射信息，同时满足偏移的需要，增加记录时间将使得基底绕射路径更长，可以改善成像的效果。

2. 采集参数选取原则

转换波射线路径不对称，共转换点（CCP）与共中心点（CMP）有较大的差别。转换点位置是偏移距、界面深度、速度比、倾角的函数。转换波的时距曲线不是双曲线，极小值点不在炮检距的中心位置上。纵波垂直入射到分界面上，不会产生转换波，转换波只在一定的偏移距上才有能量。横波的速度和频率都小于纵波，纵横波的速度比值一般为 1.6～3.0。因此，转换波三维三分量观测系统设计有其自身的特点，采集参数应遵循如下原则。

(1) 在相同入射角时，转换波要求的炮检距要小于纵波，最大炮检距应该由纵波定义；

(2) 采用以下公式设置转换波面元尺寸：

$$\text{Bin}_x = \frac{\text{RI 或 SI}}{1 + \dfrac{V_{\text{S}}}{V_{\text{P}}}} \tag{2-4}$$

式中，RI 为检波点距；SI 为炮点距；

(3) 测区的大小应以纵波要求的范围确定，在一个模板（排列片）中应兼顾转换波与 PP 波；

(4) 转换波的纪录长度应不小于 PP 波的 1.5 倍；

(5)观测系统应同时满足PP波方位各向异性、转换波方位各向异性和横波分裂裂缝检测技术的要求，需要宽方位角、分散炮点放炮、砖墙加斜交方式，以获得良好方位特性和PS波覆盖次数均匀性；

(6)要保证CMP和CCP面元尺寸一致，要满足纵波和转换波覆盖均匀和方位特性良好，需要小面元、小道距、小炮距、小线距、超多道；

(7)对于勘探埋深近5000m的目的层，需解决好技术需求和经费投入的矛盾。

概括起来，为了设计出理想的三维三分量观测系统，应遵循的采集参数优选原则如下：

(1)小面元尺寸；

(2)适中的接收点距、较小的接收线距；

(3)较小的炮点距和适中的炮线距；

(4)小滚动距；

(5)大纵横比宽方位或全方位；

(6)斜交或斜交砖墙式；

(7)较均匀分布的检波点和炮点；

(8)纵波和转换波方位特性好，在各个方位上有较均匀的炮检距分布和覆盖次数；

(9)满足至少12个方位处理的高覆盖次数；

(10)仪器占用相对较少、采集成本较低；

(11)排列片便于管理、施工效率较高；

(12)穿越障碍能力较强；

(13)便于维持排列安静和控制环境噪声。

2.2.3　转换波波场调查

生产前试验是验证和确定采集参数的关键环节，应对不同的地形条件、地震地质条件、不同的激发参数进行详细的试验和分析。

对于三维三分量地震勘探而言，为详细了解工区纵波和转换波的方位各向异性，弓形排列的各向异性调查十分必要，如图2-5所示。将检波器放置成半十字加半圆形，圆半径等于转换波目的层信噪比较高的炮检距，半十字上检波器间距小于等于50m，方向一致指向大号；半圆弧上检波器按10°一个布设，X方向指向圆心。激发点在圆心处，使用最佳激发因素激发。

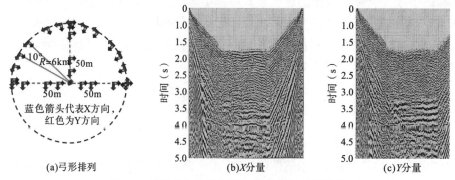

(a)弓形排列　　　　　(b)X分量　　　　　(c)Y分量

图2-5　弓形方位各向异性波场调查排列及记录

通过弓形排列的转换波波场调查，可以详细了解纵波和转换波的能量、频率、波形、各向异性特征、各向异性强度和方位、横波分裂的强度及不同方位的横波静校正变化情况等。同时也是检验数字三分量检波器分量一致性和可靠性的重要手段。弓形波场调查应选择在地形平坦的地方进行。

2.2.4　多波表层结构调查

在三维三分量地震勘探中，横波静校正问题十分突出。为处理好横波静校正问题，应对探区近地表的纵波速度结构、横波速度结构进行调查，以建立精确的近地表模型和静校正数据库。

目前，多波表层速度调查采用的主要手段是多波微测井。原则上以4km×4km的网格布设多波微测井测点，在表层结构变化剧烈地段适当加密测点，确保纵横波速度比计算精度。

多波微测井采用地面激发井中接收方式进行(图2-6)，具体实施过程如下：在距井口2m处，放置一块厚度大于10cm、宽约40cm、长约2.5m的木板，上面和两端分别固定钢板，并用重物(可采用汽车车轮)压住木板，然后用大锤分别敲击木板的两端，产生一组极性相反的剪切波(横波)，由于横波能量较纵波弱，两组横波记录可保证资料完整性和随机误差的剔除；用大锤垂向敲击上面的钢板，产生压缩波(纵波)，地面采用浅层地震仪接收，井下采用井中三分量检波器接收；采集时，先把检波器下到井底，在一个深度点依次进行三次激发的记录，然后将检波器提升到另一个深度再行记录。

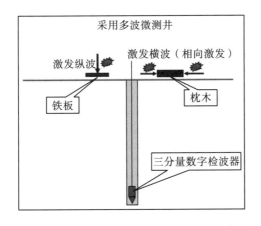
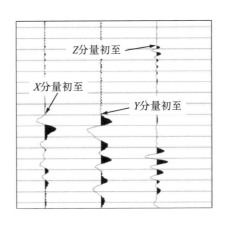

图2-6　多波微测井方法及各分量初至示意图

具体方案如下。

(1)井深：在高速层至少有4个控制点，至少能满足调查清楚横波低速层的井深需要。

(2)激发：井口用重锤人工激发横波和纵波。在井中检波器的每个深度，用重锤在地面人工敲击铁板和枕木(井源距均为2m)，分别激发3次，先敲击铁板，后敲击枕木(背向各1次)。枕木必须压实，用重锤敲击铁板和枕木时必须干脆，不能有拖拉。

(3)检波器：单个三分量检波器(数字式)，X、Y、Z三个分量井中接收。

(4)井中检波器点距：2m以上的表层按0.5m的点距进行采集；2～10m的地段按1m的点

距进行采集；10m以下的地段按2m的点距进行采集。

（5）采集仪器：浅层折射仪，采样间隔为0.25ms，记录长度为500ms，记录格式为SEG-2。

2.2.5　川西深层气藏三维三分量地震资料采集技术

通过对多种三维三分量地震勘探技术的探索与实践，针对川西深层陆相致密气藏，形成了较成熟的三维三分量地震资料采集技术。

1. 观测系统对比

根据采集参数论证原则与要求，结合前期勘探经验及采集参数论证分析结果，设计并优选观测系统。一般情况下，应设计出多种观测系统，再根据勘探目标需求进行优选。表2-2展示了两种适应四川盆地川西深层致密裂缝型气藏勘探的观测系统方案。

表2-2　观测系统不同方案对比表

项目	方案一	方案二
类型	32L-8S-132T-2R-176F-S-L斜交砖墙式	32L-8S-128T-2R-128F-S-L斜交砖墙式
面元大小	25m×25m	25m×25m
覆盖次数（次）	$11(In)^x \times 16(Cr)=176$	$8(In)^x \times 16(Cr)=128$
接收道数（道）	4224	4096
最小炮检距（m）	25	25
Crossline方向最大炮检距（m）	6250	6275
Inline方向最大炮检距（m）	6350	6450
最大炮检距（m）	8927	8998
接收线距（m）	200	200
炮线距（m）	1200/4	1600/4
道距（m）	50	50
最小炮点距（m）	70.71	70.71
束间滚动	2线（400m）	2线（400m）
纵横比	0.98	0.97
炮密度（炮/km²）	36.52	27.98
道密度（道/km²）	100.44	99.44

图2-7是两种方案转换波玫瑰统计图（仅4个面元的极端统计）。可见两个方案方位角都较宽，均在0.9以上。其中，方案一（4224道）由于炮点位于排列中央，炮检距和覆盖次数的方位分布最为均匀；方案二在接收道数略少（4096道）的情况下也达到了较好的方位特性。由于各个方案最大炮检距都在8400m以上，实际处理时大于7000m的炮检距将在分方位处理中剔除，以保证各方位有相同的资料条件。

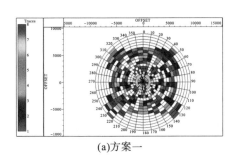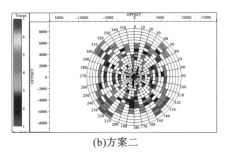

(a)方案一　　　　　　　　　　　　　　(b)方案二

图2-7　两种方案的转换波玫瑰统计图

图2-8为两种方案转换波炮检距柱状分布图。其中，方案一的转换波炮检距主要集中在2500~7000m，且在4000~7000m内炮检距冗余度很低，对转换波接收有利；方案二的转换波炮检距在3500~7000m内分布均匀。

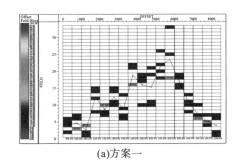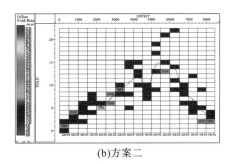

(a)方案一　　　　　　　　　　　　　　(b)方案二

图2-8　两种方案的转换波炮检距柱状分布图

图2-9为两种方案转换波ACCP面元属性图。可见，方案一炮检距和方位角分布均匀，有利于各向异性分析、横波分裂裂缝检测和纵横波叠前联合反演，方案二次之。

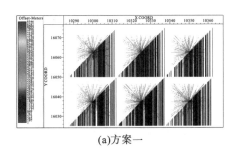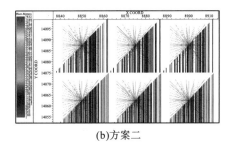

(a)方案一　　　　　　　　　　　　　　(b)方案二

图2-9　两种方案的ACCP面元属性图

图2-10为最小炮检距分布图。最小炮检距分布的均匀性与表层静校正耦合相关，好的最小炮检距分布有利于求取高精度的表层静校正模型。方案一最小炮检距分布多，且比较均匀；方案二最小炮检距分布均匀性较差。

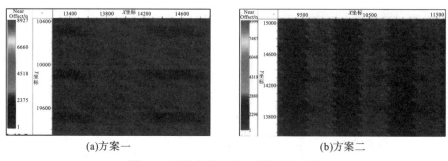

(a)方案一   (b)方案二

图2-10　两种方案的最小炮检距分布图

　　图2-11为两种方案的最大炮检距分布图。最大炮检距分布的均匀性对速度分析精度、AVO反演、各向异性分析都十分重要。方案一分布均匀，方案二次之。实际应用时部分大炮检距将被切除，以满足方位最大炮检距分布的均匀性要求。

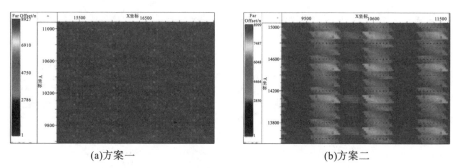

(a)方案一   (b)方案二

图2-11　两种方案的转换波最大炮检距分布图

　　图2-12是V_P/V_S=1.8，深度为5000m时的ACCP覆盖次数分布图。可以看出，方案一最均匀，方案二相对较均匀。

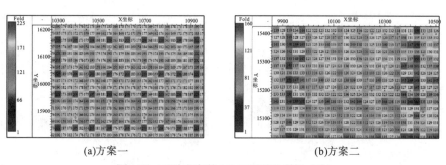

(a)方案一   (b)方案二

图2-12　两种方案的ACCP覆盖次数分布图

　　以上分析表明，方案一(32L-8S-132T-2R-176F-S-L)符合优秀三维三分量观测系统的绝大部分技术条件，是川西深层致密裂缝型气藏三维三分量地震勘探的最佳观测系统之一。

2. 野外采集方法

　　本节以四川盆地合兴场—高庙子地区三维三分量地震资料采集方案为例，阐述三维三分量地震资料的野外采集方法。

1)观测系统

采用32L-8S-132T-2R-176F-S-L束状斜交砖墙式观测系统,观测系统排列片参数见表2-2。观测系统模板为复合模板,由沿Inline方向的4个排列构成。第一排列由左边外侧的两组炮排激发;第二排列由第一排列前进300m生成,由右边内侧两组炮排激发;第三排列由第二排列前进300m生成,由左边内侧两组炮排激发;第四排列由第三排列前进300m生成,由右边外侧的两组炮排激发。4个排列为一个循环,前进距离为1200m。

2)采集仪器

仪器型号:24位A/D转换数字地震仪或相当采集系统。

采样间隔:1ms。

去假频滤波:3/4 Nyquist(线性相位)。

记录极性:初至下跳、磁带记录负值为正常极性。

记录长度:7s。

记录格式:SEG-Y。

3)激发震源

激发药型:乳化成型震源药柱或胺锑高密震源药柱。

激发药量:约大于纵波勘探药量,一般通过试验确定,选用12~16kg。

激发方式:原则上采用单深井激发,激发井深需通过试验确定,选用16~18m。

4)接收装置

MEMS三分量传感器(检波器)单点接收。

MEMS传感器(检波器)的X方向必须对准线束Inline方向,并指向排列大号。用Z轴朝下的右手坐标系统,顺时针旋转90°为Y方向的正常方向。传感器极性定义遵循SEG正常极性定义。

放好MEMS传感器(检波器)后,要用MEMS传感器的定位仪定向X方向的方位角,角度与理论方位角误差不大于1°。MEMS传感器(检波器)要求挖坑埋置,中心坑应对准测量点位标记。

MEMS传感器(检波器)埋置按不同地表条件要求采用不同的埋置工具确保耦合效果,如洛阳铲镦坑、挖坑、打眼等,尤其是在河滩砾石出露区、水中等特殊条件下,应尝试采用填土、加长尾锥等方式确保良好耦合。

MEMS传感器(检波器)埋置标准为平、稳、正、直、紧、准(点位、方位)。在水泥地面等不能挖坑埋置区,要采用贴泥饼等方法埋置检波器,确保检波器最佳耦合埋置。大、小线铺设紧贴地面放置,避免大、小线摆动产生高频干扰。

3. 质量控制及评价

三维三分量地震资料采集实施过程中,应做好各环节的质量控制及地震资料评价。

1)检波器埋置

三分量检波器的X方向必须根据线束的方位角用专用的检波器定位仪校准方位，并规定统一指向Inline的大号方向。X分量方向与测线方位角的角度误差应控制在1°以内。数字三分量检波器埋置应做到平、稳、正、直、紧、准，并要求采取切实可行的措施确保检波器与地表有良好的耦合。

2)多波表层速度调查

三维三分量地震勘探对表层静校正要求很高。多波表层速度调查质量控制的重点是，调查点布设合理性是否能够反映表层速度结构的变化；调查点密度是否满足建立静校正模型的要求，调查点横波速度是否合格，V_P/V_S值是否在正常的范围内。

3)野外记录评价

三维三分量地震资料采集质量评价应以转换波资料(X、Y分量记录)为主，尤其要重视X分量记录质量的评价，有条件时也可将X、Y分量旋转到R、T分量，并对R分量记录实施三级评价(Ⅰ级、Ⅱ级、废品)。检验标准可参照纵波的标准，并根据不同地区转换波勘探条件进行适当调整。

4)现场监控处理

三维三分量地震资料采集应采用全三维方式进行监控处理，及时评价纵波和转换波完成地质任务的能力，指导优化采集参数。

Z分量的纵波资料按常规的纵波监控处理流程进行监控处理。X、Y分量的转换波资料监控处理可在坐标旋转后的R分量上采用ACCP选排方式进行监控处理，V_P/V_S的选取以主要目的层为准，检波点静校正量可采用纵波静校正量乘以一定系数确定，速度分析可采用纵波的速度分析方法。转换波的ACCP面元网格与纵波应一致，监控处理输出的纵波Z分量剖面和转换波R分量剖面位置也应一致，便于对比分析。

有条件的情况下，也可以对转换波的X、Y分量按转换波的处理流程进行监控处理，如流程中包括转换波静校正、坐标旋转、极化滤波、ACCP选排、转换波速度分析、动校正及叠加等方法。

第3章 地震资料处理技术

近30年来，随着地震资料采集技术、资料处理方法、计算机软硬件的快速进步，地震资料处理技术经历了由二维向三维，由纵波向多波，由时间域向深度域，由宏观成像到精细化目标处理等发展阶段。目前，基于四川盆地的地质条件、勘探目标和地震资料的特点，已经形成了常规地震资料处理和三维三分量地震资料处理等技术。

3.1 浅、中、深层勘探地震资料特点

四川盆地浅、中、深层气藏分布在平原区、丘陵区和大山区，不同的地形、地貌和地下地质与地震条件，共同决定了地震资料的特点。按照地质与地震条件划分，四川盆地浅、中、深层地震资料的特点，可以归纳为7类。

第一类为海相碳酸盐岩裸露区。激发接收条件极差、地震记录散射干扰严重，深部地震反射能量弱、低频成分缺乏、信噪比低，如龙门山区。

第二类为流沙、卵石覆盖区。激发接收条件一般，地震记录浅中层能量能达到勘探要求，但深层反射能量明显偏弱，记录中直达波、折射波、面波、声波等规则干扰严重，信噪比中等偏低，高频能量弱、频带较窄，垂向分辨率低，如成都平原及主要水系的河滩地带。

第三类为砂、泥岩出露区。激发接收条件好、地震记录信噪比高、各种干扰相对较弱、频带较宽，如龙门山前缘及东部和南部地区。

第四类为疏松砂岩出露区。激发条件差，激发能量弱，地震记录面波强，有效反射能量弱，信噪比低、频带窄、主频偏低，如川西清泉、中江等地区，主要出露白垩系砂岩。

第五类为大卵石分布区。激发接收条件极差，地震记录面波、声波、折射波严重，信噪比、分辨率均很低，如龙门山前主要水系的出山口、冲积扇或洪积扇堆积物大量出露。

第六类为砾岩出露区。地震地质条件差，施工困难，必须采用空气钻方能成井，记录信噪比低，能量弱，如安州—江油一带和罗江白马关一带，出露侏罗系莲花口砾岩和白垩系剑门关砾岩。

第七类为黄泥夹卵石区。地震地质条件较差，成井困难，地震记录品质中等，如绵阳—梓潼一带。

下文将以川西拗陷为例，阐述四川盆地浅、中、深层地震资料的特点。

3.1.1 川西浅、中层地震勘探资料特点

川西地区以丘陵、平坝为主，在丘陵、平坝区尽管低降速层覆盖厚，但潜水面浅且界

面较稳定，一般都能保证在潜水面下激发，故取得的地震资料质量较好，信噪比高，但是受近地表巨厚流沙、卵石层的影响，地震资料频带较窄（6～65Hz），主频低（25～28Hz）。例如，在龙门山大山区，由于表土覆盖薄，且断层发育、出露岩层破碎、部分地段灰岩直接出露，为典型的地表、地下"双复杂"地区，导致记录连续性较差，信噪比也较低。

受川西地理和地质条件影响，地震记录中存在多种类型的干扰波。例如，面波、声波、浅层折射波及其多次波、声波压制区的过低频和直流分量干扰、工业电干扰、人为干扰、高频干扰及次生干扰等。由于激发接收条件变化大，原始记录频率、振幅一致性差。厚大的第四系覆盖层导致地震记录主频偏低。

波阻抗是决定储层地震响应特征的主要因素。在川西地区，储层阻抗主要以中、低阻抗为主，但也存在中、高阻抗储层。不同波阻抗砂岩具有明显不同的地震响应特征，高阻抗砂岩往往为致密砂岩，含气性较差，表现为顶部强波峰，底部强波谷；低阻抗砂岩往往为有利储层，表现为顶部强波谷，底部强波峰；而中阻抗砂岩储层孔隙度介于有利储层与致密砂岩之间，地震响应为中弱反射，反射特征不明显。

3.1.2 川西深层地震勘探资料特点

在川西地区，针对深层裂缝型气藏，大多数采用大偏移距、较高覆盖次数、宽方位的观测系统进行地震资料采集，以满足后期的研究需要。在平坝区较厚的第四系黏土区域采集资料时，激发和接收好，单炮能量强、资料信噪比较高、各主要层位的反射波组清楚。但由于低降速带的吸收衰减影响，信号能量衰减快，深层频率较低。在河滩卵石区域采集资料时，激发、接收条件较差，虽然采用的激发井更深，激发药量更大，但资料品质仍比平坝区差。在丘陵区采集资料时，由于激发岩性有利，地震原始资料较平原区好。深层主要目的层的主频约为20Hz，频宽在10～35Hz范围，与激发岩性和激发井深等因素有关。

由于穿越的城镇乡村较为密集，工农业电网密布，各种人文和机械干扰严重，主要干扰还有面波干扰、声波干扰、折射干扰、相干噪声干扰、随机干扰及外震源干扰等，这些噪声能量强，频带宽，去除难度大。面波干扰普遍存在，能量强，频带宽，为主要干扰波，视速度为1000～2400m/s，频率为6～10Hz。低频线性干扰较强，其主频也为6～10Hz，去除难度较大。部分区域采集的单炮存在严重的声波效应，声波频率比较高，主频为15～45Hz，能量强。野值干扰发育，能量强。因大部分区域穿越纵横交错的高压电网，导致原始资料存在比较严重的50Hz工业电干扰，其特点是频率固定，能量较强，影响范围大，而且浅、中、深层都存在，影响深层目的层的成像效果。

3.2 高保真地震资料处理技术

这里以川西拗陷为例，阐述陆相岩性气藏勘探中应用到的高保真地震资料处理技术。

川西地区复杂的自然地理和地震地质条件，导致地震采集记录中存在多种类型的干扰波，浅中层的蓬莱镇组、沙溪庙组等地层反射同相轴的连续性和信噪比受到严重影响，记录品质不高，总体表现为干扰波发育、频率振幅横向变化大、主频偏低等特点，开展高保真地震资料处理极为关键。为此，需要在不同的处理域有针对性地压制各种类型的干扰，尽量提高资料信噪比；需要采用地表一致性振幅校正技术等方法进行合理的振幅补偿与校正；需要采用地表一致性反褶积技术适度压缩子波、拓宽频带，补偿频率横向变化；需要精细拾取叠加速度和剩余静校正量，改善叠加成果信噪比、连续性；需要采用保持 AVO 属性的道集拉平技术使道集同相轴校平的同时还保持 AVO 的特征；需要采用基于小波变换的 Q 体剩余补偿技术实现地震数据体的时间和空间的能量补偿。总之，需要结合已有勘探成果及地质认识，利用有效的地震资料处理技术进行高保真处理，以突出构造、岩性、含气性等地震响应特征，为属性提取、地层追踪解释、圈闭识别、储层反演、定量预测、窄河道薄砂体精细刻画等夯实数据基础。

3.2.1　地震资料处理思路及技术流程

基于川西浅中层地震资料的特点和地质目标，在资料处理过程中需要注意以下关键环节。

1. 先去噪、后振幅恢复与补偿

先去噪、后振幅恢复与补偿，是川西地区低信噪比强干扰资料相对振幅保持处理必须遵循的原则，即进行压制干扰提高信噪比处理之后，再进行叠前振幅恢复及地表一致性振幅补偿处理。这样，经相对振幅保持处理后，能量纵横向均匀、相对振幅变化可靠，方能满足岩性处理和解释需求。

2. 由低到高、逐步逼近、分辨适度

在川西地区地震资料提高分辨率处理中，通过多年的探索，形成了由低到高、逐步逼近、分辨适度的数据处理思路，即通过压缩子波、提升高频能量，逐步拓宽有效波频带，保护信噪比和同相轴连续性，最大限度地突出含气砂体的地震响应特征。实施时，首先，通过叠加速度分析和剩余静校正提高信噪比；然后，进行地表一致性脉冲反褶积压缩子波并进行频谱一致性校正，在进行剩余静校正及速度分析迭代后，通过时变谱白化拓宽有效波频带；最后，再次进行剩余静校正处理。这样，就能较好地解决川西地区提高分辨率与保护信噪比和波组特征的矛盾。

3. 改善浅层蓬莱镇组叠加效果

在压制噪声提高信噪比的基础上，采用空变初至切除，常速扫描及人机交互速度拾取等手段，改善浅层蓬莱镇组的叠加效果；使用 KIDMO 叠加处理技术改善浅层和断点绕射、断面及回转波叠加质量；采用叠后随机噪声衰减处理，进一步提高浅层蓬莱镇组的剖面质量，突出低频、强振幅含气地震响应异常特征。

4. 处理与解释结合，提高含气砂体表现能力

采集、处理、解释一体化是确保处理成果满足气田勘探开发需要，提高解决实际地质问题能力的重要思路。资料处理过程中，处理人员和解释人员应密切结合，对与波组特征

有关的关键步骤，如反褶积处理、相位校正、振幅补偿、偏移处理等，要由处理人员和解释人员一起进行质量监控，并根据已知井的资料进行处理中的层位和储层标定，对含气砂体地震响应异常进行详细对比分析，评估处理成果波组特征和构造形态、断裂展布的合理性和对含气砂体的表现能力，寻求最佳的处理方法和思路。

川西浅中层三维地震资料高保真精细处理的基本流程如图3-1所示。

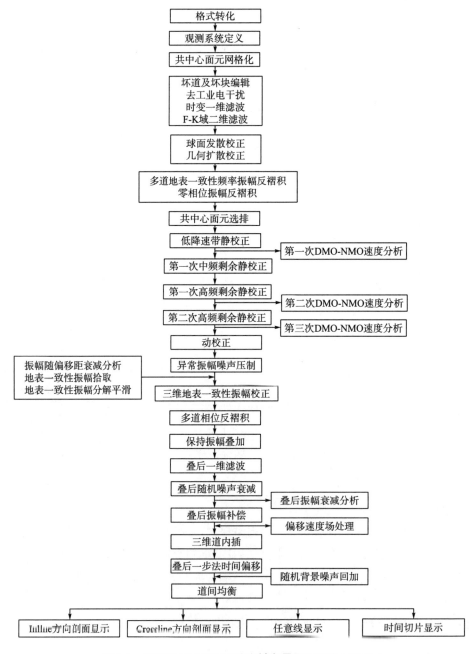

图3-1　川西浅中层三维地震资料高保真处理流程框图

3.2.2 突出含气地震响应异常的地震资料处理关键技术

1. 提高信噪比处理技术

在地震资料处理过程中，需密切结合勘探工作的地质目标，围绕项目地质任务，根据地质研究的新思路、新认识，对勘探目的层段实施深入挖潜和精细处理，使成果数据体对层序结构、沉积相带、有利储层的空间展布等地质现象的表现更加客观合理。

叠前去噪是地震资料保持振幅处理的基础，是改善地震资料信噪比、提高地震资料保真度和处理质量的前提。在川西地区，由于地表激发和接收条件的限制，大量采用浅井、坑炮激发，面波和声波干扰非常严重，有效反射信号完全或部分被噪声所淹没，强干扰区完全见不到有效反射信号；在大部分的山地及地表覆盖层较薄的地区，浅层强能量地表多次反射折射波非常发育。另外，在人口稠密，工业较为发达的地区，存在各种各样的规则和非规则干扰。

必须采用针对性的技术方法，解决好去噪问题。

1) 叠前自动外科手术式去噪技术

这是一种时域和频域相结合的自动去噪技术。在仅做过球面扩散和吸收补偿的炮集记录上，采用不同的算法，在时域和频域实现地震道自动编辑、剔除和衰减，对地表多次反射折射波、强面波、声波及地表直达波有明显的衰减作用。处理结果保持了地震记录完整的频带，输入/输出能量不变，具有良好的振幅保真性。

2) 叠前时空域线性干扰的预测与剔除技术

针对叠前地震数据中的线性干扰，首先分析和识别各组线性干扰波的频带范围及视速度范围；其次，通过分频处理从地震记录中自动分离出线性干扰所在频带范围的信号分量，对该频段的记录利用线性干扰视速度扫描和空间域噪声剔除法迭代求解线性相干噪声；最后，从原始记录中剔除或减掉线性干扰噪声，而该频段范围之外的有效信号将不会有任何改变。该技术可实现2D/3D单炮地震记录整个或局部区域空变去噪处理，能最大限度地剔除地震记录中的近地表多次折射波、面波、声波等线性干扰，对直达波也有较好的衰减作用，其结果不产生空间假频及混沌现象。

3) 均值加权去噪技术

一般情况下，相干干扰只局限在有限的频带内，因此，均值加权去噪技术采用分频处理思路，只在有相干干扰的频带范围内进行去噪处理。这样，不影响没有相干干扰的频带范围内的信息。该技术采用小波变换自动将相干干扰所在频带范围的地震信号分离出来，并在有相干干扰的频率范围内进行去噪处理，去噪之后与其他未进行处理的信号分量一起重建去噪后的信号，因而使无噪声的频带内的信号不受损失，达到高保真去噪的目的。均值加权去相干干扰技术处理效果明显，优点突出。去噪仅限于有相干干扰的时频范围内，使有效信号的损失降到最低程度。利用减法运算消除干扰，克服了F-K滤波等去噪方法产生的混波现象，使去噪处理有较高的保真度。

4）三维F-KxKy域滤波技术

川西地区原始资料浅层折射波、面波非常发育，该类噪声压制的好坏直接影响浅层蓬莱镇组储层资料的处理效果。在三维束状观测系统中，近炮点排列记录的折射波等干扰呈线性，而远离炮点排列呈非线性，在炮记录等时切片中表现为同心圆。为此，在三维F-KxKy域设计圆锥体滤波算子进行三维相干噪声压制，处理效果明显（图3-2）。

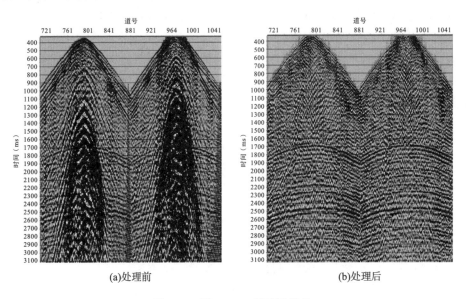

(a)处理前   (b)处理后

图3-2   三维F-KxKy域滤波效果

5）道集两步法自动去噪技术

CDP道集上去噪是纵波方位各向异性分析和AVO处理等叠前预处理不可缺少的重要步骤。经过叠前炮集记录去噪、地表一致性振幅补偿等一系列前期处理之后，在CDP道集上还可能存在异常振幅等强能量噪声，它们将严重影响叠加成像的精度和振幅的保真性。同时叠前记录特别是CDP道集记录的信噪比一直是制约AVO处理和纵波方位各向异性分析等各种利用叠前地震信息方法较早的主要因素。因此，叠前CDP记录信噪比能否有效提高、在提高信噪比的同时能否保持地震记录可靠的振幅变化是AVO处理和纵波方位各向异性分析等技术能否取得可靠成果的关键。针对上述问题，采用先衰减异常振幅噪声、再进行随机噪声衰减的两步去噪方法，能有效地提高CDP道集记录的信噪比，同时保持可靠的相对振幅变化。

2. 静校正处理技术

一方面川西地区地表主要为平原和平原—山区过渡区丘陵地带，虽然地表起伏不大，但其表层结构横向变化大，近地表低降速带产生的静校正影响不容忽视。另一方面，川西地区中深层主要目的层地层产状较平缓，油气圈闭多属于低幅度构造。因此，在地震资料处理中，消除复杂表层结构变化产生的中、长波场静校正影响，提高低幅度构造精度、准确落实圈闭是勘探成败的关键，也是资料处理中的难点。

针对川西地区地表地形和地质结构复杂，近地表非层状、非均质性突出的特点，在多年的地震处理研究中形成了包括广义折射静校正、基于潜行波(回转波)理论的折射层析成像静校正和基于网格射线追踪的三维层析成像静校正等方法的复杂表层静校正处理配套技术，较好地解决了山区、山区—平原过渡带及平原卵石覆盖区的中、长波场静校正问题，它对于提高低幅度构造的精度具有重要作用。

1) 非线性初至波层析成像静校正技术

首先将地质模型假设为由不同的速度单元组成，根据初至拾取包含的表层信息建立初始速度模型，通过正演，基于波动方程的波前追踪计算模型的初至时间，将计算的初至时间与实际的初至时间比较求两者的差值；再根据差值进行非线性连续介质反演，修正速度模型，进一步循环迭代，直到计算的理论初至时间与拾取初至时间差满足精度要求，得到最终的近地表速度模型，用于求取表层静校正量。

该技术的优点在于允许地形剧烈起伏、速度横向突变或反转，正演基于波动方程而不是射线追踪，网格小、计算速度快而准确，反演精度高。反演基于非线性连续介质，而不是线性离散介质，使得反演过程收敛，结果不依赖于初始模型，还可以利用钻井或其他先验地质信息对反演过程进行约束，使反演结果更加可靠。与折射层析反演静校正技术相同，由于地震初至通常缺乏近道信息，接收道间距也比较大，决定了其反演结果同样具有多解性，反演得到的近地表低降速带模型是一个等效速度模型，能很好地拟合记录初至时间，但速度细节分布不可能完全精确。总体来说，非线性初至波层析成像静校正比常规的折射波静校正方法适应性更强，在近地表非层状、非均质性强的复杂地区，静校正效果更好。

2) 地表一致性三维剩余静校正技术

川西地区地震资料横向变化大，做好三维剩余静校正处理非常重要。针对川西地区三维资料的特点，一般需采取一次中频、两次高频剩余静校正的方法进行剩余静校正处理。在第一次中频及高频剩余静校正之后，还应当重新进行三维DMO速度分析，建立新的叠加速度场，尽量消除剩余动校正对速度分析精度和叠加效果产生的影响。

3. 振幅一致性处理技术

叠前地表一致性振幅恢复与补偿是地震资料保持振幅处理中非常重要的一步，主要包括球面扩散、地表一致性振幅补偿和CDP道集的剩余振幅补偿。在川西地区，由于表层结构非常复杂，地震激发和接收因素横向变化剧烈，同时由于地下介质的非均质性，造成地震资料在时域和空间域能量的不一致性。另外，各种噪声普遍比较发育，将直接影响振幅的补偿与恢复。因此，川西地区地震资料叠前地表一致性振幅恢复与补偿需要遵循"先去噪、后振幅恢复与补偿"的原则。如果在地震记录上各种噪声，特别是强干扰(如面波、声波、异常强振幅等)没有被充分剔除和衰减之前，就进行地表一致性振幅补偿或均衡处理，则其结果是同时均衡了有效信号和噪声的能量，这样不仅没有改变强干扰区的信噪比，反而改变了振幅的相对关系，因而不利于保幅处理。

4. 子波一致性处理技术

子波一致性处理是陆上地表一致性提高分辨率处理的关键环节。地表一致性提高分辨率处理不仅仅强调分辨率，而且强调"三高"，即高保真度、高信噪比和高分辨率，三者相互联系又相互制约，只有在高保真、高信噪比基础上的高分辨率才是有意义的，实现的方法包括地表一致性反褶积、地表一致性子波处理、时变谱白化、零相位反褶积等。实践中，可针对资料的特点对不同的提高分辨率的处理方法进行组合应用，尽可能拓宽有效波频带，保持地震反射振幅、频率的纵横向合理变化，提高目的层分辨率。

川西地区由于表层结构的不均匀性，地震激发接收条件横向变化大，造成地震记录振幅、频率、相位在横向上发生较大变化。如果同一CDP道集中各道振幅、频率、相位差异较大且一致性差，则会严重影响叠加成像的质量和精度。目前，常规的统计性反褶积方法一般都采用了子波为最小相位和反射系数序列为白噪声的假设。一般的子波处理，也假设相同炮点地震记录具有相同的子波；而实际地震资料一般都不完全满足这些假设条件，使反褶积处理达不到预期的效果，影响了地震资料的处理质量。因此做好地表一致性子波处理，在改善地震资料处理质量、保持储层地震响应特征等方面具有重要意义。

在川西拗陷地震资料处理中，常常将时频域有色谱校正技术和子波处理技术结合使用，使地表一致性子波处理质量得到较大提升。在子波处理前进行时频域有色谱校正，对各道的地震子波进行必要的修正，使共炮点（或其他道集上）的子波大致相似，以利于子波的提取，为后续的子波处理创造良好的条件。子波处理过程中，仍采用罗宾逊褶积模型，根据地震记录提取子波。假定地震记录的反射系数序列为白噪声，地震子波为最小相位，通过多道加权平均求取功率谱的方法求取子波；选择巴特沃斯子波作为期望输出子波，利用最小平方法求取反子波，将反子波算子与资料褶积完成子波处理。最小相位的假设通过对记录进行指数加权的处理方法而得到满足，使多道子波处理比一般反褶积方法处理效果更好，抗噪能力更强，分辨率高，子波稳定，同相轴连续性好，波组特征清晰。子波处理后，可视情况再进行地表一致性反褶积、相位反褶积等处理，使子波的一致性进一步增强，反射波组特征更清楚，为后续岩性反演提供可靠的基础资料。

5. DMO保持振幅叠加技术

DMO处理的目的是使叠加剖面成为真正的零偏移距剖面，在叠加剖面上保留所有的倾角信息，包括各个方向交叉地层的反射、断面反射及绕射波等。DMO保持振幅叠加的相对振幅保持特性好于常规的DMO叠加，有利于低频、强振幅含气砂体地震响应异常的保护和突出，是非常有特色的一项技术。在多块三维地震资料处理中应用该技术，处理效果明显，得到钻井验证成果可靠。

6. 精细成像处理技术

精细成像处理是三维数据体归位的关键，方法和参数的选择直接影响到构造形态和断裂系统解释的可靠性。通过川西多块三维地震资料的处理，认为做好精细成像需要具备如下条件：

第一，进行叠后偏移的叠加数据体必须有足够高的信噪比和分辨率，而且能量均匀可靠；

第二，充分试验偏移速度，精细制作偏移速度场；

第三，为了偏移能够克服空间假频，必须做好叠后道内插；

第四，应用随机噪声道扩大有效资料网格范围，克服边界效应，保证网格周边倾斜反射界面不丢失，保证其构造的完整性；

第五，选取合理的偏移参数，如位移角度、孔径频率范围、延拓步长等；

第六，通过剖面、等时切片进行质量监控。

3.3　薄层高分辨率处理技术

3.3.1　影响地震资料分辨率的主要因素

三维地震勘探是在三维空间完成的地震数据采集，在时间上以毫秒级精度进行采样，在空间上以十几米至几十米的精度进行采样。因此，成果剖面在垂向和横向上具有不同的分辨率。垂向分辨率是指地震剖面在垂向上所能分辨的最小地层厚度；横向分辨率是指地震剖面在横向上所能分辨的最小地质体。

地震资料的垂向分辨率主要受4个方面因素的影响，包括地震子波、地震资料的信噪比、地层对地震能量的吸收衰减作用以及处理技术对资料本身的改造作用。

1. 子波与地震资料分辨率的关系

地下一个反射界面，在反射记录上就有一个与之对应的子波，不同子波具有不同的分辨率。子波不是尖脉冲，它延续一段时间，这就产生了分辨率问题。地震褶积模型在频率域的形式直接揭示了频率域地震记录、地层反射系数以及地震子波的关系。由于反射系数频谱是白噪的，因而地震记录的频率带宽实际由地震子波的频率带宽直接决定。Widess的子波分辨率经典定义，直接说明了子波带宽与其分辨率的正比例关系。因此，地震资料的分辨率直接由地震子波的频带宽度决定。那么，拓展频带或者去子波也就顺理成章地成了提高分辨率处理技术的核心。

2. 信噪比与地震资料分辨率的关系

子波的频谱越宽，包含的高频成分越多，地震分辨率越高，说明地震记录的频谱实际由地震子波频谱决定。这种说法没有考虑地震记录上噪声的实际情况。实际记录上总是有噪声，有的记录信噪比还很低。地震记录的频谱是信号频谱和噪声频谱联合作用的结果。如果两者的相位谱相同，则地震记录的频谱是两者之和；如果相位相反，则地震频谱是两者之差。而实际情况往往不是简单的相同或者相反，因而噪声对地震记录频谱的影响也相对复杂。Widess的子波分辨率定义：用子波主极值的平方与子波能量之比来衡量分辨能力；在有噪声的情况下，用子波主极值的平方与子波能量加噪声能量之比来衡量分辨能力。这就是说，在子波相同的条件下，信噪比越低，分辨能力越低。对于噪声极强的极端情况，当子波的主极值淹没在噪声中时，分辨率则无从谈起。可见，高信噪比是地震资料高分辨率处理的基本前提。

3. 地质因素对分辨率的影响

当地震信号在地下传播时，由于地层和地表因素的影响会导致地震子波在传播过程中发生变化，并且由于不同深度的反射传播路径长短不同，子波变化的程度也不一样。实际上，随着传播距离或者传播时间增大，地震波的频率将逐渐降低，即高频成分比低频成分损失更大。这是因为地震波在通过地下介质时，一部分能量因地层的吸收作用而衰减，需要针对性地进行能量补偿。基于地层品质因子的振幅补偿技术，即是消除地层吸收衰减作用而提高分辨率处理的重要手段。

实际上，在地震波出射地表时，表层厚度和速度在横向上的变化将引起地震记录上不同记录道的子波不一致问题，因而，子波一致性处理也是叠前资料提高地震分辨率处理的一个重要手段。

4. 处理技术对资料本身的改造作用与分辨率的影响

除地震资料品质和地质因素对资料分辨率的影响外，在实际的资料处理中，很多涉及频率、相位的处理算法，对信号本身的改造作用也会对资料的分辨率产生很大的影响。

在噪声衰减方面，因为信噪比是影响分辨率的重要因素，因而，高保真噪声衰减技术对提高地震资料的分辨率尤其重要。对于传统的类似于陷频滤波、带通滤波等降低资料分辨率的方法一定要谨慎。

在动、静校正处理方面，实际高精度的动、静校正能得到更高信噪比的资料，因而，反动校拉伸畸变、高精度的速度分析、静校正等，也是提升资料分辨率的重要手段。

叠加和偏移实际是降低分辨率的处理过程，因而，为了尽可能地做到同相叠加，在叠加和偏移时应消除动、静校正及方位各向异性导致的剩余时差。分频叠加、迭代叠加、相关排序叠加等处理都能有效，改善叠加和偏移效果。

3.3.2　基于反射系数反演的高分辨率处理技术

基于反射系数反演的高分辨率处理技术，是一种基于时变谱白化思想的、不依赖于井资料的拓频方法。它采用基于分频反褶积的算法，同时考虑了振幅的变化，主要特点是采用多段分频资料反演稀疏的反射系数位置，采用目标函数确定反射系数大小，从而分辨出小于调谐厚度的薄层，进而提高地震资料的分辨率。

在时域内，地震记录的表达为

$$s(t) = r(t)w(t) + n(t) \tag{3-1}$$

式中，$r(t)$ 为反射系数；$w(t)$ 为地震子波；$n(t)$ 为噪声；t 为传播时间。

考虑地震资料深浅层的频率成分不同，地震资料时频域的表达为

$$S(t, f_i) = W(t, f_i)R(t, f_i) + N(t, f_i), \qquad i = L, O, H \tag{3-2}$$

式中，$S(t,f_i)$ 为 $s(t)$ 的分频；$W(t,f_i)$、$R(t,f_i)$、$N(t,f_i)$ 同理；L、O、H 分别表示低、中、高频率。

基于褶积原理，可建立求解反射系数的目标函数：

$$\min J = \left\| \overline{S}_\mathrm{L} - W_\mathrm{L} R_\mathrm{L} \right\| + \left\| \overline{S}_\mathrm{O} - W_\mathrm{O} R_\mathrm{O} \right\| + \left\| \overline{S}_\mathrm{H} - W_\mathrm{H} R_\mathrm{H} \right\| \tag{3-3}$$

考虑了地震资料不同频率成分信噪比的差异，反演过程中包含了分频去噪处理，即

$$\overline{S}_i = \mathrm{denoise}\left[S(t,f_i) \right], \qquad i = \mathrm{L,O,H} \tag{3-4}$$

求解目标函数是分频反褶积过程，子波的正确与否将在很大程度上影响反演的结果。因此，子波的提取是一个非常重要的过程，并且反演过程中为了兼顾信噪比，去噪方法的引入也是必要的。实际资料处理时应注意以下两方面：

(1) 由于地震数据由浅到深主频是由高到低变化的，为了保证反演结果的正确性，需要采取分时窗提取子波的方法，提取一系列时变子波参与反演；

(2) 选择保频的去噪方法，保持地震频谱低、中、高各类型的频率成分，使反演结果符合地层的结构性变化特征。

反射系数反演理论上得到的是一种反射系数剖面，但为了解释的方便在输出时做了一个宽频带滤波，这种剖面反射同相轴位置准确，可以用于追踪层序界面，并利用地层切片反映地震地层变化特征。如图3-3所示，在原始地震剖面上，过中江13井、中江16H井和江沙102井砂体接触关系不明确；经过提高分辨率处理后，明显发现中江13井和中江16H井为一期河道，江沙102井为另一期河道，两者中间夹一套泥岩隔层，砂体之间不连通。

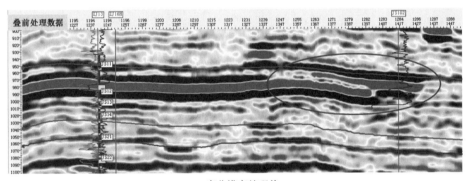

(a)高分辨率处理前

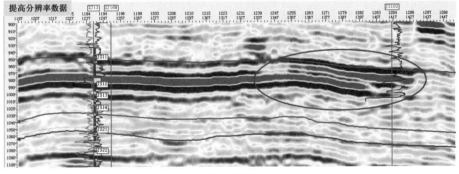

(b)高分辨率处理后

图3-3　过中江13井、中江16H井和江沙102井提高分辨率的地震数据处理剖面

3.3.3　基于谐波准则恢复弱势信号的高分辨率处理技术

该技术利用小波变换和谐波准则，实现对信号缺失频率成分的补偿，从而达到提高地震记录分辨率的目的，主要技术原理包括如下几个方面。

1. 子波与谐波

由傅里叶变换可知，任意信号经过傅里叶变换后，都可以分解为一系列余弦波的叠加，各频率余弦波与基频余弦波都是谐波关系。

图3-4展示了5个不同频率成分的子波，其均由基频余弦信号与其高次谐波余弦信号叠加而成。子波1～5的高次谐波成分依次增多，最终导致叠加合成的子波越来越尖(即频带越来越宽，分辨率越来越高)。

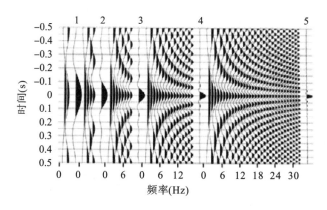

图3-4　不同频率成分的子波

2. 谐波与频带拓展

利用谐波理论，可以将信号分解得到信号的基频成分；对于每个不同频率的基波，可以计算其各自的谐波以及次谐波成分并加入原信号中，即可实现信号缺失频率成分的恢复。高频拓展对应于谐波恢复(基频的整数次倍频波)，低频拓展对应于次谐波恢复(基频的分数次倍频波)(图3-5)。

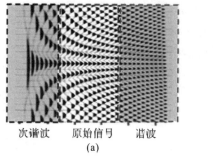

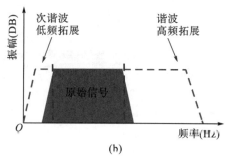

图3-5　谐波频谱拓展示意图

　　基于谐波准则恢复弱势信号的高分辨率处理技术，避开基于子波提取的常规高分辨处理思路。采用连续小波变换，将信号分解为不同尺度的基频信号；利用谐波准则，计算各基频信号的谐波与次谐波，加入原信号的小波谱中，对新的小波谱进行反变换实现信号的宽频成像。该技术在大幅度提高分辨率的同时，可以保持原有数据的信噪比，可以保持地震数据的相对振幅关系，尽可能真实地恢复信号缺失的频率成分。

　　图3-6显示了单道合成记录提高分辨率处理的效果。低频窄带合成记录由给定的反射系数E和主频为20Hz的雷克子波褶积而成，高频记录为反射系数E与主频为40Hz的雷克子波褶积，分别如图3-6(a)、图3-6(b)和图3-6(d)所示；基于谐波准则恢复弱势信号的高分辨率处理技术进行提高分辨率处理后，地震记录如图3-6(c)所示。对比图3-6(c)和图3-6(d)发现，基于谐波准则恢复弱势信号的高分辨率处理结果与高频子波合成记录结果相似，证实了该技术提高分辨率处理的有效性。

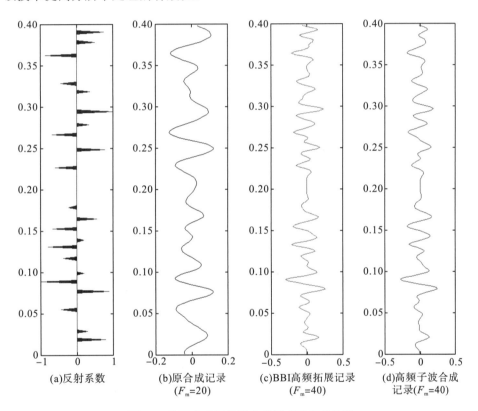

(a)反射系数　　　(b)原合成记录　　　(c)BBI高频拓展记录　　　(d)高频子波合成
　　　　　　　　　$(F_m=20)$　　　　　$(F_m=40)$　　　　　记录$(F_m=40)$

图3-6　单道合成记录提高分辨率处理的效果

　　图3-7显示了楔形模型提高分辨率处理的效果。基于楔形模型，采用30Hz的雷克子波正演得到模拟地震记录；基于谐波准则恢复弱势信号的高分辨率处理前，对于两薄层的分界面在CDP=40左右的位置以后才开始分开；提高分辨处理之后，两薄层的分界面在CDP=32左右的位置就已经区分开，地震分辨能力得到显著提高。

　　将基于谐波准则恢复弱势信号的高分辨率处理技术(BBI)应用于川西中浅层的实际资料处理，使地震剖面分辨率得到较大提高，复合波很明显分开，层间出现较多同向轴，很多小层反射被分辨出来；而整个剖面的能量保持均衡，没有出现局部能量异常，没有出现高频同频振荡现象；波组特征保持较好，剖面中连续层位保持不变，断面更清晰。如图3-8所示，地震数据提高分辨率处理后，在马井21井可以识别出5m厚的产气砂体；处理前后振幅谱上，从频谱图可见整个地震波频带被拓宽到80Hz，频宽拓展在1倍左右，而低频段保持不变，使得剖面在分辨率提高的同时，保持了原始剖面的基本波组特征。

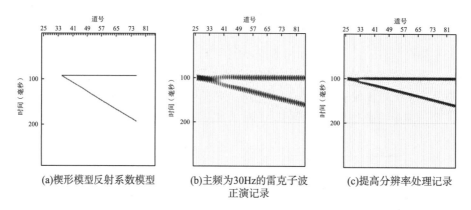

图3-7　楔形模型提高分辨率处理效果

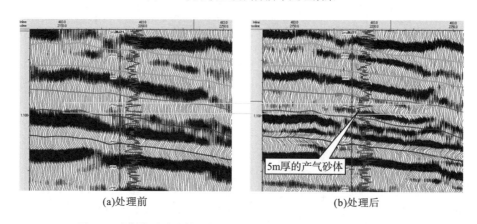

图3-8　马井地区过马井21井提高分辨率处理前、后地震剖面对比

利用基于谐波准则恢复弱势信号的高分辨率处理技术，可以实现更加精细的河道沉积期次识别和薄砂体预测。如图3-9所示，在中江回龙地区对叠置河道砂进行了成功的劈分，实现了中江—回龙地区JS_{21}砂体展布预测。利用原始数据体预测，在回龙3井位置发育多条叠置河道，但沉积期次认识欠精细；经过提高分辨率处理后，回龙3井位置可以分为两期河道JS_{21-1}和JS_{21-2}，且河道连续性增强，边界较原始地震数据体更为清晰。因此，高分辨处理技术不仅使地震预测的储层纵向分辨率得到明显提高，储层空间展布刻画更加精细，且对河道演化期次的分析具有指导作用，有助于降低井位部署风险。

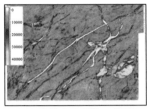 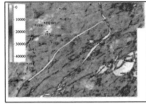 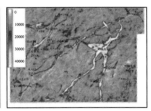

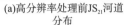

(a)高分辨率处理前JS$_{21}$河道　　(b)高分辨率处理后JS$_{21-1}$河道　　(c) 高分辨率处理后JS$_{21-2}$河道
　　分布　　　　　　　　　　　　分布　　　　　　　　　　　　分布

图3-9　利用高分辨率地震数据预测中江—回龙地区JS$_{21-1}$和JS$_{21-2}$河道展布(彩图见附图)

3.4　大规模连片地震资料处理技术

在同一区域，地震资料往往是在不同的时间分区块完成采集和处理的。由于分区块地震资料不利于宏观地质解释，因此，需要进行连片处理。开展连片地震资料处理，可以避免区块间的差异而影响对区域地震响应特征和地质规律的统一认识，能够更加有效地支撑储层(河道)的清理到储量提交、井位部署等勘探与开发生产科研工作。图3-10显示了川西某地区的大连片地震资料处理流程。

不同年度、不同区块采集的三维地震资料，往往存在方位角、面元大小不一致，时差较明显，振幅、相位、有效频宽、信噪比等差异也较为明显。统一面元网格是三维连片处理中最为重要的一步，也是后续处理的基础。连片处理时，采用统一处理网格方向和面元大小，流程参数一致，能形成处理参数统一的三维数据体。

静校正处理时，也将多块三维进行静校正统一连片计算，使用统一的静校正计算方法、统一的替换速度、统一的基准面来计算静校正量，以较好地消除区块间的闭合差问题。例如，在川西地区，采用了三维层析反演静校正方法，对整个连片工区所有单炮进行初至波拾取来统一反演近地表模型，从而计算静校正量，解决了区块间的静校正问题，消除了近地表低降速带静校正问题对构造形态的影响。在此基础上，采用地表一致性剩余静校正，并与速度分析、扫描相结合，不断迭代，逐步消除中、短波长静校正问题，提高叠加成像质量。

消除能量差异时，需要统一进行地表一致性能量补偿，由地表一致性振幅补偿拾取、地表一致性振幅补偿分解和地表一致性振幅补偿应用组成完整的地表一致性能量补偿，确保全区能量一致。图3-11显示了川西某地区振幅一致性处理前后的振幅差异。

消除相位和频率差异时，采用反褶积技术来统一子波相位和频率，地表一致性反褶积算子稳定，它不但可以压缩子波，还可以调整子波相位，能够解决连片处理中子波变化大的问题。采用保护低频的处理思路，统一计算反褶积算子、统一应用四步法地表一致性反褶积实现区块之间频率和相位的统一。图3-12显示了川西某地区频率一致性处理前后的频率差异。

消除面元差异时，采用集覆盖次数、地震道内插、规则化、能量均衡于一体的三维叠前数据规则化处理技术，使得面元属性达到一致性。图3-13显示了川西某地区面元一致性处理前后的面元属性特征。

此外，还可以通过道内插值等技术进一步提高成像质量。叠前道内插技术的特点包括：第一，不是通过简单的道拷贝，而是通过内插产生一个新的地震道；第二，具有填充大空洞的能力；第三，具有较多的规则化方法和选项，可以插值成面元中心化和非中心化两种。通过叠前道内插，可以使得空道补齐、偏移距分布均匀，在一定程度上弥补由于采集观测系统缺陷所带来的不足，提高地震资料的成像质量。

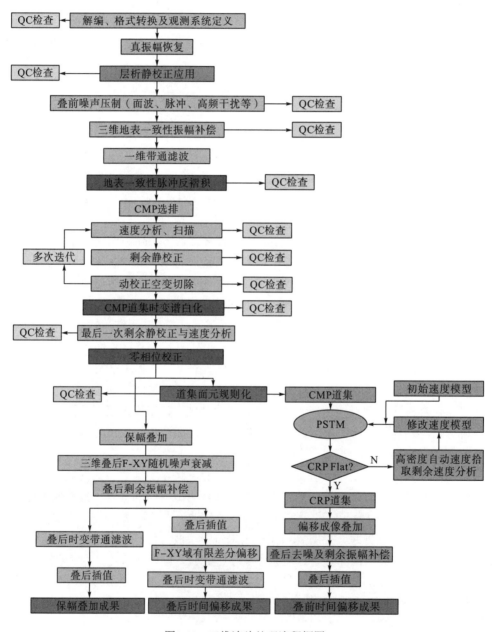

图3-10 三维连片处理流程框图

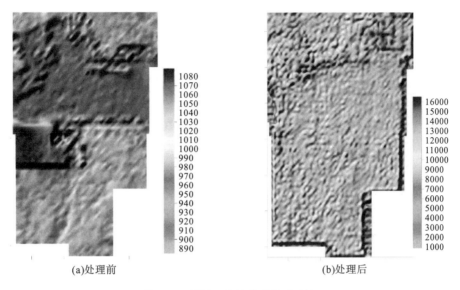

(a)处理前　　　　　　　　　　　　(b)处理后

图3-11　振幅一致性处理前后对比

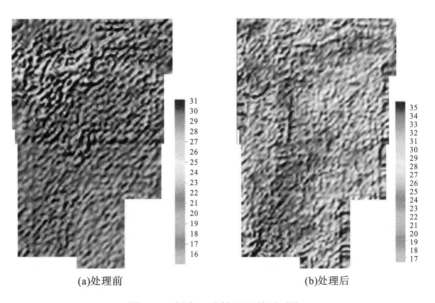

(a)处理前　　　　　　　　　　　　(b)处理后

图3-12　频率一致性处理前后对比

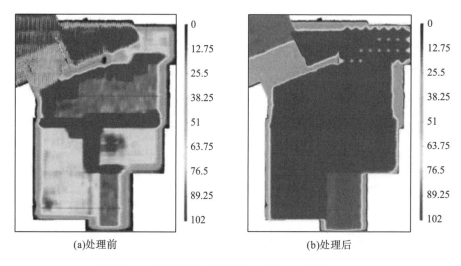

(a)处理前   (b)处理后

图3-13   覆盖次数面元属性一致性处理前后对比

　　图3-14和图3-15显示了川西某地区单块与连片地震资料处理的效果对比。连片处理以侏罗系为主要目的层，采用统一处理网格，流程参数一致，统一计算静校正量和进行地表一致性能量补偿、反褶积、三维叠前数据规则化处理，三维连片处理流程如图3-10所示。连片处理成果能量、频率基本一致，很好地解决了整个工区的波组特征一致性问题，波组特征清楚，层间信息丰富，河道特征清晰。较以往分单块处理成果，波组特征更一致，低频成分更丰富，较大地提高了浅层的处理质量，偏移归位合理，目的层地震响应特征突出。相邻区块在单块处理成果中有明显的拼接痕迹，连片处理中较好地解决了拼接问题，浅层、深层及目的层段波组一致性更好，无时差。从时间切片来看，处理成果一致性更好，特征更为清晰。目的层段的地震响应特征与原单块处理成果基本一致，数据一致性更好，河道砂岩分布特征明显突出，如图3-16所示。

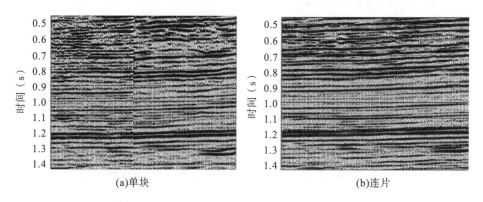

(a)单块   (b)连片

图3-14   单块与连片地震资料处理剖面效果对比

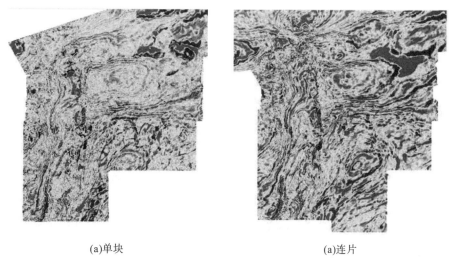

(a)单块   (a)连片

图3-15　单块与连片地震资料处理时间切片效果对比

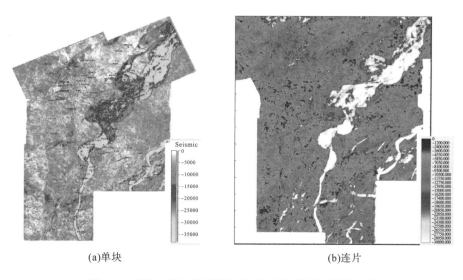

(a)单块   (b)连片

图3-16　单块与连片地震资料处理后的河道刻画效果对比

3.5　叠前道集AVO优化处理技术

在开展叠前地震反演时,针对目标层进行叠前道集优化处理,是一个非常重要的环节。但是,利用叠前时间偏移(CRP)道集直接进行AVO分析,往往存在多种问题。首先,CRP道集存在的噪声较重,有效信号不能很好地辨识;其次,偏移处理过程中存在残余动校正量,使得同相轴并没有完全拉平,不利于同相轴振幅对比分析;最后,偏移后存在子波动校正拉伸现象,导致远偏同相轴产生畸变。这些问题可能给AVO分析带来不利影响(图3-17),因此,需要对CRP道集进行道集优化处理。在开展道集优化处理时,需要严格按照保幅、保频、保相位、保AVO特征等标准进行。为此,需要设计特殊的叠前AVO道集优化处理流程。图3-18显示了川西东坡地区三维地震CRP道集AVO优化处理流程。

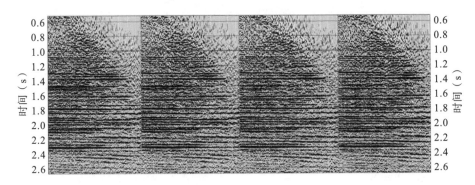

图3-17   东坡原始CRP道集

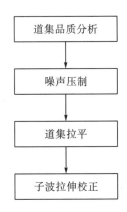

图3-18   道集优化处理流程框图

1. 品质分析

分析CRP道集品质的主要技术思路，首先，利用测井纵波与横波速度、密度数据，采用Zoeppritz方程计算过井点地层的反射系数；然后，提取井旁地震道集地震子波，通过反射系数褶积计算获得合成地震记录；最后，将正演的地震道集与井点处相应的CRP道集进行对比，以掌握其AVO保持品质特征。

2. 剩余噪声压制

针对剩余噪声，采用全变分(TV)、边缘滤波等噪声压制方法，制定相应的去噪策略，进一步压制噪声，提高叠前地震道集的信噪比。

3. 剩余时差校正

采用可变时窗波形匹配互相关分析、极性保持等方法，进一步消除动校正剩余时差校正，拉平由于速度精度不够而产生的不平道集，以满足叠前反演和AVO属性分析的要求。图3-19显示了川西地区过GM4井动校正剩余时差校正处理前后结果对比。可见，经动校正剩余时差校正处理后，地震道集的剩余时差进一步消除，同相轴被有效拉平。

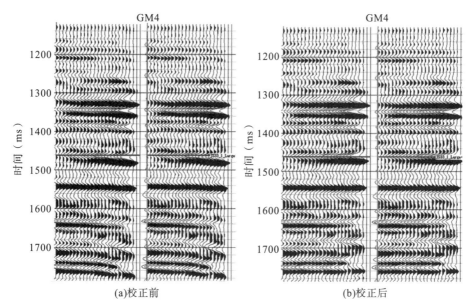

图3-19 川西地区过GM4井动校剩余时差校正前和校正后道集对比

4. 子波拉伸校正

在地震数据动校正的过程中，将会引起子波拉伸现象，使频谱向低频移动，导致远偏移距道集的频率低于近偏移距道集，不利于AVO分析和叠前反演。可采用反余弦滤波方法，对动校正子波拉伸进行校正，提高远偏移距道集的分辨率。子波拉伸校正，能够补偿地震数据动校正过程中丢失的高频成分，提高大角入射的分辨率和保真度。

图3-20显示了川西地区过GM4井道集优化处理前后的效果对比。可见，经道集优化处理后，地震道集的信噪比和分辨率均明显提高，同相轴的连续性更好，剩余时差被有效消除，地震道集进一步拉平，AVO特征更加清晰。

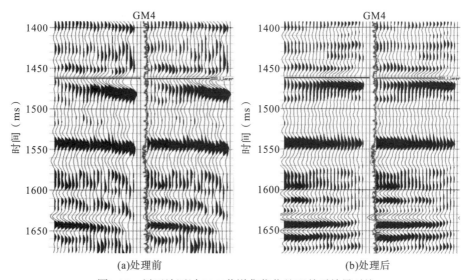

图3-20 川西地区过GM4井道集优化处理前后结果对比

3.6 山前带精确成像处理关键技术

针对山前带(如龙门山)低信噪比地震资料的复杂特点，需要重点开展高保真噪声衰减、角度域反拉伸畸变、高精度速度分析、切除迭代处理、数据规则化、各向异性深度偏移等研究，以保证获得高保真度、高信噪比的精确成像地震资料。

3.6.1 低信噪比地区高保真噪声衰减技术

通常，山前带地震资料具有噪声重、信噪比低等处理难点。根据噪声特点，可以采用分频噪声衰减、时空域相干噪声衰减、自适应面波衰减等技术压制噪声干扰。通过分区域、分级别剔除野外记录上的不正常道、面波、浅层折射干扰、工业电干扰、强能量干扰等，逐步改善目标地层的成像质量。尤其是在面波重干扰区域，需要根据面波低频、低速、高能量和频散等特征，基于自适应面波衰减方法，采用弹性建模的方法预测与剔除面波及剩余线性噪声、次生干扰等。图3-21显示了龙门山山前某工区单炮地震记录去噪处理前后及去降噪声的记录特征。可见，去噪后地震资料的品质获得了进一步的改善。

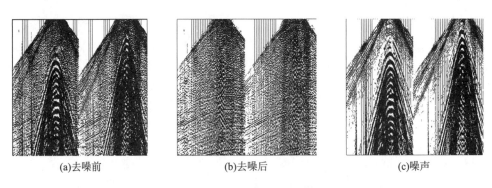

(a)去噪前   (b)去噪后   (c)噪声

图3-21 龙门山山前某工区单炮地震记录去噪前后及噪声

3.6.2 角度域反拉伸畸变技术

动校正拉伸畸变是地震资料处理中常见且容易被忽略的问题。常规处理手段均是通过切除、消除拉伸畸变对叠加成像造成的影响。反拉伸畸变的技术应用，对提升地震剖面中浅层分辨率、提高AVO分析的精度均有重要意义。

角度域反拉伸畸变技术，首先将传统的偏移距道集转化为角度域道集，在近入射角提取数据的频率属性；对不同的入射角进行频谱分析，为不同的入射角创建确定性的匹配算子；在角度域将数据反变换到偏移距道集，形成具有良好AVO特征的地震数据叠前道集。在实现角度域反拉伸畸变的过程中，对角度道集的选取、入射角分组以及频谱特性的计算是处理流程中最重要的质控环节。

3.6.3　高精度速度分析与切除迭代处理技术

高精度速度分析与切除迭代处理是山前带地震数据精确成像过程中非常关键的环节。在地震资料覆盖次数低、信噪比低、速度谱能量团比较发散、子叠加上很难形成反射同相轴的山前带复杂区域，对目标地层起伏、构造倾角和速度变化大的部位，实施速度点加密分析和精细扫描，以提高速度拾取的精度。同时，结合静校正处理、道集切除，反复迭代，不断提高精度，可改善山前带复杂区域地震数据的成像质量。

图3-22显示了川西龙门山前某地区速度点加密分析和精细扫描前后的速度谱对比。可见，速度谱的能量更集中，速度分析后的叠前道集品质获得提升，成像质量也明显改善(图3-23)。

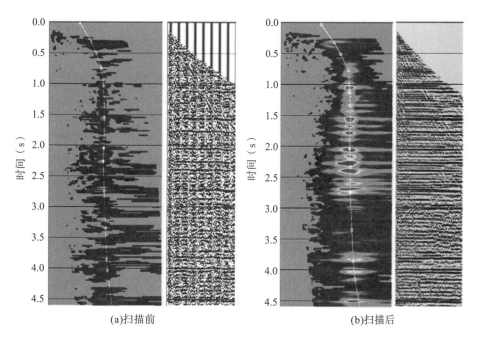

(a)扫描前　　　　　　　　　　　　(b)扫描后

图3-22　速度点加密分析和精细扫描前后的速度谱对比

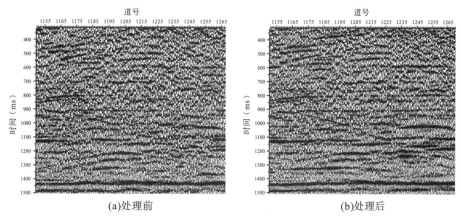

(a)处理前　　　　　　　　　　　　(b)处理后

图3-23　高精度速度分析与切除迭代处理前后的叠加剖面对比

3.6.4 山前带各向异性深度偏移技术

1. 深度域各向异性速度建模思路

山前带深度域速度模型的准确建立，对深度偏移成像精度具有决定性的影响。建立山前带深度域速度模型的过程，属于解释性处理流程。需要以地震波场信息为基础，根据地质背景和区域认识，利用测井曲线控制和约束速度模型，在多次循环迭代和更新后，最终得到准确的深度域速度模型。因此，山前带深度域各向异性速度建模，必须坚持处理与解释、地质与测井等多学科一体化的建模思路。

2. 提高速度更新数据的信噪比

在地震资料覆盖次数和信噪比较低的山前带，可能存在有效数据较少的问题。为了提高速度拾取的准确性，需要提高速度更新所采用的道集信噪比和连续性，为速度建模提供可靠的反射波场信息。同时，需要提高低信噪比区叠加体的信噪比，以提高速度反演过程中约束构造倾角的拾取精度。

3. 浅、中、深层联合各向异性速度建模

常规各向同性方法在开展速度建模时，从叠前时间偏移浮动基准面上确立速度参考面后，首先在速度参考面上方填充替代速度，在下方填充经大尺度平滑转换到深度域的叠前时间偏移层速度场，作为初始的深度域速度模型；然后在深度域沿地层迭代和更新速度模型；最后得到叠前深度偏移的速度模型。

在各向同性速度模型精度提高后，加入汤姆森各向异性参数 ε、δ、γ 和方位角、倾角等参数进行各向异性速度模型迭代。同时，利用测井、VSP等资料进行速度约束，可得到更准确的深度域各向异性(TTI)速度模型。

首先，针对山前带深度域各向异性速度建模，更好的方法是浅、中层采用基于层析反演方法的起伏地表建模，这样能反演出最接近真实的地表速度，深层采用反射波网格层析反演建模；然后，将浅、中、深层结合起来，生成初始速度模型；最后，进行各向异性(TTI)网格层析迭代，以得到精确的最终速度模型。该建模方法的优点是浅、中层采用了近地表速度模型，适应速度的剧烈变化，速度反演精度高，在复杂构造、低信噪比地区可获得准确的深度域速度模型(图3-24)。

4. 小平滑地表深度偏移

山前带地形起伏大，选择小平滑地表面作为偏移成像起始面，可获得精度更高的地震数据成像效果。如图3-25和图3-26所示，与真实地表相比，采用300m小平滑地表后，叠加剖面浅层成像得到改善。

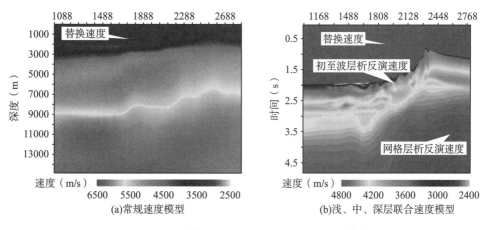

(a)常规速度模型

(b)浅、中、深层联合速度模型

图3-24 常规速度模型和浅、中、深层联合速度模型对比

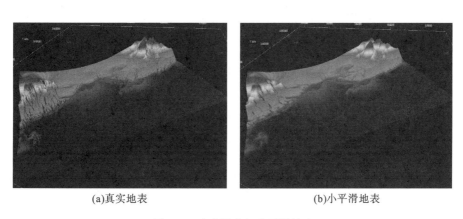

(a)真实地表

(b)小平滑地表

图3-25 真实地表与小平滑地表

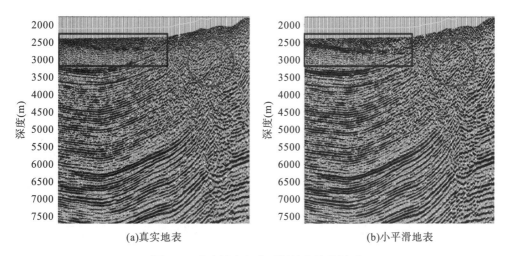

(a)真实地表

(b)小平滑地表

图3-26 真实地表与小平滑地表偏移剖面

5. 以小平滑地表为偏移起始面的浅、中、深层联合各向异性深度域成像

结合山前带地震数据特征，基于浅、中、深层深度域各向异性速度模型，选择小平滑地表作为偏移成像起始面，可实现浅、中、深层联合各向异性深度域成像。图3-27和图3-28显示了川西龙门山前彭州地区地震资料的偏移成像效果。可见，叠前深度偏移成果数据与叠前时间偏移对比，全区构造形态更为合理，断裂清晰；在目标层位置的许多构造细节上，特别是山前带和低降速带较厚位置，具有一定的优势，低幅构造成像更准确（图3-27）；相较于各向同性偏移，各向异性偏移成果精度更高，与井对应得好（图3-28）。

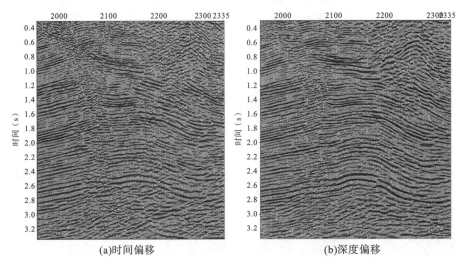

(a)时间偏移　　　　　　　　　　(b)深度偏移

图3-27　叠前时间偏移与叠前深度偏移对比

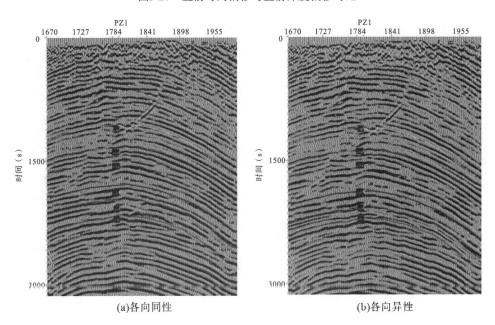

(a)各向同性　　　　　　　　　　(b)各向异性

图3-28　各向同性与各向异性深度偏移对比（过彭州1井）

3.7　复杂构造带精确成像处理关键技术

3.7.1　复杂构造带联合静校正技术

在四川盆地，许多复杂构造带的局部陡坎断崖高差大，低降速带的速度和厚度横向变化剧烈，导致静校正问题十分突出。复杂构造带联合静校正技术，依据地震资料的特点，整合了初至波层析静校正、地表一致性剩余静校正等技术，能较好地解决复杂构造带的静校正问题。

其中，初至波层析反演静校正技术适应地表起伏、速度纵横向变化大的地震资料，能有效地消除长波长和中短波长静校正量的影响，且计算过程稳定、精度较高。图3-29显示了川西南北向复杂构造带联合静校正前后的叠加地震剖效果。可见，层析静校正解决了中、长波长的静校正问题，构造形态清楚可靠；地表一致性剩余静校正处理，地震剖面信噪比得到很大改善，联合静校正处理有效地解决了地层反射波组串层的问题。

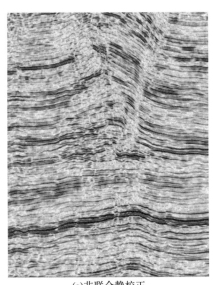

(a)非联合静校正　　　　　　　　　　　　　　(b)联合静校正

图3-29　非联合静校正与联合静校正处理效果对比

3.7.2　频率一致性处理技术

在地震波传播过程中，地下介质对高频成分具有吸收和衰减作用，将造成地震反射频率低、频带窄，尤其是在复杂构造带的深部，地震波的有效反射信号更弱、信噪比更低，需要针对地震资料的特点开展频率一致性处理。对地震数据进行叠前稳健反褶积处理，在提高地震资料频率一致性的基础上，可改善地震资料的信噪比、提高分辨率，能有效解决深层地震资料频率一致性和稳定成像问题。

叠前稳健反褶积是集地表一致性反褶积、脉冲反褶积、振幅校正和压制高频噪声于一体的反褶积方法，能一次性实现地震反射的相位处理及去噪、地表一致性振幅补偿和反褶积处理。通过全局性的统计振幅、子波等信息，实现整体数据的振幅、子波一致性处理。与常规串联反褶积方法相比较，叠前稳健反褶积计算更稳健，可较好地压制高低频噪声，有效提高资料的分辨率和信噪比(图3-30)。

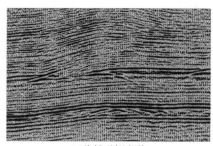 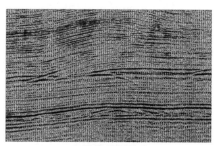

(a)稳健反褶积前   (b)稳健反褶积后

图3-30　稳健反褶积前后叠加地震剖面对比

3.7.3　五维插值技术

通常，地震数据的插值或数据规则化都是在共偏移距道集上开展的，道集只包含CMP空间坐标和偏移距信息，炮检点坐标和方位信息的缺失，使处理后的地震道集在后期应用中具有局限性。这也是常规三维地震数据插值或数据规则化处理存在的局限性。事实上，三维地震数据需要5个维度才能完整描述。在不同的坐标系统下，5个维度的含义可以不同。总体来说，可以按照两个域来描述，即炮检域和CMP域。在实际处理中，常用的五维定义包括Inline、Xline、偏移距、方位角和时间。基于地震数据的傅里叶重构处理方法，五维插值(规则化)技术同时对5个维度的数据按照空间位置进行数据重建。通过对频域-空间域的频率切片进行迭代运算，每一次迭代从冗余空间中选取一个傅里叶分量。在频域先采用不规则反泄漏傅里叶变换，再使用映射或规则化炮检点位置完成反变换，可以在炮-检域、OVT域、MAZ域进行插值。图3-31显示了OVT域五维插值前后炮检点的位置分布图；图3-32为五维插值前后叠加剖面对比。可见，插值后炮点、检波点呈规则分布，覆盖次数均匀，插值后数据信噪比有一定提高，并很好地保持了原始频率成分。

3.7.4　全波形反演技术

全波形反演(full waveform inversion，FWI)技术以地震数据的波形信息为依据，采用波动方程反演地下介质的中高频速度场信息。主要特点如下：

(1)数据完备性。首先，时域全波形反演对地震数据的低频成分要求较高，长排列大偏移距地震记录包含了丰富的低频信息，能够为全波形反演提供好的背景速度场；其次，宽方位角采集增加了方位信息，进一步提升了数据的完备程度；

(2)噪声类型多。开展全波场正演是全波形反演的重要环节，在正演过程中将产生不同波场类型的数据噪声，需要根据不同的波场类型采用相应的方法压制噪声。

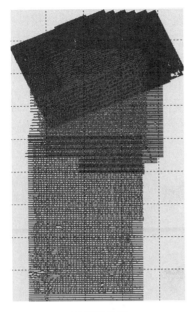 

(a)原始位置　　　　　　　　　　　　　(b)五维插值后位置

图3-31　原始和五维插值后炮、检点位置分布图

 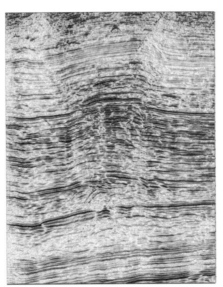

(a)原始位置　　　　　　　　　　　　　(b)五维插值后位置

图3-32　原始和五维插值后炮、检点位置剖面图

(3)正演问题多。主要涉及正演问题的描述与表征、震源子波估计与反演、正演问题的边界条件及频散等。

(4)初始模型需要较准确。全波形反演本质上是解决强非线性问题，要求输入较为准确的初始速度，以避免出现"跳周"现象。

(5)正则化约束。全波形反演的解存在不确定性，需要给全波形反演提供一种约束和预期，让其沿着这种先验约束和预期逐步获得一个精确度较高的反演结果。

(6) 速度场多尺度更新。首先，利用大的空间网格，限定数据频带范围以满足其稳定性，计算大尺度上的宏观背景速度；其次，利用更新速度作为下一尺度反演的输入，通过逐步缩小速度网格的大小来达到多尺度反演的目的。

如图3-33所示，将网格层析得到的速度模型作为FWI反演的初始模型，通过迭代反演更新后，得到FWI输出速度模型。可见，经过多轮全波形反演，速度模型的细节十分丰富、精度获得提升。

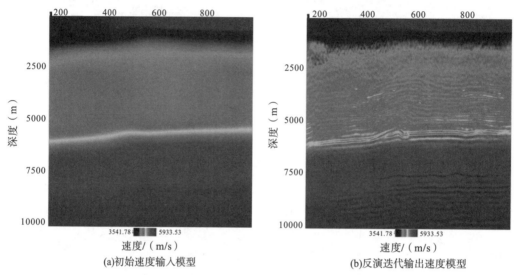

(a)初始速度输入模型　　　　　　　　　　　(b)反演迭代输出速度模型

图3-33　FWI初始输入速度模型与反演迭代输出速度模型

当FWI反演输出速度模型存在噪声和弧状干扰时，需要对全波形反演的速度模型进行去噪和轻微平滑处理。图3-34显示了FWI反演输出速度模型和经编辑平滑后FWI模型的对比。编辑平滑后，FWI模型保留了原始模型的构造层位信息特征并去除了噪声。

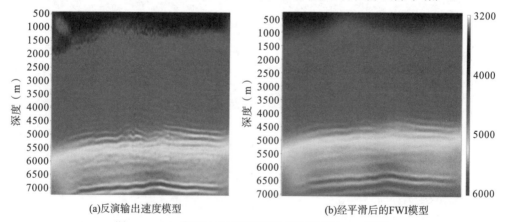

(a)反演输出速度模型　　　　　　　　　　　(b)经平滑后的FWI模型

图3-34　FWI反演输出速度模型和经平滑后的FWI模型

3.7.5 深度域逆时偏移成像技术

地震波逆时偏移（reverse time migration，RTM）是近几年新兴的高精度成像技术。基于波动理论的逆时偏移深度域成像方法，是现行各种偏移算法中最精确成像方法之一。该算法采用全波场波动方程，通过对波动方程中微分项进行差分离散实现数值计算，对波动方程的近似较少。因此，不受构造倾角和偏移孔径的限制，可以有效地解决纵横向存在剧烈变化的复杂构造成像问题。

地震数据的逆时偏移成像处理，是通过双程波波动方程对地震资料进行时间反向外推来实现的。首先，利用双程波方程对震源波场进行正向外推，并保存外推波场；然后，利用逆时双程波方程对接收波场进行反向外推，每次反向外推时，应用成像条件进行求和，得到局部成像数据体；最后，将所有炮集的逆时偏移结果进行叠加，得到最终的叠前深度偏移成像数据。

图3-35显示了Kirchhoff与RTM深度偏移成像效果对比。其中，Kirchhoff偏移利用了线性层析速度模型，RTM偏移利于了FWI速度模型。可见，利用FWI速度模型的RTM偏移结果与层析模型的叠前深度偏移，从浅层到深层的成像效果均存在明显差异，后者在2.5～4.5km深度的断裂成像更清晰。

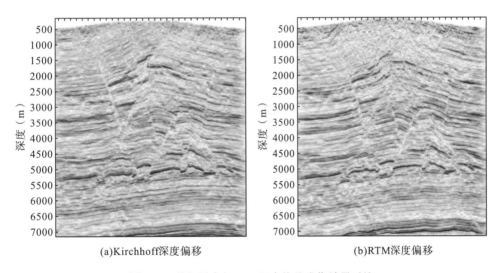

(a)Kirchhoff深度偏移　　　　　　　　　　(b)RTM深度偏移

图3-35　基尔霍夫与RTM深度偏移成像效果对比

3.8　三维三分量地震资料处理关键技术

利用多波多分量地震资料提取岩性、裂缝及含气性等信息的前提是要解决好转换波资料的处理问题。由于下行纵波和上行横波的射线路径的不对称性，针对三维转换波地震资料的处理，需要采取不同于常规纵波的处理技术。转换波三维三分量资料处理技术主要包括方位重定向、坐标旋转、转换波噪声压制、转换波静校正、转换波剩余静校正、转换波地表一致性处理、转换波反褶积、转换波各向异性速度分析及动校正、转换波各向异性叠前时间偏移、转换波各向同性和转换波各向异性处理等关键技术。

3.8.1 各向同性与各向异性地震资料处理思路及技术流程

实施宽方位大炮检距转换波三维三分量地震勘探的目的是既要解决储层预测、岩性识别、流体识别问题，又要利用纵波和转换波的方位各向异性特征，以及转换横波分裂现象准确检测裂缝。为适应这两种完全不同的需求，地震资料处理需要分为两个流程。

1. 各向异性处理流程

各向异性处理的目的是尽可能消除方位各向异性引起的速度、时间、振幅等差异。采用与方位有关的速度分析、动校正及振幅、频率和时差补偿技术，以获得全方位的同相轴拉平的叠前CMP（共中心点）道集或PSTM（叠前时间偏移）CRP（共反射点）道集及全方位叠加或偏移叠加成像。可用于纵波叠前同时反演或纵横波联合叠前反演，纵波叠后反演或纵横波联合叠后反演。各向异性处理技术可根据方法的不同，分为地表一致性和非地表一致性处理两类技术。非地表一致性处理可采用一些拉平不同方位同相轴、平衡各方位振幅的技术。

2. 各向同性处理流程

各向同性处理的目的是尽可能保留方位各向异性特征，以利于纵波和横波方位各向异性研究及横波分裂研究。因此，各向同性处理要求分扇区进行HTI介质各向同性处理，对每个方位角扇区采用相同的处理参数，保留其速度、时间、振幅等的变化，用不同方位的叠加成果和PSTM偏移叠加成果组成每一个CMP的方位道集，用于研究各向异性并进行裂缝方位及密度检测。该方法要求各个方位扇区具有均匀的覆盖次数、炮检距分布、能量分布。宽方位角或全方位采集资料满足开展各向同性处理要求，窄方位采集的资料必须合理划分扇区，并且做好面元均化处理。否则其分方位处理成果不能客观反映方位各向异性引起的地震运动学和动力学参数的变化，从而造成裂缝检测的失败。

3.8.2 三维三分量地震资料处理关键技术

1. 三分量坐标旋转

典型的三维三分量勘探X(Inline)方向平行于接收测线，并指向接收点站号增加的方向，Y(Crossline)方向垂直于接收测线。一般情况下与X方向呈Z轴向下的右手法则关系。当炮点在不同的位置激发时，由于炮-检射线方向与横波的极化方向不一致，造成X、Y方向上记录的横波既有P-SV波也有P-SH波，没有明确的偏振含义，各种偏振方向上的波场相互混杂，对转换波资料的处理及横波分裂信息的提取极为不利。为了获得一致的转换波场，在处理三维三分量数据时，需要将水平方向的两个分量能量进行重新分配，使一个方向的能量占优。通常将其中一个分量沿源-检方向接收P-SV波，称为径向(radial)分量，另一个分量垂直于源-检方向接收P-SH波，称为横向(transverse)分量，实现这个过程就是坐标旋转。

设炮点和检波点连线方向与测线方向的夹角为 θ，根据几何关系，水平 X 分量、Y 分量与径向 R 分量和横向 T 分量之间的关系为

$$\begin{bmatrix} U_R \\ U_T \end{bmatrix} = \begin{bmatrix} \cos\theta & \sin\theta \\ -\sin\theta & \cos\theta \end{bmatrix} \begin{bmatrix} U_X \\ U_Y \end{bmatrix} \tag{3-5}$$

式中，等号右边的 3 个量都是已知(其中，角度可以根据采集坐标计算出)，就可以利用该式由 X 分量和 Y 分量计算得到 R 分量和 T 分量。此为一旋转方程，称之为水平分量旋转。式 (3-5) 为水平旋转基本公式，也称为采集坐标到处理坐标转换。通过坐标旋转处理后，X 和 Y 两个分量的大部分能量都集中在 R 分量中，T 分量的初至基本没有能量，有效波能量较弱。

2. 转换波极化滤波噪声衰减

极化分析是三分量地震勘探数据处理中最基本的向量处理技术，是研究质点运动轨迹的有效手段。它把质点运动轨迹简化为量度值，以便进行定量分析。现在该方法已经广泛地应用于确定地震爆发震中、三分量地震噪声衰减、纵横波分离与提取、横波分裂观测以及推断介质平均裂隙方向等。

极化滤波是根据各种地震波在三分量地震记录上极化方向、极化程度的不同来压制干扰波。针对三分量资料中的强面波压制问题，是一种小波域能量分类约束极化滤波技术。适合于三分量资料面波压制的极化滤波技术。

小波域能量分类极化约束滤波技术是一种根据面波强能量、大椭圆极化率的特点，在小波域借助极化分析技术，对多分量信号进行面波压制的滤波方法。该方法可以在压制面波的同时，有效地保护与面波频带混叠的有效波信号，是低信噪比多波资料面波压制最行之有效的方法。实现小波域能量分类极化约束滤波主要有 3 步：信号小波域分解、瞬时极化分析和能量分类约束极化滤波。

沿时间方向，将小波谱按视速度划分为面波信号区(面波和有效信号混叠的区域)和有效信号区。在有效信号区，扫描有效信号的最大能量。按此能量值，将所有信号采样点进行分类，划分为大能量信号点和小能量信号点。大能量信号点中，主要以强能量的面波信号为主，出于尽最大可能地压制面波的考虑，采用小极化椭圆率来进行压制；小能量信号点中，面波信号少，出于保护有效信号的考虑，采用大极化椭圆率进行压制。

图 3-36 显示了川西新场地区的三维三分量地震资料极化滤波噪声压制效果。图中的 R 分量、Z 分量数据都有强面波干扰的特点，经滤波后 R、Z 分量中的面波得到了衰减。

3. 转换波静校正

转换波静校正是多分量资料处理中的关键步骤之一，也是一个较难解决的问题。同纵波一样，转换波静校正需要分两步来完成，即表层静校正和剩余静校正。对于入射是纵波，出射是横波的转换波勘探，其静校正量求取的困难主要表现在以下几个方面。

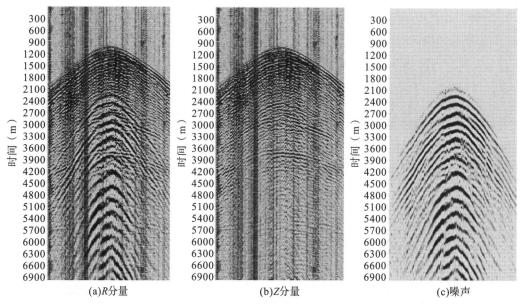

图3-36　川西新场三维三分量资料某炮某排列小波域能量分类极化约束滤波效果

第一，入射是PP波，出射是PS波，故对炮点求的是PP波静校正量，而检波点求的是S波静校正量，这就需要求取两个静校正量，对转换波数据施加的是PP波静校正量和S波静校正量。

第二，由于PP波速度与岩性和孔隙流体有关，而S波速度只与岩性有关，S波低速带底界面比潜水面深且起伏大得多，因此S波低速带比PP波低速带厚且不均匀，纵横向变化剧烈；在地表浅层转换横波速度比纵波速度要小很多，所以转换横波的静校正量大，通常为纵波的2～10倍，且横向变化更大。

第三，纵波和转换波的折射层并非一致，纵波一般只有一个稳定的高速层，它的折射层不会发生改变。而转换波的折射层经常发生改变，因此转换波表层调查比较困难。

第四，转换波原始单炮的初至一般是纵波，而不是转换横波，转换横波初至大多被淹没在记录中，因此，较难准确地识别和拾取转换横波初至。只有当低降速带和基岩的速度满足一定条件时，才能产生较强的转换折射横波初至，这样使得许多依赖于转换折射初至的转换波静校正方法较难实现。

对于解决P-SV波静校正问题，主要有3种思路：基于转换折射横波初至的静校正方法、共检波点叠加互相关方法和瑞雷面波反演横波速度静校正方法。实际应用中，转换波主要有以下几种静校正技术。

1)扫描系数法转换波静校正技术

在开展扫描系数法转换波静校正时，首先采用较为精确的纵波静校正方法(如潜行波层析成像静校正、广义线性反演折射波静校正等)求取纵波静校正量，将纵波静校正量的炮点静校正量直接用于转换波的炮点项；同时，将纵波的检波点静校正量乘以一系列大于1的比例系数，通过评价静校正效果，确定最终用于转换波检波点项的静校正量。从实测多波微测井资料中得到纵波速度、厚度，横波速度、厚度及平均V_P/V_S，剔除异常值(如V_P/V_S小于$\sqrt{2}$)，通过薄板样条插值得到全工区的PP波低降速层厚度、S波低降速层厚度、PP波低降速层平均速度、S波低降速层平均速度以及全工区的平均V_P/V_S。利用已知的PP波检波点静校正量，结合实测的V_P/V_S资料，就可以得到转换波检波点长波长静校正量。该方法比较简单，容易实现和掌握。

2)表层模型法转换波静校正技术

通过表层纵横波速度结构的调查，求取更加准确、合理的表层纵横波速度比(V_P/V_S)，以此作为将纵横波检波点静校正量转换为横波检波点静校正量的依据。

通过解释多波微测井资料可以初步得到表层纵、横波速度，在已准确知道纵波检波点静校正量的情况下，可以根据模型法求取转换波检波点长波长静校正量。

3)面波法转换波静校正技术

地震面波不仅是地震波上最突出的波列，而且还为研究地球上部速度结构提供了一种手段。在"自由"表面，如地球与大气的界面，存在一种特殊类型的波，这种波的传播速度约为0.919倍的横波速度，在层状介质中，这种类型的波具有频散特性，称为瑞雷面波。利用瑞雷面波可以估算横波速度模型，进而求取转换波静校正量。该方法由以下几步来实现。

(1)面波的提取。面波的提取可以采用多种方法，如极化滤波、小波变换、自适应滤波、T-P变换等。

(2)面波频散。提取了面波之后，进行面波频散曲线的计算。频散曲线是面波相速度随频率变化的曲线。计算频散曲线有两种方式：一种是在频域计算，该方法是一个排列计算一条频散曲线，横向分辨率很低；另一种是时域相邻道方法，该方法是一个排列相邻两道计算一条频散曲线，横向分辨率很高。

(3)表层结构反演。由于道间距较大，面波先后到达前后两道的时差也较大，在频率较高时，真正的时差可能会超过一个周期。而在计算频散曲线时，是先计算某个频率对应的相邻两道的相位差，再由相位差除以2π乘以周期得到时差。由于相位差总是小于2π，所以，计算的时差总是小于该频率对应的周期，该时差不能与真正的时差相符，得到的频散曲线也不能与真实的频散曲线相符，对应高频部分计算的面波频散速度总是很大。因此，必须求得真正的时差，还原频散曲线的真实面目，这就需要利用多波微测井资料对其进行校正。

4)CRP(共检波点)叠加相关静校正技术

该技术是比较流行的转换波剩余静校正手段，其假设前提是转换波的下行纵波的静校正问题完全解决，即已精确求取转换波炮点静校正量。主要原理是在同一个层位上，纵波和横波具有相似的特征，利用速度比值进行纵波拉伸(或者横波压缩)到同一时间上，校正匹配相应的PS波(或者PP波)数据，最后采用互相关的方法计算PS波的短波长静校正量。

(1)利用标准层反射纵波时间求取P-SV长波长静校正量。

假设纵波垂直速度为V_{P0}，横波垂直速度为V_{S0}，对于某一深度为H的地层，在PP波剖面上的垂直时间为T_{PP0}，在P-SV波剖面上的垂直时间为T_{PS0}，那么

$$\frac{H}{V_{P0}} + \frac{H}{V_{S0}} = T_{PS0}, \quad \frac{2H}{V_{PP0}} = T_{PP0} \tag{3-6}$$

可以得到

$$T_{PS0} = \frac{1 + \dfrac{V_{P0}}{V_{S0}}}{2} T_{PP0} \tag{3-7}$$

令$\gamma_0 = \dfrac{V_{P0}}{V_{S0}}$，得

$$T_{PS0} = \frac{1 + \gamma_0}{2} T_{PP0} \tag{3-8}$$

实现步骤如下：

第一步，通过层析静校正方法求取PP波炮点和检波点静校正量；

第二步，对PP波应用炮点和检波点进行静校正，对CMP道集做NMO（正常时差校正），分选为共检波道集并对PP波和PS波都较为稳定的炮检距范围做叠加，形成PP波共检波点叠加数据；对PS波应用PP波炮点静校正，对ACCP（渐进共转换点）道集做NMO，分选为共检波道集并对与纵波对应的炮检距范围做叠加，形成PS波共检波点叠加数据；

第三步，在PP波共检波点叠加剖面上确定PP波、PS波均稳定的浅层标准反射层位，并拾取该层位得到PP波反射时间，在PS波上拾取相应层位得到PS波反射时间。选择能够代表PP波和PS波构造形态的点，匹配PP波和PS波相同的层位，得到γ_0值。该参数也可以在CMP和ACCP道集叠加剖面上获得；

第四步，将共检波点叠加的PP波层位拉平获得T_{PP0}，将共检波点叠加的PS波层位拉平获得T_{PS0}。PS波检波点长波长静校正量$t_{PS}(r) = T_{PS0} - T_{PP0}\dfrac{1 + \gamma_0}{2}$。该过程需要多次迭代以确定最佳的$\gamma_0$值。

(2) 互相关求取PS波短波长静校正量。

虽然PS波共检波点叠加剖面上消除了长波长静校正和大部分中长波长静校正的影响，但由于PS波检波点静校正量远大于纵波检波点静校正量，实际叠加剖面上PS波道与道之间还存在一定的时差。采用互相关方法可得到PS波短波长静校正量。

但通过大量的生产数据，发现转换波地震资料信噪比都很低，其地震剖面成像质量并不理想，那么利用基于纵横波CRP叠加道相关的剩余静校正方法后，将会存在较大的误差。因此，在采用上述方法后，必定会存在较大时移的短波长剩余静校正量。而极限能量法剩余静校正方法则可以很好地解决转换波的短波长剩余静校正问题。

图3-37为基于构造控制的共检波点叠加转换波剩余静校正示意图。这一技术的应用前提是，在浅层有一个信噪比较高的稳定的PP、PS反射层。由于有PP波构造形态的控制，因此PS波的长波长静校正不会造成构造畸变。

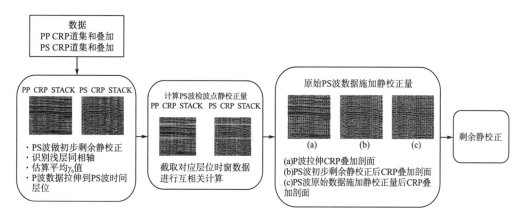

图3-37　基于纵横波CRP叠加剖面层位匹配的叠加道相关算法流程

基于纵横波CRP叠加道相关的剩余静校正方法的主要技术要点如下。

(1)提取纵横波速度比 γ_0 值。

第一，若存在实测的平均 γ_0 值，则针对纵波的2～3个标志层进行拉伸变换，观察纵横波层位是否能够对齐，若不能对齐，则采取第二种平均 γ_0 值扫描的方式。

第二，在平均 γ_0 值不存在，或者施加平均 γ_0 值后纵横波层位不能对齐的情况下，可以进行CRP叠加道每道进行平均 γ_0 值扫描，以获取每道数据对应层位的平均 γ_0 值。

扫描过程中，从最浅的标志层开始，试用不同的平均 γ_0 值对纵波数据进行重采样，然后与对应转换波数据中相同的采样点数进行相关计算，相关系数最大时，对应此道数据当前层位平均 γ_0 值。

(2)根据 γ_0 值对纵波CRP叠加剖面进行拉伸变换。

通过 γ_0 值对纵波CRP叠加剖面进行拉伸，变换至与转换波时间深度相等。在这个过程中，采用Sinc插值算法对纵波数据进行重采样，使采样间隔和采样点数等于转换波的采样间隔和采样点数。

(3)截取纵横波CRP叠加剖面上对应时窗数据进行互相关计算。

在叠后数据上做相关计算。截取纵横波CRP叠加剖面成像质量高的时窗数据进行互相关计算，求取长波长剩余静校正量。

(4)剩余静校正。

将计算所得长波长剩余静校正量施加到原始转换波数据中，并进行剩余静校正量计算，求出短波长剩余静校正量。

5)特色剩余静校正技术

转换波经过表层静校正后，其大部分静校正问题，特别是长波长静校正问题已经基本解决。但由于各接收点位置的差异，以及射线的不同，导致存在大的剩余静校正量。如果这部分静校正量不能较好地消除，则将直接影响转换波的成像，影响对勘探目标的精确刻画。

理论上常规的反射波剩余静校正方法也能在ACCP动校正道集上计算转换波的剩余静

校正量。但是，由于转换波剩余静校正量的绝对值往往远大于纵波剩余静校正量，加之引起剩余静校正量的因素不同，基于反射波剩余静校正的方法难以很好地消除转换波剩余静校正量。为此采用全局寻优的大时移剩余静校正来消除转换波的剩余静校正量。

综合全局寻优是综合利用最大能量法、模拟退火与遗传算法的各自优势的一种具有局部收敛速度快、全局搜索能力强的寻优反演方法。最大能量法是将叠加能量作为静校正优化问题的目标函数，将炮点和检波点静校正量作为模型参数，通过对静校正量参数进行扫描，求得叠加最大能量，从而求得炮点和检波点校正量。最大能量法具有收敛速度快、局部收敛能量强的特点。模拟退火是以优化问题的求解与物体退火过程的相似性为基础，利用梅特罗波利斯算法，并用温度更新函数适当控制温度的下降过程实现模拟退火，从而达到全局寻优的目的。模拟退火具有在概率指导下进行双向搜索，并证明以概率1收敛于全局最优，但要经过无限次的变化，且初始温度及温度更新函数不易控制，要么计算时间太长，要么陷入局部解。遗传算法是模拟生物进化过程的全局寻优搜索算法，它简单通用，易于实现，全局搜索能力强，但局部搜索能力弱，且没有判断当前解是否达到最优解的合理准则。

4. 转换波ACP抽道集技术

由于下行纵波、上行横波存在不对称性，使得常规基于CMP道集的速度分析得到的正常时差和水平叠加技术不适用于转换波处理。因此，转换波资料的处理较纵波复杂得多。实现转换波共反射点叠加的主要困难在于共转换点道集的选排，因为转换点的位置是偏移距、界面深度、速度比和倾角的函数。对于倾斜界面，当固定偏移距时，随着深度增加，偏离水平转换点的距离增大；随着偏移距的增大，上倾激发时，倾角越大，转换点分布越密，下倾激发时，倾角越小，转换点分布越密。在小倾角时速度比对转换点位置的影响较大，在大倾角时，影响较小。当界面倾角一定时，速度比越大，转换点分布越靠近炮点，分布越密。

抽共转换点的方法主要有渐进逼近道分选法、直射线路经近似道分选法、分层CCL选排法、DMO法、依赖深度的映射法和基于模型的共转换点道集选排等方法。

第一类包括转换点渐进逼近道分选法、直射线路径近似道分选法和分层CCL选排方法，在该类方法中都引入一个与CMP道集概念相对应的CCP概念，并抽取CCP道集。该类算法的过程都是先计算出目标反射层上的转换点的坐标，再把转换点落在反射界面上的某一反射点上或该反射点附近的所有记录道选排在一起，组成一个共转换点道集。该类方法的共同点就是只对某一深度最为正确，都是能在目标层聚焦成像，但在所选反射层的上面和下面，反射界面的叠加成像可能会变得模糊。分层CCL选排方法能够使不同深度的转换波均能达到较好的聚焦效果，但需要在不同层之间进行道集拼接，实际操作比较困难。

第二类包括DMO方法，依赖深度的映射和基于模型的共转换点道集选排方法，该类方法都没有采用传统的抽取CCP道集的做法，而是通过对记录道的数据进行直接处理，消除正常时差及转换点的侧向位移，以达到正确成像的目的。

5. 转换波速度分析技术

1) 转换波时距方程

根据汤姆森的定义，参数下标 P、S 和 C 分别代表 PP 波、S 波和转换波（即 C 波），参数下标为 1 代表层特性参数，参数下标为 2 代表均方根特性参数，参数下标为 0 代表垂直或者平均特性参数，t 代表旅行时，V 代表速度，γ 代表速度比。因此，t_{P0}、t_{S0} 和 t_{C0} 分别表示纵波、横波和转换波的垂直旅行时；V_{P0}、V_{S0} 和 V_{C0} 代表纵波、横波和转换波的垂直或者平均速度；V_{P2}、V_{S2} 和 V_{C2} 分别代表纵波、横波和转换波的叠加速度；γ_0、γ_2 和 γ_{eff} 分别代表垂直速度比、叠加速度比和有效速度比。考虑 n 层 VTI 介质，P-SV 波在第 n 层的底转换，每一层均看作是均匀的，第 $i(i=1,2,\cdots,n)$ 层的层参数如下：纵波和横波的垂直速度为 V_{P0i} 和 V_{S0i}，纵波和横波短排列 NMO 速度为 V_{P2i} 和 V_{S2i}，垂直单程旅行时为 Δt_{P0i} 和 Δt_{S0i}，汤姆森（1986）参数为 ε_i 和 δ_i，根据汤姆森定义为

$$\gamma_{0i} = \frac{V_{P0i}}{V_{S0i}}, \quad \gamma_{2i} = \frac{V_{P2i}}{V_{S2i}}, \quad \gamma_{\mathrm{eff}i} = \frac{\gamma_{2i}^2}{\gamma_{0i}} \tag{3-9}$$

层参数和均方根特性具有如下关系：

$$t_{P0} = \sum_{i=1}^{n} \Delta t_{P0i}, \quad t_{S0} = \sum_{i=1}^{n} \Delta t_{S0i}, \quad t_{C0} = t_{P0} + t_{S0} \tag{3-10}$$

$$V_{P2}^2 = \frac{1}{t_{P0}} \sum_{i=1}^{n} V_{P2i}^2 \Delta t_{P0i}, \quad V_{S2}^2 = \frac{1}{t_{S0}} \sum_{i=1}^{n} V_{S2i}^2 \Delta t_{S0i} \tag{3-11}$$

$$t_{C0} V_{C2}^2 = t_{P0} V_{P2}^2 + t_{S0} V_{S2}^2 \tag{3-12}$$

$$\gamma_0 = \frac{t_{S0}}{t_{P0}}, \quad \gamma_2 = \frac{V_{P2}}{V_{S2}}, \quad \gamma_{\mathrm{eff}} = \frac{\gamma_2^2}{\gamma_0} \tag{3-13}$$

在 n 层 VTI 介质中，在偏移距 x 处，转换波的旅行时方程可以写成（Li and Yuan，2003）：

$$t_C^2 = t_{C0}^2 + \frac{x^2}{V_{C2}^2} + \frac{A_4 x^4}{1 + A_5 x^2} \tag{3-14}$$

式（3-14）中，A_4 和 A_5 分别为

$$A_4 = \frac{(\gamma_0 \gamma_{\mathrm{eff}} - 1)^2 + 8(1 + \gamma_0)(\eta_{\mathrm{eff}} \gamma_0 \gamma_{\mathrm{eff}}^2 - \zeta_{\mathrm{eff}})}{4 t_{C0}^2 V_{C2}^4 \gamma_0 (1 + \gamma_{\mathrm{eff}})^2} \tag{3-15}$$

其中，η_{eff} 为 P 波多层介质的各向异性的影响参数，ζ_{eff} 是多层 VTI 介质的 SV 波各向性响应参数。

$$A_5 = \frac{A_4 V_{C2}^2 (1 + \gamma_0) \gamma_{\mathrm{eff}} [(\gamma_0 - 1) \gamma_{\mathrm{eff}} + 2 \chi_{\mathrm{eff}}]}{(\gamma_0 - 1) \gamma_{\mathrm{eff}}^2 (1 - \gamma_0 \gamma_{\mathrm{eff}}) - 2(1 + \gamma_0) \gamma_{\mathrm{eff}} \chi_{\mathrm{eff}}} \tag{3-16}$$

式（3-14）中，转换波的时距方程也就相当于由参数 V_{C2}、γ_0、γ_{eff} 和 χ_{eff} 来控制。

2) 转换波速度分析及动校正

采用 Li 和 Yuan（2003）公式进行转换波三参数各向异性速度分析和转换波四参数动校正。

γ_0 的求取需要简单的纵横波联合解释。首先利用双曲线理论对纵波和转换波进行动校正叠加，然后在纵横波叠加剖面上选取同一层的反射波相关得到 γ_0 值。转换波动校正对 γ_0

的变化不敏感，允许有10%～15%的误差。利用初始的γ_0值对转换波数据进行面元化，在渐近转换点（ACCP）超道集上，分别对V_{C2}、γ_{eff}和χ_{eff}做谱，简称三谱。通过以下几步交互解释这3个谱从而得到叠加速度场。

（1）任意给定一系列初始的V_{C2}、γ_{eff}和χ_{eff}。V_{C2}的范围一般为1000～4500m/s，γ_{eff}的范围一般为1～5，χ_{eff}的初始值一般都设定为1，作为三谱分析的初始参数值。

（2）在速度谱上解释V_{C2}，采用LXY方程非双曲线拟合近偏移距反射波同相轴。

（3）在γ_{eff}谱上用γ_{eff}值控制中等偏移距同相轴，使其校平。

（4）在χ_{eff}谱上解释χ_{eff}，使其远偏移距同相轴也能拟合非双曲线。

（5）做动校正，检查同相轴是否完全拉直，若未拉直，则重新修改这3个参数值。

图3-38（a）是在ACCP超道集拾取三参数示意图；图3-38（b）是利用四参数对超道集进行动校正的结果。在大多数情况下，依据速度谱的能量团就能够校平同相轴，如果存在明显各向异性特征，则需要修改χ_{eff}值来校平大偏移距同相轴，仅有当V_{C2}、γ_0、γ_{eff}和χ_{eff}拾取正确时，才能将大偏移距（7500m）的同相轴的远、中和近同相轴完全拉平。

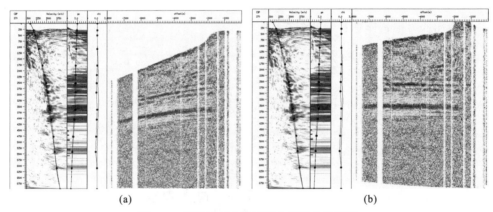

（a）   （b）

图3-38　转换波三参数速度分析及动校正图

在实际数据处理中，虽然V_{C2}也考虑了其他两个参数的影响，但单用V_{C2}很难校平中等和远炮检距同相轴，此时需要利用γ_{eff}去校平中等炮检距同相轴，利用χ_{eff}去校平远炮检距同相轴。V_{C2}对校平同相轴起主要作用，但在高精度转换波速度分析中，其他两个参数的作用也不可忽视。

6. 转换波叠前时间偏移技术

在转换波地震数据处理中，由于下行纵波和上行横波的路径不对称，需要做共转换点（CCP）选排来代替CMP，因此转换波资料处理流程一般为抽CCP道集、速度分析、NMO、DMO、叠加以及叠后偏移等。但是这种处理流程存在一些缺点，如CCP面元化不易找准转换点真实位置，DMO不能适应层间速度剧烈变化和大陡倾角情况等，所以需要采用转换波叠前时间偏移技术。转换波叠前时间偏移技术不需要进行抽取CCP道集和DMO处理，就能实现全空间的三维转换波资料的准确成像。

各向异性双平方根方程叠前时间偏移方程可以写成：

$$t_{\mathrm{c}} = \sqrt{\left(\frac{t_{\mathrm{C0}}}{1+\gamma_0}\right)^2 + \frac{(x+h)^2}{V_{\mathrm{P2}}^2} - 2\eta_{\mathrm{eff}}\Delta t_{\mathrm{P}}^2} + \sqrt{\left(\frac{\gamma_0 t_{\mathrm{C0}}}{1+\gamma_0}\right)^2 + \frac{(x-h)^2}{V_{\mathrm{S2}}^2} + 2\zeta_{\mathrm{eff}}\Delta t_{\mathrm{S}}^2} \tag{3-17}$$

式中，h 是半源检偏移距，其他关系如下

$$\eta_{\mathrm{eff}} = \frac{1+\gamma_0}{8t_{\mathrm{C0}}V_{\mathrm{P2}}^4}\left[\sum_{i=1}^{n} V_{\mathrm{P2}i}^4 \frac{\Delta t_{\mathrm{C0}i}}{1+\gamma_{0i}}\left(1 + \frac{8\chi_i}{(\gamma_{0i}-1)\gamma_{\mathrm{eff}}^2}\right) - \frac{t_{\mathrm{C0}}}{1+\gamma_0}V_{\mathrm{P2}}^4\right]$$

$$\zeta_{\mathrm{eff}} = \frac{-(1+\gamma_0)}{8\gamma_0 t_{\mathrm{C0}}V_{\mathrm{S2}}^4}\left[\sum_{i=1}^{n} V_{\mathrm{S2}i}^4 \frac{\gamma_{0i}\Delta t_{\mathrm{C0}i}}{1+\gamma_{0i}}\left(1 - \frac{8\chi_i}{\gamma_{0i}-1}\right) - \frac{\gamma_0 t_{\mathrm{C0}}}{1+\gamma_0}V_{\mathrm{S2}}^4\right]$$

$$\Delta t_{\mathrm{P}}^2 = \frac{(x+h)^4}{V_{\mathrm{P2}}^2[t_{\mathrm{C0}}^2 V_{\mathrm{P2}}^2 / (1+\gamma_0)^2 + (1+2\eta_{\mathrm{eff}})(x+h)^2]}$$

$$\Delta t_{\mathrm{S}}^2 = \frac{(x-h)^4}{V_{\mathrm{S2}}^2[t_{\mathrm{C0}}^2 V_{\mathrm{S2}}^2 \gamma_0^2 / (1+\gamma_0)^2 + (x-h)^2]}$$

在实际地震数据中很难得到 V_{S2}，转换波各向异性速度分析时不能得到 V_{P2}。它们通过以下方程用 V_{C2} 来转化

$$V_{\mathrm{P2}}^2 = \frac{\gamma_{\mathrm{eff}}(1+\gamma_0)V_{\mathrm{C2}}^2}{1+\gamma_{\mathrm{eff}}} \tag{3-18}$$

$$V_{\mathrm{S2}}^2 = \frac{(1+\gamma_0)V_{\mathrm{C2}}^2}{\gamma_0(1+\gamma_{\mathrm{eff}})} \tag{3-19}$$

通过偏移速度分析处理，获得了正确的偏移速度模型 γ_0、V_{P2}、V_{S2}、η_{eff} 及 ζ_{eff} 之后，就可以用方程(3-17)来实现Kirchhoff叠前时间偏移。

和各向同性介质中纵波Kirchhoff偏移实现方法一样，各向异性介质转换波Kirchhoff前时间偏移也可以通过沿绕射曲线对振幅进行加权求和来实现，即

$$I(\tau,x,h) = \int W(\tau,x,b,h)\frac{\partial}{\partial t}u(\tau=t_{\mathrm{C}},x,b,h)\mathrm{d}b \tag{3-20}$$

式中，I 为成像函数；W 为权函数；$b=(y-x)$，为成像点到中心点的距离；u 为输入道集数据；t_{C} 为各向异性介质散射点的散射走时。编程实现时积分将转换为求和运算。

图3-39说明了共成像点(CIP)、炮点和接收点之间的空间关系。可见来自同一炮检对数据道的能量根据散射旅行时方程分配到空间所有可能的成像位置，所有炮点、检波点对数据道的能量依据射线路径累加到该成像点位置。

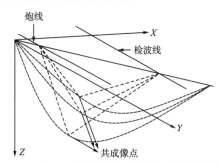

图3-39　炮点、接收点和成像点的三维空间关系

　　转换波叠前时间偏移算法是计算出炮点到成像点的下行纵波走时，成像点到检波器上行横波走时，然后将下行纵波和上行横波走时之和上的能量累加到成像点处。转换波Kirchhoff叠前时间偏移能使转换波在三维空间的任何位置准确成像，无论输入是何种道集形式，都可以通过Kirchhoff叠前时间偏移后将输入道集转换成共成像点(CIP)道集；任意一道检波点上接收的能量都可以依据炮检点间的空间关系，按照各向异性旅行时方程分配到空间所有可能的成像位置，而所有炮检对的能量都可以依据方程给出的射线路径累加到这点的成像位置。

　　图3-40显示了新场三维三分量过853井纵波和径向分量叠前时间偏移剖面对比。可见，转换波叠前时间偏移剖面上波组特征清楚，构造特征清晰，同相轴连续性好，信噪比高，且转换波和纵波具有一致的构造特征，层位吻合度高。

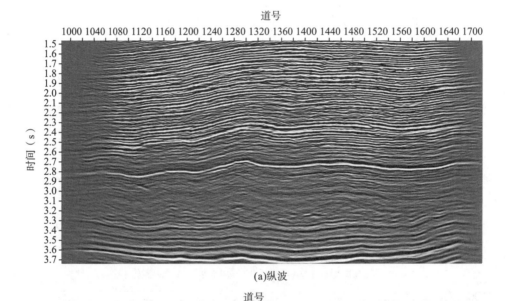

图3-40　新场三维三分量纵波和径向分量叠前时间偏移剖面对比

3.8.3　突出优质储层、裂缝和含气异常的多分量处理特色技术

1. 多分量各向同性与VTI、HTI介质成像处理意义及技术流程

对于HTI介质各向异性特征，它主要影响宽方位地震资料不同方位数据的速度分析和动校正效果，使其不能较好地拉平道集内不同方位同相轴。实际资料处理中，更多的处理方法是将宽方位地震资料分为不同方位扇区，在每一个方位扇区内采用VTI介质各向异性处理方法进行速度分析和动校正。这样，处理的结果保持了不同方位扇区之间的方位各向异性特征，可以很好地应用于裂缝检测。为了满足同一道集内不同方位数据动校正的需要，依据宽方位纵波的不同方位的速度，采用最小二乘拟合方法得到各向异性速度椭圆的各个参数，并将该椭圆速度应用于全部方位数据的动校正处理，实现叠加前的方位时差校正。

如果岩石中的各向异性是由一组定向垂直裂缝引起的，那么根据地震波传播理论，纵波平行或者垂直于裂缝传播时，具有不同的旅行速度。平行于裂缝传播时，以快波速度传播；垂直于裂缝传播时，以慢波速度传播。与AVAZ原理一样，当纵波通过裂缝介质时，对于固定的偏移距，其方位速度与裂缝方位满足如下关系：

$$V = V_0 + \alpha \cos 2\beta \tag{3-21}$$

式中，V 为纵波方位速度；V_0 为方位速度平均值；α 为方位速度有关的调制因子；$\beta = \varphi - \phi$，φ 为激发点到检波点的观测方位，ϕ 为裂缝走向方位。

当观测方位与裂缝走向平行时，速度最大；随着观测方位与裂缝走向之间夹角的增大，速度逐渐减小，当夹角为90°时速度达到最小；此后，速度随着夹角的增加而逐渐增大，夹角为180°时又达到最大，变化周期为180°。

理论上，方程(3-21)只要知道3个方位或者3个以上方位的速度就可以求解该方程的 V_0、α、β 三个参数，从而得到方位速度椭圆方程。对于宽方位或者全方位地震数据，假定偏移距和方位角均匀分布，常常在给定的CDP位置，具有多个方位（一般大于3个）的地震观测数据，这时求解方程就变成了一个超定问题，经过方程推导得出解为

$$\tan 2\phi = \frac{\begin{aligned}&N\sum V_i \cos 2\varphi_i \sum \cos 2\varphi_i \sin 2\varphi_i - N\sum(\cos 2\varphi_i)^2 \sum V_i \sin 2\varphi_i \\ &+\sum V_i \sin 2\varphi_i (\sum \cos 2\varphi_i)^2 - \sum V_i \cos 2\varphi_i \sum \cos 2\varphi_i \sum \sin 2\varphi_i \\ &+\sum V_i \sum(\cos 2\varphi_i)^2 \sum \sin 2\varphi_i - \sum V_i \sum \cos 2\varphi_i \sin 2\varphi_i \sum \cos 2\varphi_i\end{aligned}}{\begin{aligned}&N\sum V_i \sin 2\varphi_i \sum \cos 2\varphi_i \sin 2\varphi_i - N\sum V_i \cos 2\varphi_i \sum(\sin 2\varphi_i)^2 \\ &+\sum V_i \cos 2\varphi_i (\sum \sin 2\varphi_i)^2 - \sum V_i \sin 2\varphi_i \sum \cos 2\varphi_i \sum \sin 2\varphi_i \\ &+\sum V_i \sum(\sin 2\varphi_i)^2 \sum \cos 2\varphi_i - \sum V_i \sum \cos 2\varphi_i \sin 2\varphi_i \sum \sin 2\varphi_i\end{aligned}} \tag{3-22}$$

$$\alpha = \frac{N\sum V_i \sin 2(\varphi_i - \phi) - \sum V_i \sum \sin 2(\varphi_i - \phi)}{N\sum \sin 2(\varphi_i - \phi)\cos 2(\varphi_i - \phi) - \sum \sin 2(\varphi_i - \phi)\sum \cos 2(\varphi_i - \phi)} \tag{3-23}$$

$$V_0 = \frac{\sum V_i - \alpha \sum \cos 2(\varphi_i - \phi)}{N} \tag{3-24}$$

根据方程可以得到 ϕ、α、V_0 参数的准确值，从而得到各向异性椭圆方程。在每一个CDP位置时，根据椭圆方程计算不同方位数据的速度值，利用该速度值对相应的方位数据

进行动校正处理。

　　为了验证该方法的效果，将全方位数据按照常规的方位各向同性处理（即全部方位数据只用一个速度进行动校正）以及按照文中的方位各向异性处理（即每一个观测方位数据按照方位速度椭圆计算的速度进行动校正），然后进行数据宏面元组合，最后每间隔10°共36个方位输出。各向同性处理后的方位道集同相轴受方位各向异性影响较为严重，同一层位不同方位的同相轴的时差较大；而经过各向异性处理后的同一层位的同相轴方位时差相对较小，消除了大部分的方位各向异性影响。在这样的道集基础上进行全方位的叠加才能保证叠加剖面具有高信噪比、高分辨率、清晰的波组特征及层间信息，从而满足精细构造及岩性解释的要求，输出的CMP道集才满足岩性反演的要求。

　　该技术也可以用于全方位数据的偏移速度建模及叠前时间偏移处理，得到更高质量的纵波全方位偏移数据体。在进行方位各向异性动校正后，可能还存在一些微小的剩余方位动校正量，此时可以采用一些非地表一致性的校正办法做最后的调整，以达到更好的同相轴拉平和叠加效果。

2. 转换波各向异性校正

　　当采用宽方位或全方位观测系统进行转换波三维三分量采集时，所记录的转换波分量既要受到方位各向异性的影响，更重要的是要受到横波分裂引起的快慢波的影响。导致在R分量的方位道集同相轴呈现正弦形或余弦形变化，而T分量在每间隔90°的方向上极性发生反转。

　　以一模型为例，说明横波分裂各向异性校正过程。该模型为5层水平层，其中第1层和第5层由裂缝填充，为各向异性层；第2、3、4层为各向同性层。根据该地层模型做全方位三维三分量地震模拟记录，在360°方位上每间隔10°方位抽取同一位置的径向和横向分量各一道，每个分量共36道，然后分别按顺序排列起来，如图3-41（a）所示的R分量和T分量方位道集。可见，由于各向异性层的影响，径向分量方位道集的同相轴表现为正弦形，而横向分量每间隔90°方位出现极性反转现象，且上层介质的各向异性影响到下层的各向同性。

　　为了得到没有各向异性影响的R分量，需要以下几步来完成。

　　（1）利用二分量旋转方法，求取第1层介质的裂缝方向；然后将第1层的径向分量和横向分量道集旋转到快波和慢波方向上，并求出该层快波和慢波之间的时差。

　　（2）将所求的第1层快、慢波时差应用于慢波道集上，作时差补偿。

　　（3）根据第1层的裂缝方位角，将快波和时差补偿后的慢波道集旋转回原来的径向和横向方向上，得到新的径向和横向分量。由于进行了时差补偿，消除了该层的各向异性的影响，则径向分量道集的同相轴基本被拉直，而横向分量几乎没有能量。

　　（4）第2、3和4层为各向同性层，不会发生横波分裂。按照上面的3个步骤对第5层各向异性层求取裂缝方位角，快、慢波时差，然后作时差补偿。最后旋转回径向和横向方向，如图3-41（b）所示。可见，由于进行了横波分裂校正，径向分量上的各层道集的同相轴基本被拉平，而横向分量基本没有能量。

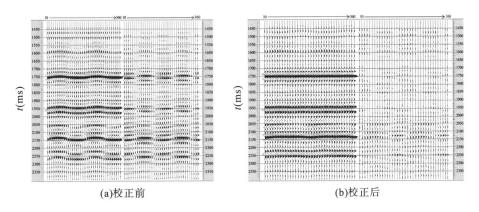

(a)校正前   (b)校正后

图3-41 横波分裂校正前后的 R 分量和 T 分量方位道集

采用上面的方法对其实际资料进行各向异性分裂校正分析。图3-42为横波分裂分析校正前后的 R 分量叠加剖面，可以看出，经过横波分裂分析校正后的 R 分量剖面的信噪比和分辨率显著提高。

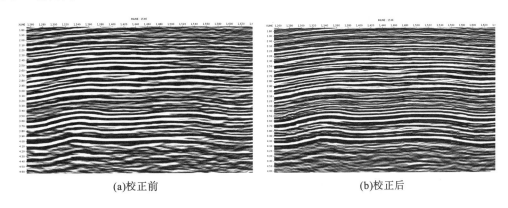

(a)校正前   (b)校正后

图3-42 径向分量横波分裂分析校正前后对比

同样，在转换波 R 分量进行了方位各向异性及横波分裂校正后，在道集上仍然会存在一些时差，也可采用非地表一致性的处理手段消除剩余时差。当然，由于转换波道集信噪比较纵波更低，因此，保持振幅的道集去噪也是需要的。

目前转换波HTI介质方位各向异性叠前偏移技术尚未出现，但有两种思路可实现转换波叠前时间偏移的方位各向异性校正。一是在偏移前的道集上首先进行横波分裂分析和校正，然后进行 R 分量的全方位的叠前时间偏移。但该方法需要有较高的信噪比和覆盖次数。二是分方位扇区进行基于VTI各向异性的叠前时间偏移处理，然后形成 R 分量和 T 分量的CRP方位道集，在此基础上进行横波分裂分析和校正，最后对 R 分量进行叠加，形成全方位的叠前时间偏移数据体。该方法需要大量的叠前时间偏移运算，但对信噪比较低的资料比较有效。

第4章　地震资料解释与储层预测技术

地震资料解释是地震数据从采集、处理到油气勘探与开发等综合应用之前的关键环节，主要包括构造解释、储层反演、含油气性预测等内容。本章除阐述四川盆地地震解释基本技术外，还将以川西、川东北、龙门山前等探区为例，重点阐述针对陆相与海相典型气藏的地震资料解释与综合应用技术。

4.1　构造解释技术

基于地震资料的构造解释是指以数据体解释为主，以垂直剖面和水平切片解释为辅，结合相干体、曲率体等不连续性分析及储层反演、地震属性提取等技术，采用三维可视化进行成果表现的一整套解释方法和流程。主要包括地震数据空间层位标定、自动层位追踪、地震地层解释、可视化等内容。

4.1.1　构造解释的基本流程

基于地震资料开展构造解释的基本流程主要包括如下几个方面。

1. 资料加载

加载各种地震资料及钻井、测井、地质、岩石物理等资料。

2. 资料动态观察

从各个角度、各个方向上浏览三维可视化的地震数据体，初步掌握全区地质构造情况。主要手段包括：

(1)动画显示，快速翻阅水平切片和地震剖面，在解释前连续、迅速地了解工区构造的平面、剖面概貌。

(2)数张水平切片联合显示，了解断层的展布特征及相互关系。

(3)利用多种显示方式，如变密度、变面积、波形加变面积等，观察波形的分叉、合并现象，识别超覆点、尖灭点。

(4)对数据体进行立体空间显示，多角度观察波组及断层的变化，了解断层面的空间走向、产状等。

(5)利用瞬时相位的"斑马纹"显示，有利于识别断距大于20m的小断层。

3. 层位标定

制作合成记录，并与可视化的地震数据体相连接，实现反射界面的空间标定。

4. 层位拾取

采用空间自动追踪和半自动追踪、面块切片等方法，辅以垂直剖面解释、切片解释等手段拾取反射层时间信息。

5. 断层解释

断层空间自动和半自动追踪，用可视化显示或图像分析技术（相干数据体、时间切片等）验证断层解释和组合方案。此外，层位解释和断层解释要进行多次反复和不断修改。

6. 目标解释

在初步解释的基础上选择有利目标，用数据体切割的方法做地质体（断块或储集岩体）切割，做精细构造解释和修改，如图4-1(a)所示。解释中尽量发挥垂直剖面、切片、任意剖面及沿层切片的作用。

7. 速度体制作

利用工区已有的钻井、测井及地震DMO速度分析资料，构制时深转换（平均）速度体，在三维速度数据体上利用三维可视化技术检查、修改和校正速度数据体。

8. 平面图绘制

利用剖面网格化作图、时间切片作图、面切片作图及空间曲面作图等成图方法绘制构造图。

9. 三维构造模型

制作三维立体可视化构造模型，用带透明度的立体构造模型显示，检查构造图的合理性，如图4-1(b)所示。

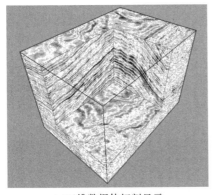 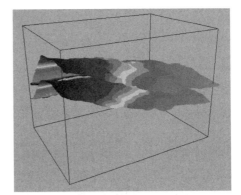

　　　　(a)三维数据体切割显示　　　　　　　　　(b)反射界面构造解释成果三维立体显示

图4-1　新场气田三维数据体及构造解释（彩图见附图）

4.1.2　地层标定

利用地震资料进行气藏描述，首先应在测井资料的单井分析和多井解释的基础上，结合钻井地质分层资料进行精细的标定（包括反射波组的标定和储层的标定）。通过标定，重点研究储层顶界、底界对应的地震波相位或波阻抗剖面的阻抗分界线，一一落实地质或测井储层分层对应的地震波相位或波阻抗界面，把可以准确划分的储层或层组挑选出来，作为利用地震资料进行描述的主要储层。

图4-2显示了川西新场气田沙溪庙组气藏多井对比剖面。根据测井响应标志，可明确划分A、AB、B、C 4套储层。地层标定的目的就是通过对比分析，利用地震资料准确分辨出A、AB、B、C 4套储层。

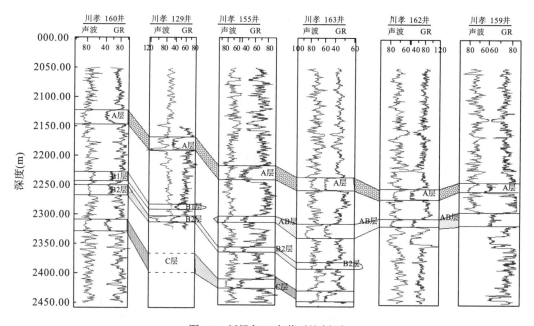

图4-2　新场气田多井对比剖面

地层的精细标定，主要是利用过井地震剖面的子波，在进行一系列的时移和相位校正后，生成合成记录剖面；通过合成记录与井旁地震资料之间的相关性，衡量标定的精细程度。同时，可以在标定剖面上一并显示出合成记录、GR、AC、CNL、SP及钻井地质分层等资料，通过综合对比，实现地层的精细标定。

图4-3显示了川孝164井的标定效果。可见，川孝164井的AC与GR曲线、合成记录、井旁地震道等，与A、AB、B、C 4套储层及其他地层具有较好的地质、地震与测井响应和时间-深度对应关系。

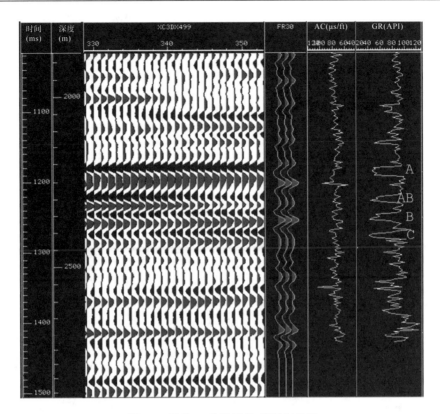

图4-3　川孝164井地层井-震标定效果

4.1.3　地震响应模式分析

在地层精细标定的基础上，结合储层的测井响应特征及产能状况进行仔细的比较分析，在反射波的波形、振幅、频率及波阻抗等地球物理特征参数与已知井的地质模型之间可以建立对应关系。由此，可总结出储层的地震响应模式。通过典型井的模型正演模拟分析，能够验证地震响应模式的可靠性。

这里，以川西新场气田为例，阐述储层地震响应模式分析方法。

1. 建立储渗体地质模型

通过多学科、动静态相结合的方式，以渗流网络为核心，将沙溪庙组气藏储渗体划分为4种类型(地质模型)。

I类连通相对高渗透体：是J_{2s}中最好的储层类型，渗透率为$0.221 \times 10^{-3} \mu m^2$，渗流网络相对最发育，而且具较大储集规模，测试产能较高，且产量稳定。

II类低渗透体：该类储层与前一类相比，最大的差别在于渗透性能及渗流网络变差，因此，虽然仍有较大的储集规模，且压力和产能较稳定，但产量偏低。

III类局限渗透体：这类储层具有渗透率高，但规模较小的特点。因此，虽然测试产能高，但产能、压力衰减很快，一般无工业开采价值。

IV类致密体：储层渗流网络极不发育，产能极小，无开采价值。

在22口井精细标定的基础上，发现各砂层的波形、振幅、频率及波阻抗等地球物理特征参数与已知井的地质模型存在较好的对应关系，并能在地震剖面上得到直观清晰的体现。意味着通过地震多参数的综合评判，可以实现上沙溪庙组气藏4种类型储渗体之间的差异性识别。

2. 识别储层地震响应模式

通过对典型井的分析研究表明，沙溪庙组气藏含气砂体的地震响应模式总的可概括为强振幅、低阻抗特征，而其间的细节差异正好体现了I、II、IV类储渗体的地震响应模式，如图4-4～图4-6所示。

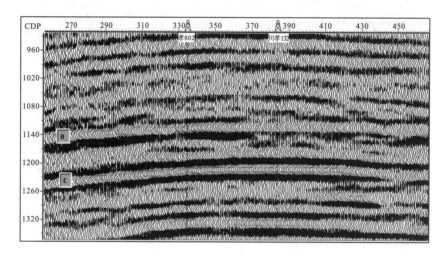

图4-4 连通相对高渗透体地震响应模式

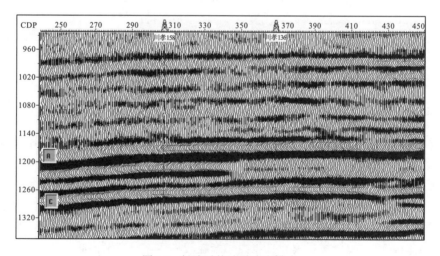

图4-5 低渗透体地震响应模式

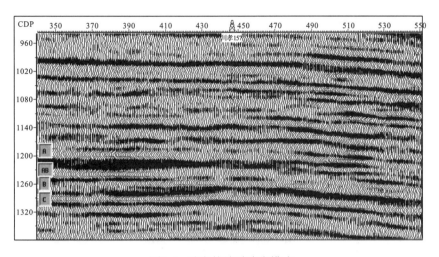

图4-6　致密体地震响应模式

3. 储渗体差异的正演数值模拟分析

为了验证不同类型储渗体地震响应模式的正确性，选择有声波和密度测井资料的孝804井、孝801井及川孝151井，针对C层进行数值模型正演模拟分析，如图4-7和图4-8所示。可见，孝804井C层的速度与密度值明显低于上覆围岩和下伏围岩，波阻抗差异较大，气层与围岩之间形成了较强反射；而川孝151井由于储层与围岩的速度、密度值比较接近，反射波振幅明显减弱。由此说明，不同类型储渗体在地震剖面上均有清晰的反映，地震多参数综合评判对储渗体差异性的识别是可行的。

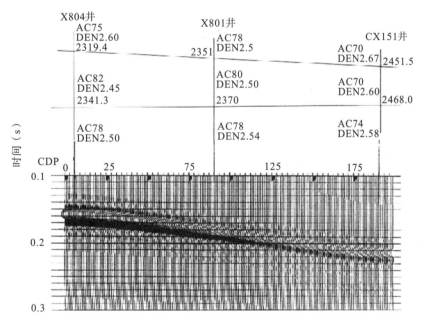

图4-7　不同类型储渗体模型正演

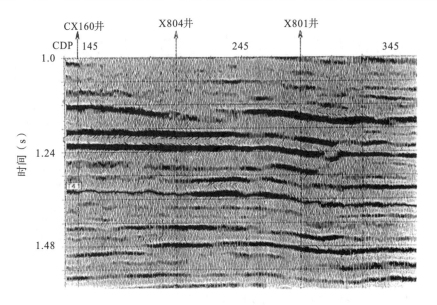

图4-8   孝804井C层地震响应特征

4.1.4   地层几何形态描述与构造解释

地层几何形态描述是认识地层及其构造特征的基础，需要将测井资料特有的垂向高分辨率与地震资料良好的横向连续性有机结合起来，以提高地层及其构造形态的识别精度。在地震反射、地震反演等多种类型的数据的基础上，制定地层顶面对比追踪标准，进行地层顶界的对比、追踪，制作地层顶界等时图；利用经钻井校正的速度场数据体进行时深转换，制作地层顶界构造图。在构造图的制作过程中，加上断裂系统和构造要素、构造样式等解释成果，最终可形成描述地层几何形态和构造特征的解释成果。图4-9显示了川西新场气田沙溪庙组气藏4套储层的空间几何形态和构造特征。

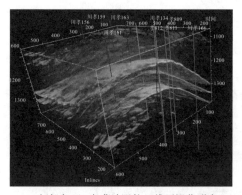

(a)新场气田J$_{2s}$气藏波阻抗三维可视化形态

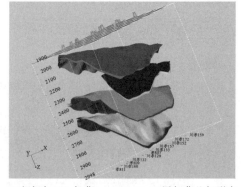

(b)新场气田J$_{2s}$气藏A、AB、B、C层气藏几何形态

图4-9   新场气田J$_{2s}$气藏储层几何形态和构造特征(彩图见附图)

4.2　地震反演技术

目前，地震反演的实现方法非常多，按照使用的地震数据类型，可以划分为叠前和叠后两种；按照使用的方法，可以划分为地质统计学反演、AVO反演等。地震反演技术能有效地将地震、钻井、测井、地质、岩石物理等信息有机地结合在一起，利用地震数据反演出速度、密度、阻抗、泊松比等反映储层岩性、物性、渗透性等特征的重要参数；再通过钻井、测井等对比解释，获得地下研究目标及含油气介质的空间分布特征。

4.2.1　叠后波阻抗反演

目前，保真度较高的叠后反演方法，主要采用基于约束稀疏脉冲反演(CSSI)方法。稀疏脉冲反演时，假设地震反射系数是由一系列高值反射系数叠加在高斯分布的低值反射系数的背景上构成的，高值反射系数相当于不整合界面或主要的岩性界面。反演时，其目标函数可以表示为

$$\text{OBJFUN} = \sum |r_i|^p + \lambda^q (d_i - s_i)^q + a^2 \sum (t_i - z_i)^2 \tag{4-1}$$

式中，OBJFUN为目标函数；r_i为反射系数；d_i为地震数据；s_i为合成地震数据；a为趋势匹配系数；t_i为用户定义的趋势；z_i为用户定义的控制范围内的阻抗值。

式(4-1)中，右边第一项为反射系数绝对值之和，第二项为地震数据道与合成道之差，第三项为与阻抗趋势之差的平方总和。在迭代运算过程中，先使用较少的脉冲个数产生一个初始模型，然后修改模型，使目标函数达到最小。之后，不断增加脉冲个数，重复进行迭代，直到反演结果没有更大的改进时停止迭代，最后得到反演结果，即纵波阻抗数据体。

由于地震资料是带限数据，缺少低频信息，而目标模型是宽带的，所以，需要基于井资料内插一个低频地质模型来弥补地震资料频带较窄的缺陷，以此实现对一些具有地球物理和地质含义的解进行有效的限制，进而实现横向上连续变化的地震界面信息与高分辨率测井信息相结合。具体的做法是，首先将地震解释层位和断层内插，然后根据构造框架模型中定义的地层接触关系，将测井波阻抗数据采取内插外推算法，形成合理的初始波阻抗模型，为稀疏脉冲反演提供低频成分。

利用稀疏脉冲叠后波阻抗反演结果计算砂体厚度时，首先根据砂岩为低阻抗、泥岩为高阻抗的特征，确定砂岩和泥岩的波阻抗门槛值；然后通过波阻抗门槛值和测井曲线建立岩性与阻抗之前的关系，将反演波阻抗数据体拟合成岩性数据；最后利用目的层段平均速度计算得到预测砂体的厚度。

4.2.2　叠后地质统计学反演

由于包括稀疏脉冲反演在内的常规反演难以完全满足岩性、物性、厚度等定量预测需求，地质统计学反演应运而生。地质统计学反演以地震数据做约束，用随机模拟算法得出岩性、孔隙度乃至含气饱和度等属性数据体，实现储层定量预测。

叠后地质统计学反演将地震和岩相、测井曲线、概率分布函数、变差函数等信息相结合，定义严格的概率分布模型，通过对井资料和地质信息进行分析，获得概率分布函数和变差函数。其中，概率分布函数描述的是特定岩性对应的岩石物理参数分布的可能性，而变差函数描述的是横向和纵向地质特征的结构和特征尺度。马尔可夫链蒙特卡洛算法，根据概率分布函数获得统计意义上正确的样点集，即根据概率分布函数能够得到何种类型的结果。岩性模拟的样点产生过程并不是完全"随机"的，因为叠后地质统计学反演引擎要求在引入高频数据信息的同时，每次岩性模拟所对应的合成地震记录必须和实际的地震数据有很高的相似性。依据这种"信息协同"的方式将井资料、地质统计学信息、地震资料进行结合，是目前解决横向非均质性很强的岩性油气藏描述问题的最佳方案。

在岩性剖面上，依据储层反射层位向下开时窗，可以求得砂体时间样点厚度。在孔隙度剖面上，依据储层反射层位向下开时窗，可以求得不同孔隙度储层的时间样点厚度，在此基础上进行钻井砂体、不同孔隙度储层厚度校正，获得砂体厚度图、储层厚度图、平均孔隙度图等满足气藏描述及储量计算需求的各类图件。图4-10显示了川西某侏罗系气藏两套砂体的反演厚度。

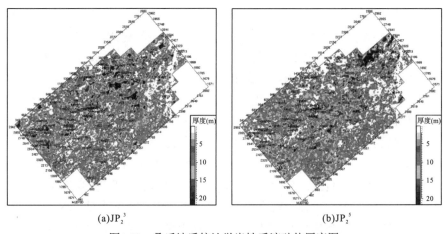

(a)JP$_2^3$　　　　　　　　　　　　　　　　　　　　　　　(b)JP$_2^5$

图4-10　叠后地质统计学岩性反演砂体厚度图

4.2.3　叠前AVO同时反演

常规的纵波阻抗反演利用叠后地震数据，反演得到纵波阻抗，进而利用纵波阻抗与地下介质岩石物理特征之间的关系，来预测地下孔隙度及孔隙流体充填等特征的变化。叠后波阻抗反演是单参数反演，很多情况下，不同地质体、不同孔隙发育、不同流体充填，会有相似的纵波阻抗特征，从而对岩性识别和流体预测造成困难。相比叠后波阻抗反演，叠前同时反演结果更加准确，信息更加丰富。

叠后地震反演使用全角度多次叠加地震资料，损失了很多储层和油气信息，削弱了地震资料反映储层变化特征的敏感性，且只能反演出纵波阻抗参数，而叠前AVO地震反演能全面利用AVO地震道集小、中、大不同入射角地震道上的振幅及频率等信息。同时，能反演出纵横波阻抗参数，以及纵横波速度比、泊松比等重要的弹性参数数据，有助于储层预测及流体识别等。

根据应力连续和位移连续的边界条件求解波动方程并引入反射系数和透射系数，纵波入射到弹性分界面时的反射及透射振幅分配应当满足以下Zoeppritz方程：

$$
\begin{bmatrix}
-\sin\theta_1 & -\cos\phi_1 & \sin\theta_2 & -\cos\phi_2 \\
\cos\theta_1 & -\sin\phi_1 & \cos\theta_2 & \sin\phi_2 \\
\sin 2\theta_1 & \dfrac{\alpha_1}{\beta_1}\cos 2\phi_1 & \dfrac{\rho_2\beta_2^2\alpha_1}{\rho_1\beta_1^2\alpha_2}\sin 2\theta_2 & -\dfrac{\rho_2\beta_2\alpha_1}{\rho_1\beta_1^2}\cos 2\phi_2 \\
-\cos 2\phi_1 & \dfrac{\beta_1}{\alpha_1}\sin 2\phi_1 & \dfrac{\rho_2\alpha_2}{\rho_1\alpha_1}\cos 2\phi_2 & \dfrac{\rho_2\beta_2}{\rho_1\alpha_1}\sin 2\phi_2
\end{bmatrix}
\begin{bmatrix}
R_{PP} \\ R_{PS} \\ T_{PP} \\ T_{PS}
\end{bmatrix}
=
\begin{bmatrix}
\sin\theta_1 \\ \cos\theta_1 \\ \sin 2\theta_1 \\ \cos 2\phi_1
\end{bmatrix}
\tag{4-2}
$$

式中，ρ_1、α_1、β_1 和 ρ_2、α_2、β_2 分别为上下层介质的密度、纵波和横波速度；θ_1、θ_2 分别为纵波反射角和透射角；ϕ_1、ϕ_2 分别为转换横波的反射角和透射角；R_{PP}、T_{PP} 分别为纵波的反射系数和透射系数；R_{PS}、T_{PS} 分别为转换横波的反射系数和透射系数。

可以看到，这个方程非常复杂，无法确定4种波动振幅与有关参数的明确关系。因此，人们对Zoeppritz方程进行了近似，其中最为常用的是Aki-Richards近似公式。在界面两侧弹性系数变化不大且 θ、ϕ 不超过临界角或达到90°的情况下，Aki和Richards（1980）对Zoeppritz方程进行了一阶近似，得到了固体—固体分界面上的纵波反射系数和转换横波反射系数近似公式：

$$
R_{PP}(\theta) \approx \frac{1}{2\cos^2\theta}\frac{\Delta\alpha}{\alpha} - \frac{4\beta^2}{\alpha^2}\sin^2\theta\frac{\Delta\beta}{\beta} + \frac{1}{2}\left(1 - 4\frac{\beta^2}{\alpha^2}\sin^2\theta\right)\frac{\Delta\rho}{\rho}
\tag{4-3}
$$

式中，$\Delta\alpha = \alpha_2 - \alpha_1$，$\alpha = (\alpha_2 + \alpha_1)/2$（$\beta$、$\rho$ 与之相同）；θ 是纵波入射角；ϕ 是转换横波的反射角。

Mahmoudian等（2004）推导了波阻抗形式的Aki-Richards近似公式，且保留了密度项，简写形式为

$$
R_{PP} \approx A\frac{\Delta I}{I} + B\frac{\Delta J}{J} + C\frac{\Delta\rho}{\rho}
\tag{4-4}
$$

$$
R_{PS} \approx D\frac{\Delta\rho}{\rho} + E\frac{\Delta J}{J}
\tag{4-5}
$$

其中，

$$
A = \frac{\left(1 + \tan^2\theta\right)}{2}
$$

$$
B = -4\frac{\beta^2}{\alpha^2}\sin^2\theta
$$

$$
C = -\left(\frac{1}{2}\tan^2\theta - 2\frac{\beta^2}{\alpha^2}\sin^2\theta\right)
$$

$$
D = \frac{-\alpha\tan\phi}{2\beta}\left(1 + 2\sin^2\phi - 2\frac{\beta}{\alpha}\cos\theta\cos\phi\right)
$$

$$
E = \frac{\alpha\tan\phi}{2\beta}\left(4\sin^2\phi - \frac{4\beta}{\alpha}\cos\theta\cos\phi\right)
$$

利用奇异值分解可以求取式（4-4）中的纵波速度、横波速度和密度3个参数。首先，从

地震数据得到相应的偏移距上的反射系数，然后利用Aki-Richards近似公式把它们表示成含有3个未知参数的$2m$个线性方程。

$$\begin{bmatrix} R_{PP1} \\ \vdots \\ R_{PPm} \\ R_{PS1} \\ \vdots \\ R_{PSm} \end{bmatrix}_{2m\times1} = \begin{bmatrix} A_1 & B_1 & C_1 \\ & \vdots & \\ A_m & B_m & C_m \\ 0 & E_1 & D_1 \\ & \vdots & \\ 0 & E_m & D_m \end{bmatrix}_{2m\times3} \begin{bmatrix} \dfrac{\Delta I}{I} \\ \dfrac{\Delta J}{J} \\ \dfrac{\Delta\rho}{\rho} \end{bmatrix}_{3\times1} \tag{4-6}$$

式(4-6)可以简写成矩阵形式：$y = Ax$。其中，$y = (R_{PP1} \quad \cdots \quad R_{PPm} \quad R_{PS1} \quad \cdots \quad R_{PSm})$是反射系数向量，$A$是一个利用已知的地震速度模型和入射角计算的$2m\times3$矩阵，$x = (\Delta I / I \quad \Delta J / J \quad \Delta\rho / \rho)$是未知参数向量。现在反演问题变成了求解方程组来得到x。如果能够求得矩阵A的广义逆矩阵H，就可以得到x的解：$\hat{x} = Hy$。利用奇异值分解法（SVD）、最小二乘法等可以求解A的广义逆矩阵，进一步可反演计算纵波阻抗I、横波阻抗J和密度（或纵波速度、横波速度和密度3个反映储层信息的独立参数）。

基于叠前储层参数同时反演技术，与参数敏感性定量分析技术相结合，可以形成纵波速度、横波速度和密度三参数流体识别技术。该项技术的关键方法是储层参数叠前同时反演和参数敏感性定量分析。基于三参数的流体识别技术是利用了叠前地震数据中包含的AVO信息，通过多个入射角部分叠加数据体同时反演得到三参数（纵波阻抗、横波阻抗和密度），并通过岩石物理公式获得纵横波速度比、泊松比、杨氏模量、剪切模量、体积模量等弹性参数。这些参数可以用于岩性、物性、含油气性等储层参数预测。

4.2.4 叠前地质统计学反演

通过叠前AVO同时反演，获得了地震分辨率下的岩石弹性参数体，如纵波阻抗、横波阻抗、纵横波速度比、泊松比、剪切模量等。这些数据体符合岩石物理模型，依赖于采集地震数据，但是其纵向分辨率受到地震分辨率的限制。

在地震资料信息不能满足储层研究需要时，需要进一步将区域地质概念和井的信息同地震资料进行有机融合，这就需要开展地质统计学反演。叠前地质统计学反演是在叠前AVO同时反演的基础上，采用模型驱动的高分辨率岩性、物性反演方法，获得分辨率更高的岩性反演，以实现薄储层的有效识别。

4.3 储层孔隙度、渗透率与饱和度参数预测技术

储层储集参数及其在面上的分布特征是气藏描述和储量计算的基础。利用地震波阻抗反演结果，结合测井资料在储层段的交汇分析和储集参数与电性参数的关系研究，可以有两个途径获得储集参数的空间分布。一种方法是通过研究波阻抗与孔隙度的关系，建立波阻抗/孔隙度转换关系(拟合公式)；在井资料的约束下，将波阻抗转换为孔隙度。该方法在波阻抗与孔隙度的拟合有较高相关系数时，转换结果较为可靠。另一种方法是在已知井较

多, 且分布均匀的情况下, 利用随机反演方法, 在地震波阻抗及其他地震属性的约束下, 计算出孔隙度、渗透率、含气饱和度等储集参数。这些参数可以在储量计算中参考使用, 或作为储层综合评价的基础参数, 同时也可用于储层地质建模等。

4.3.1　孔隙度预测

1. 多井分层约束孔隙度反演

多井分层约束孔隙度反演是在多井约束地震地层反演的基础上, 充分利用已知井的孔隙度参数 (岩心样品分析孔隙度、测井孔隙度等) 进行分层约束, 通过威利公式反演求取储层的孔隙度参数。本方法对储层地质模型要求严格, 使井间孔隙度参数的分布更合理, 避免了简单内插带来的参数失真等问题, 反演结果具有较高的可信度, 所求取的孔隙度分布可用于储量计算。

2. 波阻抗剖面反演储层孔隙度

储层孔隙度反演的另一种方法是利用多井约束地震地层反演的速度、密度和波阻抗, 再结合地震资料进行进一步反演从而得到储层孔隙度的估计。

设目标函数为

$$S(m) = \frac{1}{2}\left\{[d - f(m)]^{\mathrm{T}} C_\varepsilon^{-1}[d - f(m)]\right\} \tag{4-7}$$

其中, $S(m)$ 是加权的最小平方模; $f(m)$ 为正演过程。

利用时间平均方程 (Wyllie, 1956) 可形成孔隙度 φ、砂岩体积百分比 $B_{砂}$ 和泥岩体积百分比 $B_{泥}$ 与速度和密度之间的关系:

$$\begin{cases} \dfrac{1}{V} = \dfrac{\varphi}{V_{流}} + \dfrac{B_{砂}}{V_{砂}} + \dfrac{B_{泥}}{V_{泥}} \\ \rho = \varphi\rho_{流} + B_{砂}\rho_{砂} + B_{泥}\rho_{泥} \\ \varphi = 1 - (B_{砂} + B_{泥}) \end{cases} \tag{4-8}$$

式中, $V_{流}$、$V_{砂}$、$V_{泥}$ 和 $\rho_{流}$、$\rho_{砂}$、$\rho_{泥}$ 分别为孔隙流体、砂岩、泥岩的速度和密度。

同样, 由波阻抗 I 与岩石骨架和孔隙空间的关系有

$$I = \frac{V_{骨}V_{流}[\rho_{骨}(1 - \phi) + \rho_{流}\phi]}{\phi(V_{骨} - V_{流}) + V_{流}} \tag{4-9}$$

其中, $V_{流}$、$V_{骨}$ 和 $\rho_{流}$、$\rho_{骨}$ 分别为孔隙流体、岩石骨架的速度和密度。

这种反演方法实际上是在最小平方意义下尽可能精确地估计参数的一种方法, 因此可以采用贝叶斯估计法 (王文涛等, 2009) 进行反演。它是一种点估计方法, 逐点进行参数枚举, 寻找最佳参数值, 其结果等价于最大后验概率估计。模型 m 的后验概率函数为

$$P(m) = A\mathrm{e}^{-S(m)} \tag{4-10}$$

式中, A 为常数。

确定骨架和孔隙流体密度、速度等岩石物性参数有很多途径, 如直接利用前人通过实验分析公开发表的数据, 也可通过岩石物理参数测定获取。

图4-11显示了川西合兴场地区侏罗系气藏储层孔隙预测剖面。可见，致密砂岩气藏中存在孔隙度超过10%的优质储层。

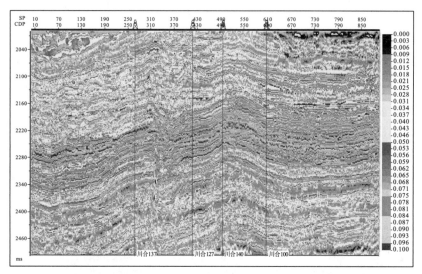

图4-11　川西合兴场地区侏罗系气藏储层孔隙度预测剖面

4.3.2　渗透率预测

在密度、孔隙度反演的基础上，可以用利式(4-11)获得储层渗透率K(单位$10^{-3}\mu m^2$)：

$$K = 84105\frac{\rho^{m+2}}{(1-\phi)^2} \tag{4-11}$$

式中，m为胶结系数(取1～3)；ρ为密度。

图4-12显示了川西合兴场地区侏罗系气藏储层渗透率预测剖面。可见，孔隙度较高的储层，渗透率相对较高。

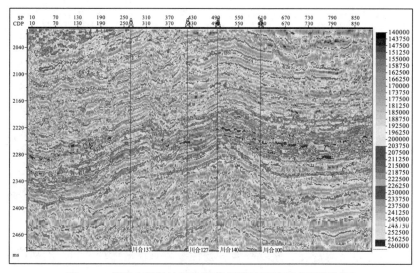

图4-12　川西合兴场地区侏罗系气藏储层渗透率预测剖面

4.3.3　孔隙压力预测

根据等效应力原理，可知方程

$$P_上 = P_流 + P_骨 \tag{4-12}$$

式中，$P_上$ 为上覆地层压力；$P_流$ 为孔隙流体压力；$P_骨$ 为岩石骨架应力。

由于上覆地层压力为

$$P_地 = 9.81\bar{\rho}Z \tag{4-13}$$

式中，$\bar{\rho}$ 为地层平均密度；Z 为地层埋深。

可得流体压力为

$$P_流 = P_上 \frac{V_骨 - V_i}{V_骨 - V_流} \tag{4-14}$$

式中，V_i 为实测速度；$V_流$ 为孔隙流体速度；$V_骨$ 为基岩速度。

图4-14显示了川西合兴场地区侏罗系气藏储层孔隙流体压力反演剖面。可见，高孔、高渗、高含气储层具有高孔隙流体压力的特征。

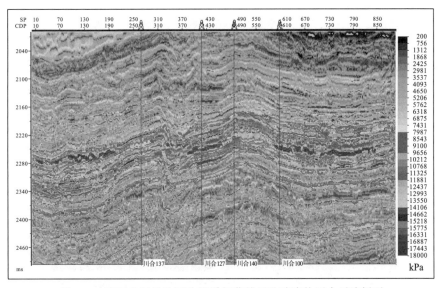

图4-13　川西合兴场地区侏罗系气藏储层孔隙流体压力反演剖面

4.4　储层空间展布可视化刻画技术

储层(体)三维空间展布刻画是利用可视化解释技术，在储层精细标定、地质、测井、测试、岩石物性综合分析及含气砂体地震响应模式研究的基础上，对储渗体进行识别和空间展布表现的过程，其难点和重点体现在储层展布边界的确定和储层内部非均质性刻画两个方面。基本工作步骤如下。

(1)储层精细标定：进行储层综合精细标定。

(2)统计分析：对已有钻井资料进行分层组统计分析，找出与含气储层及含气丰度有关的地震响应参数。

(3)含气储层地震响应模式建立:在统计分析的基础上,建立含气储层地震响应模式,分析各储层的地震响应主要参数的门槛值。

(4)结合岩石物性参数测定资料和钻井、测试资料对建立的含气储层地震响应模式进行验证和修正。

(5)储层识别及空间展布刻画:以经过验证和修正的含气储层地震响应模式为标准,采用三维地震相分析或三维可视化解释手段,分层组在小层追踪对比线的控制下进行储层(体)的三维空间识别和追踪,实现储层(体)三维空间展布的预测。

(6)结合地质研究成果和沉积微相研究成果,对追踪出的储层(体)的几何外形进行分析,评价追踪出的储层(体)空间展布的合理性。

(7)对确认的储层(体)进行内部非均质性研究,结合地质、测井及测试资料,建立储层分类标准,预测储层(体)中含气性最好的部位。

储层(体)空间展布刻画成功的基本条件如下:三维地震资料处理成果含气地震响应突出,信息真实;建立的地震响应模式符合储层(体)的基本地质特征;层位标定准确,储层追踪可靠;大量而细致的统计分析。

储层(体)空间展布刻画的表现形式也直接影响到刻画效果。为使储层展布更为生动、逼真,利用可视化技术进行主体表征必不可少,对背景是进行全透明处理还是半透明处理,需根据储层和沉积相的具体展布特征做相应的调整。比如,河道砂体边界清楚(突变振幅特征),对背景做透明处理,将使河道展布更加清晰,但不适宜在纵向上有多层叠置的情况;而三角洲沉积的席状砂体边界往往是过渡的(渐变振幅特征),对背景的处理多采用半透明方式,且多层叠置更具仿真效果。当针对某一套砂体(组)进行平面表征时,还常常采用"浮雕式"刻画以增强砂体展布的立体感,使砂坝凸出、河道下凹,形神兼备。图4-15显示了新场沙溪庙组气藏A、AB、C层的含气砂体空间展布刻画成果。

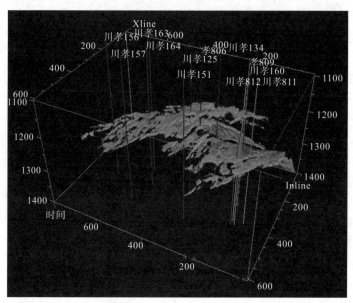

图4-14　新场沙溪庙组气藏A、AB、C层的含气砂体空间展布图

第5章 储层含气性地震识别技术

迄今，储层含气性识别，尤其是精确的含气性定量识别，仍然属于世界难题。四川盆地海相与陆相储层分布广阔，埋藏深度、厚度、含气饱和度等差异大，含气性识别难度大。经过近几十年的探索，已经形成了储层含气敏感参数分析、线性与非线性特征提取、神经网络模式分析、叠前与叠后含气性识别等多种技术，为四川盆地的天然气勘探开发提供了重要支撑。

5.1 储层含气性敏感参数分析方法

岩石物理、测井、地震属性等参数，常常隐含了储层岩性、物性、含气性等大量的信息，它们是储层含气性分析的基础。其中，地震属性是指那些由叠前或叠后地震数据，经过数学变换导出的有关地震波的几何形态、运动学特征、动力学特征和统计学特征的特殊度量值。地震属性提取技术是通过算法研究来提取、分类、融合、分析及评价地震属性的技术。

长期以来地震属性提取技术一直是地震特殊处理和解释的主要研究内容。随着数学、信息科学等领域新知识的引入，从地震数据中提取的地震属性越来越丰富，有关时间、振幅、频率、吸收衰减等方面的地震属性已达60多种，新的属性还在不断涌现。

5.1.1 常规地震属性含气敏感性分析

1. 振幅、波阻抗与含气性关系分析

地震剖面反射振幅是由储层和围岩阻抗差异引起的反射系数与子波褶积而成的，振幅强弱同时与储层、围岩阻抗及厚度等因素密切相关。例如，在川西某气田，在不考虑围岩变化时，地震波阻抗主要与储层的孔隙度相关(图5-1)。为了进一步弄清波阻抗对含气性的预测能力，分别制作了JP_2^3储层和JP_2^5储层波阻抗-含水饱和度交汇图(图5-2)，通过相关系

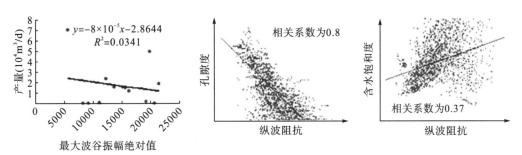

(a)最大波谷振幅绝对值-产量交汇图　(b)孔隙度-纵波阻抗交汇图　(c)含水饱和度-纵波阻抗交汇图

图5-1　地震振幅与产量、纵波阻抗与孔隙度及含水饱和度的关系

数的求取可知，波阻抗和含水饱和度的相关系数很低，分别为0.37和0.17。含气性引起振幅能量、波阻抗变化不明显，振幅、波阻抗与储层含气性、含水饱和度关系不显著，直接用振幅或波阻抗进行储层含气性预测难度较大。但波阻抗和孔隙度相关明显，利用波阻抗可以预测储层孔隙度，进一步可以从侧面预测储层含气性。

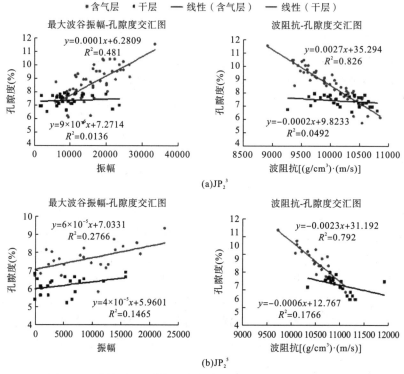

图5-2　JP_2^3储层和JP_2^5储层地震振幅、波阻抗与孔隙度的关系

2. 频率与含气性关系分析

理论研究表明，与致密的地质体相比，当地质体中含流体(如水、油或气)时，都会引起地震波能量的衰减，尤其是高频成分。因此，当孔隙比较发育、有流体充填时，其地震波频率衰减梯度就会增加，在地震记录振幅谱上表现为低频共振、高频衰减的特征。图5-3显示了成都气田马井—什邡地区典型井衰减梯度与钻井测试产能的关系。

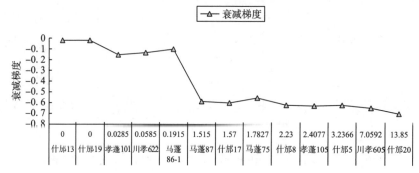

图5-3　成都气田马井—什邡地区典型井衰减梯度与钻井测试产能的关系

5.1.2　AVO属性含气敏感性分析

　　叠前AVO属性包括截距、梯度、纵波速度变化率、横波速度变化率、密度变化率、泊松比变化率等，这些属性均从叠前道集的AVO振幅特征计算得到，对储层含气性敏感程度也有所差异。AVO反演的多种属性，交汇分析能更好地进行储层含气性预测，因此，分析储层典型井的AVO特征及类型是十分必要的。

　　以成都气田马井—什邡地区蓬莱镇组为例，该区蓬莱镇组目标层入射角为35°～40°，满足AVO分析的需要。通过统计高产井与低产、产水井AVO属性特征发现，优势AVO类型为Ⅲ、Ⅳ类，因此，确立了AVO"甜点"预测模式：大梯度、大截距。选择JP_2^3储层有测试结果或测井解释结论的钻井，考察其井旁道的AVO曲线。以什邡地区为例，通过测井分析，认为什邡地区储层和围岩的测井响应有所不同，考察JP_2^3气层井AVO类型（表5-1）。由于马井—什邡地区JP_2^3气层的上覆地层岩性横向变化较大，导致气层顶界面的反射受到较多干扰，同相轴不连续，使得气层顶界面的AVO规律性较差；而JP_2^3气层的下伏地层是一套分布较连续的高阻抗致密层。从井旁AVO类型统计表中可以看出，马井和什邡开发区的JP_2^3高产气层底界面的AVO曲线基本都具有振幅随着偏移距的增大而减小的特点（个别井规律不符），以什邡20井的JP_2^3高产层AVO响应最为典型，井旁道的AVO实际响应与叠前正演结果一致。非高产气层则不具有这种特征。分析认为，对于JP_2^3气层，截距属性能够有效地区分产气井。从典型井的AVO响应特征分析，JP_2^3气层主要为第Ⅳ类AVO特征，部分井为第Ⅲ类AVO特征。

表5-1　成都气田什邡地区JP_2^3气层AVO特征分析

序号	井名	无阻流量 ($10^4 m^3$/d)	叠后地震反射特征 (时窗：JP_2^3-20ms ～JP_2^3+10ms)	CRP道集JP_2^3	沉积 微相	储层 类型	AVO 类型	备注
1	川孝605井	9.8258	强峰弱谷	A：1.5×10^{11} B：-1.0×10^{12}	主河道		Ⅳ	气层之上有 低阻泥岩
2	川孝605-1井	4.8845	强峰弱谷	A：1.7×10^{10} B：1.2×10^{12}	主河道		Ⅲ	有低阻泥岩
3	什邡20井	27.0	强峰弱谷	A：4.6×10^{11} B：-2.0×10^{12}	主河道	高产层	Ⅳ	—
4	孝蓬105井	5.3344	强峰弱谷	A：2.2×10^{11} B：-9.5×10^{11}	主河道		Ⅳ	有低阻泥岩
5	孝蓬101井	0.0285	强峰弱谷	A：-4.8×10^{10} B：1.6×10^{12}	—		—	气层之上有 低阻泥岩
6	孝蓬112井	0.0113	—	A：1.1×10^{11} B：-5.1×10^{11}	—		Ⅳ	—

5.1.3　弹性参数含气敏感性分析

　　岩石物理测试的速度、速度比、密度、拉梅系数、泊松比等弹性参数，常常被应用于储层含气敏感性分析。图5-4显示了叠前弹性属性与含气饱和度交汇分析结果。可见，这些弹性参数单独与含气饱和度交汇没有明显的线性或者指数关系，无法用单一属性来预测含气饱和度，但是利用多参数交汇则能较好地识别划分出含气饱和度高的储层，表明多种叠前弹性属性定性-半定量识别、划分含气饱和度高的储层可行。

在测井资料解释的基础上，也可以利用弹性参数分析储层的含气性。图5-5显示了成都气田德阳地区中浅层蓬莱镇组13口井不同流体含水饱和度和密度交汇图和直方图。在孔隙度基本固定的情况下(孔隙度在10%～13%较窄的范围内)，密度随含水饱和度的减小而减小的特征尤其明显，说明密度低异常主要是由于含气饱和度高造成的，高饱和度烃类(气层)对密度低异常的贡献是主要的。高饱和度烃类(气层)密度一般低于2.35g/cm³，低饱和度烃类(非气层)密度一般高于2.35g/cm³。含水饱和度小于40%的烃类密度一般都小于2.39g/cm³，含水饱和度大于45%的烃类(主要为水层、含气层和含气水层)密度一般都大于2.43g/cm³。因此，可以用低密度异常作为气层响应检测标准。

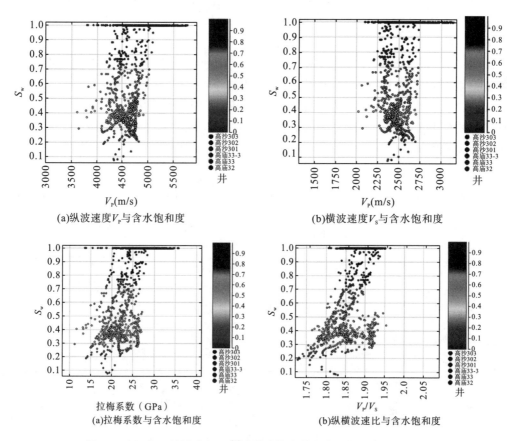

图5-4　中江气田沙溪庙组JS₃³⁻²叠前弹性参数与含水饱和度交汇分析

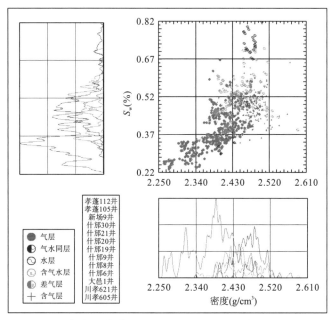

图5-5   成都气田蓬莱镇组储层流体含水饱和度-密度交汇图

5.2   含气储层线性和非线性特征参数提取技术

通过提取地震数据的线性和非线性特征参数，可以分析储层的含气响应特征，实现含气储层识别。

5.2.1   地震数据的线性与非线性特征参数据提取

1. 线性特征参数的提取

1) 振幅特征参数

振幅特征参数包括均方根振幅，波峰、波谷振幅等。

2) 自回归系数

线性预测系数可以用来压缩目的层时窗内的地震数据，由于油气藏的变化特征都包含在时窗内，因此，线性预测系数可反映地层的油气特征。它的依据是n时刻的信号S_n，可以用其过去时刻的p个采样值的线性组合来估计。

$$\hat{S}_n = \sum_{k=1}^{p} a_k S_{n-k} \tag{5-1}$$

式中，$a_1 \sim a_p$为线性预测系数。设：

$$e_n = S_n - \hat{S}_n = S_n - \sum_{k=1}^{p} a_k S_{n-k} \tag{5-2}$$

则有$\sum e_n^2$为最小，即偏导数

$$\frac{\partial e_n}{\partial a_i} = 0 \tag{5-3}$$

解尤尔-沃克方程可求出自回归系数 a_i ($i=1,2,\cdots,p$)，p一般取6～8比较合适。

3) 自相关特征参数

自相关函数是地震反射波波形特征的反映，是地震记录重复性的标志。时窗 ($t_1 \sim t_2$) 内的地震记录 $X(t)$ 的自相关函数为

$$\mathrm{ACF}(n) = \frac{1}{M_0} \sum_{t=t_1}^{t_2} X(t) X(t+n\Delta t) \tag{5-4}$$

式中，Δt为时间采样间隔；$M_0 = (t_2 - t_1)/\Delta t$。

就自相关函数提取以下特征。

(1) 主极值振幅 $\mathrm{ACF}(0)$：

$$\mathrm{ACF}(0) = \frac{1}{M_0} \sum_{t=t_1}^{t_2} (X(t))^2 \tag{5-5}$$

(2) 极小值振幅 $\mathrm{ACF}(\tau_{\min})$：

$$\mathrm{ACF}(\tau_{\min}) = \frac{1}{M_0} \sum_{t=t_1}^{t_2} X(t) X(t+\tau_{\min}) \tag{5-6}$$

(3) 自相关函数第一个交叉零点时间 τ_1，即主极值半周期宽度 θ。

(4) 自相关函数的第二个交叉零点时间 τ_2。

(5) 自相关函数的第三个交叉零点时间 τ_3。

(6) 主极值面积 S_1：

$$S_1 = 2\Delta t \sum_0^{\tau_1} \mathrm{ACF}(\tau) \tag{5-7}$$

(7) 旁极值面积 S_2：

$$S_{234} = S_2 + S_3 + S_4 = \Delta t \sum_{\tau_1}^{\tau_4} \mathrm{ACF}(\tau) \tag{5-8}$$

(8) 自相关函数幅值下降速度或梯度 ACFDV：

$$\mathrm{ACFDV} = \frac{\mathrm{ACF}(\tau)}{\mathrm{ACF}(0)}, \qquad 0 < \tau < \tau_1 \tag{5-9}$$

(9) 某延迟时间范围内自相关函数包含的面积 ACFPA：

$$\mathrm{ACFPA} = \Delta t \sum_{\tau_a}^{\tau_b} |\mathrm{ACF}(\tau)| \tag{5-10}$$

4) 傅里叶谱特征参数

对时窗内的地震记录 $X(t)$ 作快速傅里叶变换得其傅里叶谱 $X(f)$。在进行傅里叶谱分析时要求记录有足够高的信噪比，且无零点漂移（直流分量），其次要求记录长度为2的整次幂，即 $N_0 = 2^m$。同时由于截断效应导致所要分析的波谱发生畸变，因此必须采取镶边处理措施。

由傅里叶变换求取以下傅里叶谱特征参数。

(1)振幅谱主频 F_m。

(2)振幅谱极大值 $A(F_m)$。

(3)平均中心频率 F_{avg}。

(4)频带宽度 F_b。

(5)频谱一阶矩 M_1 和频谱二阶矩 M_2。

(6)优势频带宽度 F_0。

(7)优势频率。

5)功率谱特征参数

采用通常的功率谱估计算法对地震记录目的层进行功率谱计算，由于短时窗影响，误差较大。采用最大熵谱分析计算功率谱可充分挖掘数据内涵信息，有利于短时窗数据的分析。由于用伯格法计算最大熵谱估计，因此也称为伯格谱。

利用功率谱可提取下列特征参数。

(1)加权功率谱平均频率：

$$\bar{f} = \frac{\sum_{f=L_f}^{H_f} P(f)f}{\sum_{f=L_f}^{H_f} P(f)} \tag{5-11}$$

式中，L_f、H_f 分别为功率谱的高截频和低截频；$P(f)$ 为功率谱。

$$P(f) = \frac{\delta_k^2}{\left|1 - \sum_{m=1}^{k} a e^{-j2\pi f m \Delta t}\right|^2} \tag{5-12}$$

$P(f)$ 值反映信号能量按频率分配的特征，高频部分能量强则 f 值高，高频能量弱则 f 值低。

(2)占指定百分比 $(A\%)$ 的加权功率平均频率 f_p：

$$\sum_{f=L_f}^{f_p} P(f)f = A\% \sum_{f=L_f}^{H_f} P(f)f \tag{5-13}$$

从式(5-13)中可以求得 f_p，能量集中于低频部分时，f_p 较小。

(3)功率谱最大值 P_{max} 及其对应的频率 $f_{p,max}$。

(4)某一频带的信号能量 E：

$$E = \sum_{f=f_1}^{f_2} P(f)f \tag{5-14}$$

可直接用来测定能量按频率的分布。

(5)功率谱二阶矩频率：

$$f_2 = \frac{\sum\limits_{i=1}^{n} \left(f_i - \overline{f}\right)^2 P(f_i)}{\sum\limits_{i=1}^{n} P(f_i)} \tag{5-15}$$

(6) 最大功率谱与总能量之比:

$$f_3 = \frac{P(f_i)}{\sum\limits_{i=1}^{n} P(f_i)} \tag{5-16}$$

图5-6为傅里叶谱和伯格谱的比较图。可见,伯格谱比傅里叶谱在含气性反映上更敏感,更容易把握。川合100井为高产气井,中心频率明显移向低频,而川合138井为干井,中心频率向高端移动,且不集中。

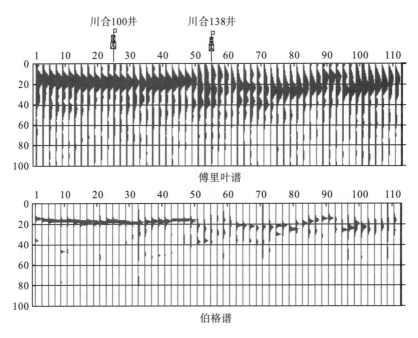

图5-6　傅氏谱与伯格谱的比较图

2. 非线性特征参数的提取

1) 关联维数

地下构造的复杂性导致地震反射信号不规则,因此,可以认为地震道是混沌的时间序列,混沌运动的轨迹是在相对空间的某个区域内的无穷次折叠,构成一个无穷层次的自相似结构——奇怪吸引子。奇怪吸引子是一种分形,它的分维可用重建相空间体来测定,计算得到的结果是关联维。关联维的大小反映了地震反射信号,即反射系数序列的复杂程度。

1983年P. Grassberger和J. Procaccia给出了关联维数的定义式:

$$D_2 = \lim_{\delta \to 0} \frac{\log C(\delta)}{\log \delta} \tag{5-17}$$

式中，$C(\delta)=\dfrac{1}{N^2}\displaystyle\sum_{i,j=1}^{N}H(\delta-|x_i-x_j|)=\sum_{i,j=1}^{N}P_i^2$，为关联函数，表示系统所有点对中距离小于$\delta$的点对数的概率$(P_i)$，$N$为相点数，$x_i$、$x_j(i,j=1,2,3,\cdots,N)$为相点，$H$为赫维赛德算符。

2）混沌指数

研究混沌的数值方法有几种，其中李雅普诺夫指数分析是比较好的一种。李雅普诺夫指数刻画了系统行为是否是混沌的，且与相空间随时间长度变化的总体特征相联系，它是与相空间中在不同方向上轨道的收缩和膨胀有关系的一个平均量。每一个李雅普诺夫指数都可能是相空间各个方向上相对运动的局部变形的平均，同时又是由系统相对的演化决定的。对于保守系统，由于相体积守恒，所以$\mathrm{Le}_i=0$；对于耗散系统，允许是收缩的，$\mathrm{Le}_i<0$，即至少有一个$\mathrm{Le}_i<0$。每一个正的李雅普诺夫指数均反映了体系在某个方向上的不断膨胀和折叠，以致吸引子上本来邻近的状态变得越来越不相关，所以至少有一$\mathrm{Le}_i>0$。该指数的大小反映了系统的动力学特征变为不可预测的尺度，反映了系统从无序到有序，从简单到复杂的变化程度。

对于地震反射时间序列来讲，当储层地质结构发生变化或含油气时，会引起地震波形的变化，李雅普诺夫指数可划分地震反射系数序列的混沌程度，其值越大，说明序列的混沌程度越高。因此，可以用李雅普诺夫指数来刻画地震序列的复杂程度，揭示其沿储层的横向变化规律，达到寻找含油气有利部位的目的。

最大李雅普诺夫指数的计算采用了A. Wolf重构法，其计算步骤如下。

(1)重建相空间$\{x_j\}$，设$\{x_j\}$为地震道的原始时间序列，j为采样时间序号，x_j为该时间下的振幅值，根据时间序列$\{x_j\}$重构m维相空间，得到描述其相应相轨道的相型。

(2)在相空间中(图5-7)，以初始点$A(t_0)$为参考点，选取$A(t_0)$的最近邻点$B(t_0)$，设在$t_1=t_2+k\Delta t$时，$A(t_0)$和$B(t_0)$分别演化到$A(t_1)$和$B(t_1)$，计算从t_0到t_1时的指数增长率：

$$\lambda_1=\frac{1}{k\Delta t}\log_2\frac{\overline{A(t_1)B(t_1)}}{\overline{A(t_0)B(t_0)}}\tag{5-18}$$

式中，$\overline{A(t_1)B(t_1)}$、$\overline{A(t_0)B(t_0)}$分别为相空间$A(t_1)$与$B(t_1)$，$A(t_0)$与$B(t_0)$两点之间的距离。

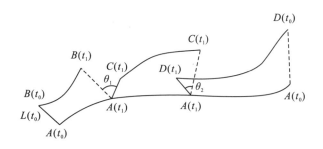

图5-7　最大李雅诺夫指数计算示意图

(3)在$A(t_1)$的若干邻近点中找出一个与$A(t_1)$夹角θ_1很小的近邻点$C(t_1)$，如果找不到，仍取$B(t_1)$，设在$t_2=t_1+k\Delta t$时，$A(t_1)$、$C(t_1)$分别演化到$A(t_2)$和$C(t_2)$，则

$$\lambda_2=\frac{1}{k\Delta t}\log_2\frac{\overline{A(t_2)C(t_2)}}{\overline{A(t_1)C(t_1)}}\tag{5-19}$$

将这一过程一直进行到点集$\{x_j\}$的终点，而后取λ_n的平均值作为最大李雅普诺夫指数的估计值$\text{Le}(m)$。

（4）增加嵌入空间维数m，重复步骤（1）～（3），直到$\text{Le}(m)$保持平稳，此时的$\text{Le}(m)$即为所求的最大李雅普诺夫指数。

3）突变指数

突变理论研究的是静态分叉，即一个系统平衡点之间的相互转换问题，它不只是考虑单一参数的变化，而是考虑每个参数变化时平衡点附近分叉情况的全面图像，特别是其中可能出现的突然变化。因此研究突变论的关键不是在系统的稳定区域，而是在不稳定区域。对于地下地层介质来说，一般情况下它在横向上的变化是渐变的，但当地层介质结构（孔隙、裂缝等）突然变化时，往往会引起地震反射序列（波形）的突然变化；当储层含流体或岩性有变化时，会引起频谱或波阻抗的较大变化，因此，可用突变方法来刻画地震反射时间序列、频谱及波阻抗是否发生突变及突变的程度，进而检测储层是否含流体（油/气）或岩性变化。

突变论有多种初等的突变模型，研究和应用较多的是尖点突变模型。其基本原理如下。

（1）单变量序列尖点突变模型的建立。

将地震信号看成时间变量t的连续函数$x(t)$，$x(t)$可以通过泰勒展式展开成级数形式，即

$$y = x(t) = a_0 + a_1 t + a_2 t^2 + a_3 t^3 + \cdots + a_n t^n \tag{5-20}$$

式中，t为时间；y表示位移；$a_i(i=1,2,3,\cdots,n)$为待定系数。

实际计算时一般取4次项，这样近似对具有一定趋势规律的时间序列完全可以满足其精度要求，即

$$y = x(t) = a_0 + a_1 t + a_2 t^2 + a_3 t^3 + a_4 t^4 \tag{5-21}$$

令$q = \dfrac{a_3}{4a_4}$，$t = z_t - q$，对式（5-21）作变量代换，化成尖点突变模型的标准形式有

$$y = x(t) = b_4 z_t^4 + b_2 z_t^2 + b_1 z_t + b_0 \tag{5-22}$$

其中，

$$\begin{cases} b_0 = a_4 q^4 - a_3 q^3 + a_2 q^2 - a_1 q + a_0 \\ b_1 = -4a_4 q^3 + 3a_3 q^2 - 2a_2 q + a_1 \\ b_2 = 6a_4 q^2 - 3a_3 q + a_2 \\ b_4 = a_4 \end{cases} \tag{5-23}$$

令

$$z_t = \left(\sqrt[4]{\frac{1}{4b_4}} \right) z \tag{5-24}$$

将式（5-24）代入式（5-23），得

$$y = \frac{1}{4} z^4 + \frac{1}{2} u z^2 + v z + w \tag{5-25}$$

舍去对突变分析没有意义的剪切项 $w=b_0$，则得标准的尖点突变模型表达式：

$$y = \frac{1}{4}z^4 + \frac{1}{2}uz^2 + vz \tag{5-26}$$

其中，

$$u = \frac{b_2}{\sqrt{b_4}}; \quad v = \frac{b_1}{\sqrt[4]{4b_4}} \tag{5-27}$$

由突变论知，平衡曲面方程为

$$z^3 + uz + v = 0 \tag{5-28}$$

分叉集方程为

$$D = 4u^3 + 27v^2 = 0 \tag{5-29}$$

研究应用突变论的关键在系统的不稳定区，为此先研究系统跨临界时的情况。这时，$u<0$，$D=0$，方程有3个实根，其中两个实根是稳定的，另一个是不稳定的，即

$$z_1 = 2\sqrt{-\frac{u}{3}}$$
$$z_2 = z_3 = -\sqrt{-\frac{u}{3}} \tag{5-30}$$

在状态变量 z 跨越分叉集时将发生突跳，设其突跳间隔为

$$\Delta z = z_1 - z_2 = 3\sqrt{-\frac{u}{3}} \tag{5-31}$$

对应的突跳时间为

$$\Delta t = \Delta z \sqrt[4]{\frac{1}{4b_4}} = \sqrt{3(-u)}\sqrt[4]{\frac{1}{4b_4}} \tag{5-32}$$

将式(5-30)代入式(5-25)，可得 y 的突跳：

$$\Delta y = y_1 - y_2 \tag{5-33}$$

其中，

$$y_1 = \frac{1}{4}z_1^4 + \frac{1}{2}uz_1^2 + vz_1$$
$$y_2 = \frac{1}{4}z_2^4 + \frac{1}{2}uz_2^2 + vz_2 \tag{5-34}$$

当系统处于不稳定区之内($u<0$，$D<0$)时，由于 u 值向负方向增大，系统从稳定到不稳定的时间会比跨临界时的时间长，因此 y 的突跳会更大。

(2)尖点突变模型的推广。

对地震反射序列，时域的突变代表了地震序列波形的突变，但波形突变除流体(油/气、水)引起外，还可能与储层岩性变化、裂缝发育及厚度调谐等因素有关，因此，仅靠波形突变预测油气具有一定的局限性。但储层含油气时，其波阻抗会发生变化，同时储层对高频的强烈吸收，会引起频谱的较大变化，而且波阻抗及频谱变化往往与储层含油气具有更直接的联系，因此研究频谱突变和波阻抗突变同样具有实用价值，上述三者结合使油气检测更具可靠性。

具体计算是对地震时间序列作傅氏变换和道积分处理，得到振幅频谱序列和波阻抗相

对变化序列，然后按时间域类似的方法进行突变分析，其结果分别反映频谱及波阻抗变化的强烈程度。

5.2.2　含气储层非线性参数识别

一般情况下，气藏中储层的岩性、物性具有较强的非均质性，其地震信息及表征参数也表现出极强的非线性性质，这将使一些基于线性特征参数的油气预测方法具有较大的局限性。显然，非线性问题就应该由非线性方法进行刻画，这样才能保证其精确性。也就是说，从储层信息中提取非线性特征参数，根据这些非线性特征参数进行储层含气识别及预测。图5-8显示了含气储层非线性参数识别技术流程。

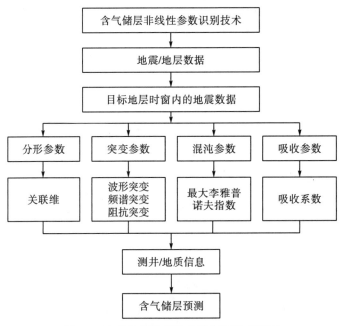

图5-8　油/气储层非线性参数识别技术流程

将6种非线性参数划分为两类，第一类是关联维、最大李雅普诺夫指数和时域波形突变，它们直接由储层的地震反射时间序列提取，反映了地震信号时间序列的复杂及突变程度，在横向上则反映了时间序列从简单到复杂、从无序到有序的变化程度，而地震反射信号的变化往往与储层结构（如裂缝、孔隙发育情况）及非均质性有关。因此，这些参数反映了储层地质结构及非均质性的横向变化。第二类参数是频谱突变、波阻抗突变及吸收系数。当储层地质结构发生变化并富含流体（油/气）时，将引起地震信号高频信息的强烈衰减和波阻抗的变化。可见，该类参数与储层是否含流体密切有关。因此，两类参数的结合，将有利于识别储层地质结构的横向变化及确定含流体部位，从而达到直接进行油气预测的目的。

对于含气储层非线性参数识别技术，要想取得好的应用效果，必须满足以下基本条件。

（1）地震资料条件：一般要求在保幅偏移剖面上进行，除保真度外，地震资料信噪比应该较高。

（2）处理参数的选择：对于关联维和李雅普诺夫指数的处理，嵌入维数D及延迟时间τ的选取非常重要。理论及模型实验效果表明，对储层较短的序列，只有τ选择适当，保证有足够和稳定的嵌入维数时，才有可能得到理想的预测效果。

（3）目的层厚度：一般情况下，目的层厚度不能太薄。比如，对川西而言，常见的目的层厚度是十几米。可以证明，十几米的地层薄层干涉是很强的，在这种情况下，必然对含气预测效果造成影响。因此，处理时对于较薄的储层，应选择受薄层影响较小的方法技术，如相对波阻抗突变及频谱突变等。

（4）时窗长度：要获得较好的油气预测效果，时窗应尽可能只包含目的层信息。但对薄储层而言，除尽可能提供准确的层位时间外，如果顶底地层地质情况稳定，则可适当加宽时窗进行处理。

图5-9是川西合兴场地区非线性参数预测结果。可见，须家河组二段高产气井川合100井、川合127井和川合137井均处于突变系数预测的高值部位，而干井川合140井位于突变系数预测的低值部位，预测效果好。但关联维和混沌李雅普诺夫指数预测效果不佳。

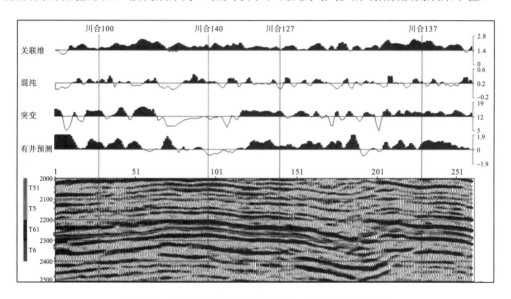

图5-9　川西合兴场地区须家河组二段气藏预测结果

5.2.3　含气储层线性参数识别

根据提取的地震反射特征参数和非线性特征参数，设计不同的线性分类器和算法，可分别实现含气储层的无井识别和有井识别。

1. 含气储层的无井识别

利用提取的各种地震反射特征参数和地震道数形成一个矩阵，对多参数x_{kl}要求一个加权因子h，计算各研究对象上多参数的加权平均值S_k，求取信号中分类上有最大的区分段。

$$S_k = \sum_{l=1}^{L} x_{kl} h_l \tag{5-35}$$

设η为门槛值，当$S_k > \eta$时，为有信号类，当$S_k < \eta$时，为无信号类，进行信号检测。设$\bar{S}$为S_k的按道平均值，则要求

$$\sum_{k=1}^{n}(S_k - \bar{S})^2 \rightarrow \max \tag{5-36}$$

取目标函数：

$$\lambda = \frac{\sum_{k=1}^{n}(S_k - \bar{S})^2}{\sum_{k=1}^{n}h_l^2} \rightarrow \max \tag{5-37}$$

最后可得

$$\sum_{k=1}^{n}(S_k - \bar{S})^2 = \sum_{l=1}^{L}h_l\sum_{m=1}^{L}h_m\gamma_{lm} \tag{5-38}$$

式中，$\gamma_{lm} = \sum_{k=1}^{n}(x_{kl} - \bar{x}_l)(x_{km} - \bar{x}_m)$，为参数协方差或自相关矩阵$\boldsymbol{R}$的元素。

设$\boldsymbol{I}$为单位矩阵，为寻找$\boldsymbol{h}$使目标函数$\lambda = \dfrac{\boldsymbol{h}^T\boldsymbol{R}\boldsymbol{h}}{\boldsymbol{h}^T\boldsymbol{I}\boldsymbol{h}}$达到极值，对$h_l$求导并令其等于0，可得方程组$\{\boldsymbol{R} - \lambda\boldsymbol{I}\}\boldsymbol{h} = 0$，其中$\lambda$为本征值，$\boldsymbol{h}$为本征值对应的向量。

取最大本征值$\lambda_{\max}$，它对应的本征向量最大，这就是加权因子，使用所得加权因子对观测参数集合进行快速处理就得到无井预测含油气指数。值越大，含气可能性越大。

2. 含气储层有井识别

有井含气储层识别时，首先必须进行特征参数压缩。因为参数提取可以获得几十种特征参数，用这几十种特征参数直接进行预测显然是不可能的，参数中有些是相关的，存在信息冗余度。因而，在预测之前要先降低样本空间的维数，进行特征参数压缩。这里采用K-L变换技术进行压缩，而对已获的N个特征数据$X_i = \{x_{1i}, x_{2i}, \cdots, x_{mi}\}^T$作K-L变换。

$$y_i = \sum_{j=1}^{N}\Phi_{ij}X_j \quad (i = 1, 2, \cdots, K < N) \tag{5-39}$$

得到一组新的数据$\{y_1, y_2, \cdots, y_n\}$，其中多个$y_i$均是隶属$N$个数据$\{x_{1i}, x_{2i}, \cdots, x_{mi}\}^T$的线性组合。然后在$\{y_1, y_2, \cdots, y_n\}$内取出前$k$个数组成一个子集$\{y_1, y_2, \cdots, y_k\}$来刻画被处理对象的特征。虽然特征个数由$N$个降为$K$个，但这$K$个特征场中包含了原$N$个特征的影响。

有井含气储层识别的主要任务是要设计分类器，即要找到一个超平面，使绝大多数含气类点和非含气类点分别在该面的两侧。对未知样本分类，也就是计算其特征矢量相对这个分界面的位置。一般的做法是利用BP神经网络进行模式识别，也可以利用广义线性分类器进行综合判别。另外，还可以采用模糊优先比法。经过大量的分析研究，认为采用广义线性分类器的综合判别方法进行有井预测比其他方法效果要好，因此在所有的有井含气储层识别的计算过程中，都采用广义线性分类器进行综合判别。图5-10为特征分类技术框图。

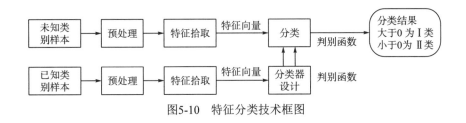

图5-10　特征分类技术框图

5.3　含气储层神经网络模式识别技术

5.3.1　神经网络模式识别原理

人工神经网络是模拟人类大脑生物神经网络的计算机系统，它与常规的统计模式识别方法有所不同，不需要复杂的数学运算和大量的数据统计，是一种非线性的自适应系统。目前在储层研究中常用的神经网络模式识别方法主要有监督学习神经网络法(以BP网络为代表)、自组织(或无监督)神经网络法(以SOM网络为代表)。

1.BP神经网络法

BP网络即误差反向传播(error back propagation)神经网络，是一种有监督学习的神经网络算法。其基本思想是利用单元输出与实际输出之间的偏差作为连接权系数调整的参考，并通过误差反向传播，反复迭代，最后使误差减小到满意程度。首先在已知地震属性的区段上进行网络训练，将训练结果用于未知地区进行分类判别，从而实现油气预测。

1)BP网络的基本原理

最基本的BP网络是三层前馈网络，即从输入层向隐含层和输出层之间向前连接(图5-11)，BP网络的应用分网络训练和识别两部分，其基本原理如下。

(1)首先是权值的初始化，即随机地给权值一个小的随机数。

(2)给定输入样本集X和网络期望输出Y。

(3)对第p个样本，计算网络实际输出分量O_p和输出误差E_p。

$$E_p = \frac{1}{2}\sum_k \left(Y_{pk} - O_{pk}\right)^2 \tag{5-40}$$

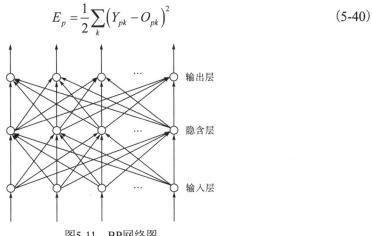

图5-11　BP网络图

式中，Y_{pk}是输出层第k个节点对于第p个样本的期望输出；O_{pk}为对应的实际输出，它可表示为

$$O_{pk} = f_k\left(\sum_i W_{ki}X_{pi}\right) \tag{5-41}$$

式中，f为S型激活函数；W_{ki}是节点k与节点i之间的连接权，表示各节点间信息传递时的连接强度。

(4)采用最速梯度下降法给出权值修正量。对于第p个样本，网络输出层节点k与隐含层节点j之间的连接权修正量$\Delta_p W_{kj}$按下式计算：

$$\Delta_p W_{kj} = \eta \delta_{pk} O_{pj} \tag{5-42}$$

$$\delta_{pk} = (Y_{pk} - O_{pk}) f_k'(\text{net}_{pk}) \tag{5-43}$$

式中，O_{pj}为隐含层节点j的输出；η为学习因子；δ_{pk}为输出层误差项；$f_k'(\text{net}_{pk})$表示激活函数f对节点k总输入net的导数。

对于隐含层节点j与输入层节点i之间的连接权，其修正量$\Delta_p W_{ji}$为

$$\Delta_p W_{ji} = \eta \delta_{pj} O_{pi} \tag{5-44}$$

式中，$\delta_{pj} = f_j'(\text{net}_{pj})\sum_k \delta_{pk} W_{kj}$，为隐含层误差项；$O_{pi}$为输入层节点$i$的输出。

由于所取激活函数为S型函数，因此有

$$f_k'(\text{net}_{pk}) = O_{pk}(1 - O_{pk}) \tag{5-45}$$

$$f_j'(\text{net}_{pj}) = O_{pj}(1 - O_{pk}) \tag{5-46}$$

则有

$$\delta_{pk} = (Y_{pk} - O_{pk})O_{pk}(1 - O_{pk}) \quad （k \text{为输出层节点}） \tag{5-47}$$

$$\delta_{pj} = O_{pj}(1 - O_{pj})\sum_k \delta_{pk} W_{kj} \quad （j \text{为隐含层节点}） \tag{5-48}$$

由上两式可知，计算某层的误差项δ必须用到上一层的误差，且误差的计算过程是始于输出层的反向传播的递推过程，故称之为误差反向传播算法。

对整个样本集：

$$\Delta W_{ji} = \sum_p \Delta_p W_{ji} \tag{5-49}$$

为了加快BP算法的收敛速度，增加学习的稳定性，减少权值震荡，可在权值修正量上增加一个冲量项：

$$\Delta_p W_{ji}(n+1) = \eta \delta_{pj} O_{pi} + \alpha \Delta_p W_{ji}(n) \tag{5-50}$$

式中，α为冲量因子，且$0 < \alpha < 1$；$n+1$和n分别表示第$n+1$步和第n步迭代。

(5)当满足误差精度时，转入下一个样本的训练，否则返回第(4)步继续迭代。

(6)所有样本网络训练完毕之后，便确定了网络中各层间节点的连接权值，然后采用网络正传播对未知样本进行类别归属判别。

2)BP神经网络法工作流程图

BP神经网络法工作流程图如图5-12所示。

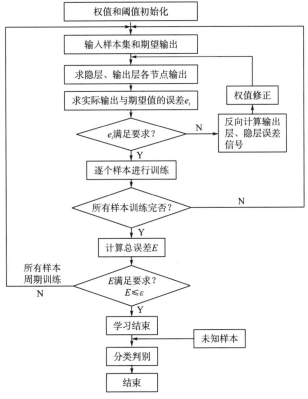

图5-12　BP网络流程框图

2. SOM神经网络法

SOM网络即自组织特征映射神经网络(the self-oranizing feature map)，在自组织神经网络法识别中，系统输入模型的类型是未知的，因此，需要通过网络的自学习来自行发现所观察到的模式集合在模式空间中的分布情况。如果这些模式在空间中以一种明显的集群状分布(如地震异常带)，那么可以确定各群体的位置与分布，这样做是具有地质意义的。

1) SOM网络算法的基本原理

SOM网络是自联想最邻近分类器，能够将任意多个连续模式分成P类。网络既可采用有导师学习，也可进行无导师学习。因而该方法适用于没有已知样本或样本较少情况下的聚类、分类问题。SOM网络是两层网络(图5-13)，它由若干公用输入节点和排列二维阵列的输出节点组成。每个输入节点通过可变权与所有输出节点相连。它的输入为连续取值信号，按时间顺序输入，但不需要规定期望输出。下面介绍SOM网络算法的基本原理及步骤。

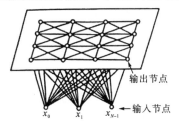

图5-13　自组织特征映射网络(SOM)

(1)置随机初始权值W_{ij}。置图5-14中N个输入节点到m个输出节点间的初始权值为小的随机数。同时置图5-14所示邻域的始半径为$N_j(0)$。

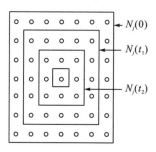

图5-14　特征映射形成时不同时间的拓扑邻域

(2)对每一输入向量$X = (x_1, x_2, \cdots, x_n)$进行下述计算。

第一步，用下式计算输入节点与每个输出节点j间的距离d_j：

$$d_j = \sum_{i=0}^{N-1}\left[x_i(t) - W_{ij}(t)\right]^2 \tag{5-51}$$

式中，$x_i(t)$是输入节点i在时刻t的输入；$W_{ij}(t)$是时刻t、输入节点i与输出节点j间的权值。

第二步，求具有最小距离d_j的输出节点j：

$$d_j = \min_k\{d_k\} \tag{5-52}$$

(3)权值调整。修改输出节点j及其邻域$N_j(t)$内所有节点的权值：

$$W_{ij}(t+1) = W_{ij}(t) + \alpha(t)\left[x_i(t) - W_{ij}(t)\right], \quad j \in N_j(t) \tag{5-53}$$

$$W_{ij}(t+1) = W_{ij}(t), \quad j \notin N_j(t) \tag{5-54}$$

式中，$0 < \alpha(t) < 1$，称为学习率，其随t的增加而减小，当学习结束时$\alpha(t) = 0$；$N_j(t)$是以j为中心的某个邻域，其半径随t的增加而减小。

(4)减小$\alpha(t)$和$N_j(t)$的半径。

(5)如果t小于循环次数，则转至第(2)步重复进行。

(6)停止。

最后$N_j(t)$只包含中心节点j(图5-14)，j就是竞争制胜神经元。

2)SOM网络的特点

经过学习之后，每一个输出神经元仅对固定的一类输入做出响应，即输出为1。响应点的位置在训练过程中逐步变得有秩序，相似输入的响应在空间上是靠近的，而不同输入的响应位置是分隔的。因此，人们可以仅根据响应在输出层的位置对输入的某些特征做出判断。

根据SOM的特点，可以用它来进行聚类和分类。

如果用SOM进行聚类，则只进行自学习就可以了。如果是分类，则应根据自学的结果，并依据已知样本在输出层的响应点位置对网络的输出层进行标定，形成分类模板，然后利用分类模板对未知样本逐一进行分类。

3) SOM网络算法的工作流程图

SOM网络算法的工作流程如图5-15所示。

5.3.2 含气储层神经网络模式识别

基于神经网络的模式识别技术是储层含气预测方面的一个重要研究方向,主要包括两大部分:特征提取和神经元分类器的设计。

1. 特征提取

特征提取就是从地震道中提取反映目的层油气变化的特征参数,以供神经网络学习和识别油气层横向变化。包括统计参数、傅里叶谱参数、伯格谱参数、自相关参数等线性特征参数,以及分形分维的关联维、振幅谱分数维、混沌的李雅普诺夫指数、波形突变、傅里叶谱突变等非线性特征参数。

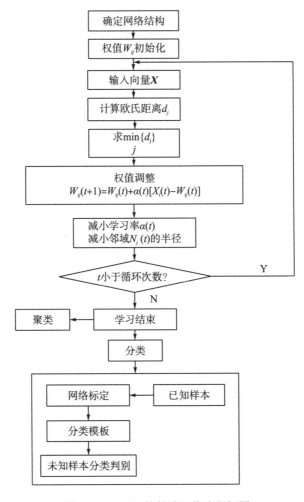

图5-15 SOM网络算法工作流程框图

2. 神经元分类器

分类器可采用BP网络和SOM网络两种方法。BP网络是一种有监督学习网络，具有极强的非线性性质，很适合大样本的情况，在钻井较多的区域可以得到很好的预测效果。SOM网络是一种具有自组织、自学习功能的网络，更适合于钻井较少甚至没有钻井的情况下的分类、聚类问题。两种网络相结合适合于不同勘探阶段的油气预测。

3. 神经网络模式识别油气预测系统技术流程

神经网络模式识别油气预测系统技术流程框图如图5-16所示。

图5-17(a)与图5-17(b)是BP网络综合识别结果。两条剖面均为新场三维抽线（Inline235线、Inline204线），目的层为沙溪庙C层砂体。在预测时以高产井孝132井和低产井孝803井作为高产类和低产类样本井，上述结果为一次性预测结果。作为未知井（或预测井）的孝802井和孝804井均落在模式分类曲线的高值区，表示这两口井应具有较高的产能。显然预测结果与实际情况相符合。

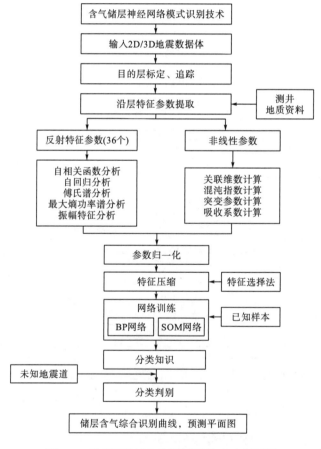

图5-16　神经网络油气预测系统技术流程框图

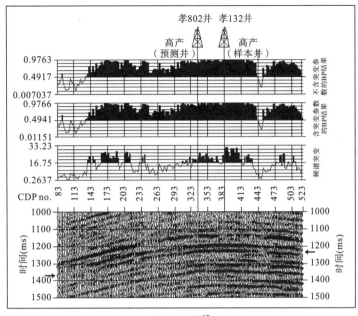

(a) Inline235线

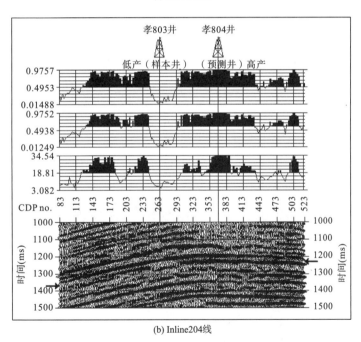

(b) Inline204线

图5-17　新场气田三维抽线BP网络油气预测结果

　　图5-18为SOM网络模式识别结果，剖面仍然采用新场三维抽线(Inline235线、Inline204线)，目的层是沙溪庙C层砂体。孝803井和孝132井分别作为高产类和低产类网络学习样本，其预测结果与BP网络结果基本符合，只是作为预测井的高产井孝802井落在分类曲线高值区旁边，而另一口预测井孝804井落在模式分类曲线的高值异常区，与实际产能情况吻合。

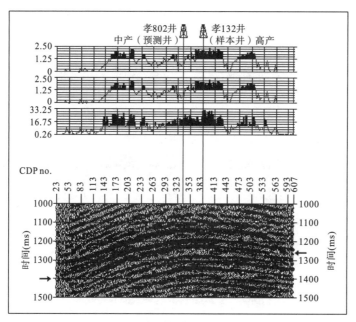

(a) Inline235线

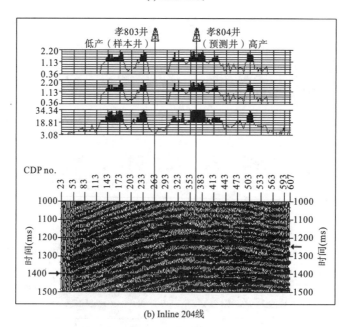

(b) Inline 204线

图5-18　新场气田三维抽线SOM网络油气预测结果

　　神经网络模式识别技术在油气预测中得到广泛应用，但使用中应注意以下几点。

　　(1)在地震响应模式特征突出，且已知条件可靠的前提下，该技术不仅能得出可靠的油气预测结果，而且可以分辨流体性质。这是其最大的优点。

　　(2)在前提条件较弱，即已知条件可靠度较差的情况下，由于样本的选择、提取不同特征参数等均由人工确定，因而其预测结果容易受主观因素制约。

(3)神经网络模式识别结果仅仅是根据已知样本对储层进行分类判别,其结果本身并没有具体的物理意义。

5.4　叠前含气性识别技术

5.4.1　AVO属性含气性识别

AVO属性含气性识别技术简称AVO技术,是利用反射波振幅随偏移距的变化寻找含气储层的地震勘探技术。该技术由于充分利用了地震反射波的动力学信息,使利用地震资料指示含气异常的多解性减少,成为寻找含气储层的重要手段。AVO属性是地层弹性参数的间接反映,反映了地层岩石物理参数变化对地震反射的影响。若要成功应用AVO技术,则需要尽可能多地掌握岩石物理信息和地质信息,尤其需要井资料对地震数据的准确标定。在不同的地区,或在同一个地区的不同位置,相同的AVO信息可能来源于不同的地质因素,必要的地质分析和岩石物理分析以及精细的相对保持振幅处理是排除这种多解性的主要途径。

特定地区、特定储层含气砂岩的归类对于采用AVO方法进行含气性识别具有重要的意义。根据John P. Castagna等的研究(*framework for AVO gradient and intercept interpretation*),将含气砂岩的AVO属性类型分为4类。

(1)第一类含气砂岩:高阻抗含气砂岩(经过中高程度压实和固结)。零偏移距纵波反射系数为正,纵波反射系数随入射角的增大而减小,其梯度比第二类和第三类大。当偏移距足够大时,反射系数会发生极性反转,因此,零偏移距记录不能预测第一类含气砂岩叠加剖面的反射振幅响应。如果极性反转的偏移距较小,则CMP道集叠加后振幅会被削弱,甚至会与零偏移距剖面有相反的极性。

(2)第二类含气砂岩:近零阻抗差的含气砂岩(经过中等压实和固结)。零偏移距纵波反射系数接近零(正或负)。当零偏移距纵波反射系数为正时,纵波反射系数随入射角的增大,先减小再增大;当零偏移距纵波反射系数为负时,纵波反射系数随入射角的增大而增大,但是梯度没有第一类大。因为小入射角的反射系数接近零,在有噪声的情况下,不容易识别。当零偏移距反射系数为正时,随入射角的增大,反射系数会出现极性反转,但出现极性反转的偏移距较小,由于噪声的淹没,不容易看到极性反转的现象。如果偏移距不够,则在叠前剖面上也许见不到振幅异常。

(3)第三类含气砂岩:含气砂岩的阻抗比围岩较低。零偏移距纵波反射系数为负。纵波反射系数随入射角的增大而增大。在某些情况下,小入射角和大入射角的反射系数变化不大,再加上其他原因,造成振幅变化不明显。

(4)第四类含气砂岩:低阻含气砂岩。比上覆围岩的剪切波速度小,零偏移距纵波反射系数为负。纵波反射系数随入射角的增大而减小,叠加剖面上有强的负同向轴。

AVO属性分析的基础是Shuey(1985)近似公式,即在小入射角条件下(小于30°),纵波反射系数可表示成入射角平方的线性函数:

$$R_{pp}(\theta) = P + G\sin^2\theta + C\sin^2\theta\tan^2\theta \qquad (5-55)$$

式中，P是垂直入射反射系数，即拟合的截距；系数G是反射系数曲线梯度；C只是在大入射角情况下才起作用；θ为入射角度。

　　根据Shuey的二阶近似方程，可以得到AVO的属性参数：P、G等属性参数。上述公式通过Zeoppritz方程简化而来，随着AVO技术的深入研究，目前，根据不同的研究目的和假设有多套AVO方程，因此，在进行AVO研究时可选用不同方程，得到多种AVO属性进行含气性识别。

　　图5-19为成都气田马井—什邡地区JP_2^3储层AVO截距属性平均值平面图。可见，图中黑色虚线内中部近南北向小截距条带含水饱和度较高；红色实线圈定东西两侧为含气有利区，含气饱和度较高。分析认为，针对JP_2^3储层采用截距属性大值预测储层含气、含水性有一定效果。

　　如前文弹性参数敏感性分析所述，AVO流体因子对于含气性亦较为敏感。图5-20显示了川西成都气田马井—什邡地区蓬莱镇组流体因子平面图。可见，马井—什邡中浅层蓬莱镇组主要目的层JP_2^3、JP_2^5储层流体因子，经已知井测试情况对比分析，发现高产井均具有典型的极大负值(红色)特征。

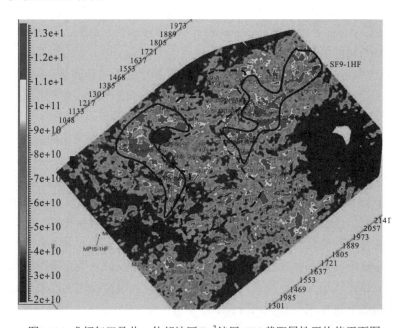

图5-19　成都气田马井—什邡地区JP_2^3储层AVO截距属性平均值平面图

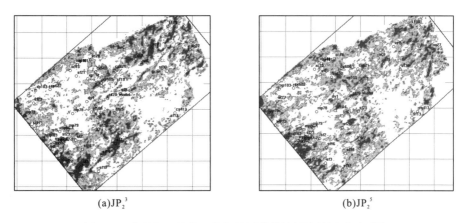

(a)JP$_2^3$　　　　　　　　　　　　　　　(b)JP$_2^5$

图5-20　成都气田马井—什邡地区蓬莱镇组流体因子平面图

通过叠前AVO反演出多种属性，如截距、梯度、流体因子、拉梅常数等，利用这些属性进行交汇分析，则能很好地识别储层的含气性。选择截距—梯度进行交汇分析，对于储层AVO层性，将背景趋势外的点进行框选，并投影到储层平面中，能较好地进行含气性检测。图5-21显示了成都气田德阳北JP$_2^3$储层P-G交汇图和P-G交汇投影(红色为含气有利区)。可见，通过对JP$_2^3$储层典型井的分析，能判断德阳北JP$_2^3$储层属于第四类AVO特征。为此，针对JP$_2^3$储层，根据叠前AVO反演出的截距和梯度属性，以交汇分析为特征，利用第四类AVO特征可预测JP$_2^3$储层的含气有利区域。在该区统计21口井，吻合15口井，吻合率为76%。

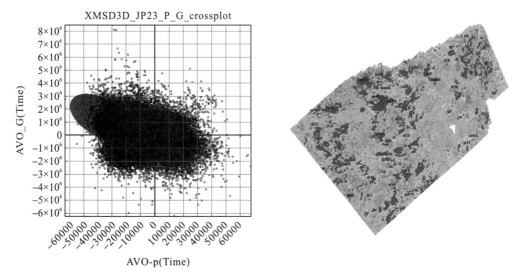

图5-21　成都气田德阳北JP$_2^3$储层P-G交汇图和P-G交汇投影

5.4.2　AVO叠前弹性反演含气性识别

通过叠前AVO反演，可以获得储层纵横波速度、速度比、密度、泊松比、剪切模量、拉梅系数、体积模量、杨氏模量等弹性参数，以及弹性阻抗、扩展弹性阻抗等储层特征参数。这些参数是储层信息的载体，利用它们可以实现储层含气性识别。

1. Aki & Rechards近似式AVO公式

Zoepprzitz方程的Aki & Rechards近似式可以表示为

$$R_{\mathrm{P}}(\theta) \approx \frac{1}{2}\left(1-4\frac{V_{\mathrm{S}}^2}{V_{\mathrm{P}}^2}\sin^2\theta\right)\frac{\Delta\rho}{\rho} + \frac{1}{2\cos^2\theta}\frac{\Delta V_{\mathrm{P}}}{V_{\mathrm{P}}} - 4\frac{V_{\mathrm{S}}^2}{V_{\mathrm{P}}^2}\sin^2\theta\frac{\Delta V_{\mathrm{S}}}{V_{\mathrm{S}}} \tag{5-56}$$

式中，θ为入射角；V_{P}为纵波速度；V_{S}为横波速度；ρ为密度。

在精确的Zoepprzitz方程中，反射系数随入射角的变化与岩性参数的关系十分复杂，实际应用不方便。式(5-56)则将这种复杂的关系简化了，入射纵波的反射系数随入射角的变化仅与3个变量有关（入射角确定的情况下）：纵波速度V_{P}、横波速度V_{S}和密度ρ。

2. 弹性阻抗

弹性阻抗是纵波速度、横波速度、密度和入射角的函数。为了把弹性阻抗与地震数据联系起来，叠加数据必须是某个角度的形式，而不是一个固定偏移距的形式。有几种不同的方法都可以生成我们所需要的叠加角度数据，可以用噪声抑制设计法，也可以用截距与梯度函数的线性组合方法。

$$\mathrm{EI} = V_{\mathrm{P}}^{(1+\tan^2\theta)} V_{\mathrm{S}}^{-8K\sin^2\theta} \rho^{(1-4K\sin^2\theta)} \tag{5-57}$$

3. 扩展弹性阻抗

Connolly的弹性阻抗是在Shuey的线性近似公式的基础上提出的，其中 $\sin\theta$ 的取值空间为0～1。然而在实际的地震数据AVO线性拟合公式中会出现大于1或小于0的情况，针对这种情况，Whitcombe（2002）等提出了新的弹性阻抗——扩展弹性阻抗（EEI）。

$$\mathrm{EEI}(\chi) = V_{\mathrm{P}0}\rho_0\left[\left(\frac{V_{\mathrm{P}}}{V_{\mathrm{P}0}}\right)^{(\cos\chi+\sin\chi)}\left(\frac{V_{\mathrm{S}}}{V_{\mathrm{S}0}}\right)^{-8k\sin\chi}\left(\frac{\rho}{\rho_0}\right)^{(\cos\chi-4k\sin\chi)}\right] \tag{5-58}$$

该式相比Connolly提出的弹性阻抗而言有两点不同：①用 $\tan\chi$ 代替 $\sin^2\theta$，自变量的取值空间不受区间[0,1]的限制，它的变化范围为$-\infty \sim +\infty$；②对指数做了一个变换，使得求取的反射系数不会超过1。同时引入常数 $V_{\mathrm{P}0}$、$V_{\mathrm{S}0}$、ρ_0 将EEI变到声阻抗的尺度内便于比较。其中，$\tan\chi = \sin^2\theta$，以 χ 作为自变量；常量 $V_{\mathrm{P}0}$、$V_{\mathrm{S}0}$、ρ_0 通常取纵波、横波和密度测井的计算时窗平均值；V_{P}、V_{S}、ρ 分别表示纵波速度、横波速度和密度。

图5-22显示了川西成都气田过什邡6井、什邡20井和川孝621井叠前泊松比反演剖面，井柱旁测井曲线是泥质含量曲线。可见，低泊松比（黄色和红色部分）对应于低泥质含量曲线（向左代表泥质含量减小），即井点位置处低泥质含量曲线与低泊松比结果吻合较好，表明低泊松比能很好地指示含气砂岩。结合岩石物理分析结论，有利砂岩段具有明显的低泊松比特征，门槛值约为0.3；而图中的黄色到红色部分表示泊松比小于0.3。

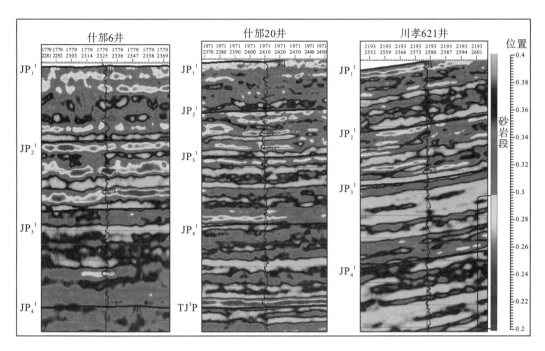

图5-22　什邡6井、什邡20井和川孝621井泊松比反演剖面

图5-23显示了成都气田蓬莱镇组JP_2^3、JP_2^5气层预测平面图。可见，浅灰色区域（密度小于2.35g/cm³）为预测的气层分布区（高饱和度烃类），灰色区域（密度大于2.35g/cm³）为非气层分布区。

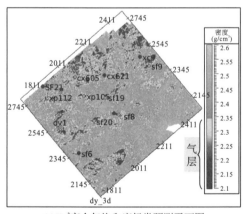
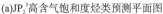

(a)JP_2^3高含气饱和度烃类预测平面图

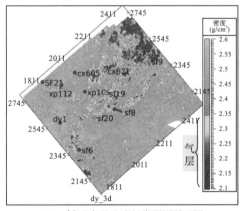

(b)JP_2^5高含气饱和度烃类预测平面图

图5-23　成都气田蓬莱镇组JP_2^3、JP_2^5气层预测平面图

图5-24显示了成都气田马井—什邡地区JP_2^3、JP_2^5砂体弹性阻抗分布。利用弹性阻抗解释出了含气有利区，单井测试产能同弹性阻抗异常比对，JP_2^3吻合率达76%，JP_2^5吻合率达70%。

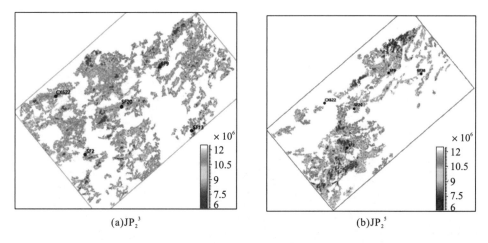

(a)JP$_2^3$ (b)JP$_2^5$

图5-24   成都气田马井—什邡工区弹性阻抗分布图

5.4.3   频变AVO含气性识别

当地震波在地下介质中传播时，若速度随频率的升高而升高，则此即为速度频散现象。传统的AVO属性分析技术，没有考虑地震波速度在地下介质中的频散现象。针对地震波频散和衰减的实验和研究表明，地震波传播过程中将会导致孔隙岩石中的流体发生流动；引起流体产生流动现象，是波在储层中发生频散的主要原因。基于此，频变AVO含气性技术开始被逐渐发展起来。

传统的AVO属性分析技术主要基于Zoepprzitz方程，其理论前提是弹性各向同性介质模型。对于砂岩储层，可以将AVO进行分类，通过提取截距、梯度等AVO属性信息，利用AVO多属性交汇实现含气性识别。然而，实际地层并非完全弹性介质，常表现为黏弹性。当地层的裂缝或孔隙中充填有流体时，由于流体的非弹性性质导致实际地层表现为黏弹性特征，并造成地震波场发生频散和不同程度的衰减。此时，地层的AVO响应特征应考虑这种非弹性性质引起的频散和衰减。

Chapman的动态流体岩石物理理论认为地震观测的频率变化与岩石中流体状态的变化有关，气体的引入导致地震波明显的衰减和频散。含烃储层引起的频散将导致界面波阻抗差异随频率的变化而变化，从而导致反射系数与频率有关。进一步将导致反射波的能量向低频或者高频移动，这种能量的移动与AVO的类型有关。对于第一类AVO，速度频散导致反射波能量集中在高频段；对于第三类AVO，速度频散导致反射波能量集中在低频段。该研究表明，可以根据反射波能量随频率的变化来研究流体的性质。如图5-25所示，对于具有相同的岩石骨架、孔隙结构以及其他岩石物性参数的多孔介质，利用流体替换，分别正演饱和不同流体时的地震响应，发现地层在饱和水与饱和气时会出现不同的频变AVO特征；含气时，在低频端相较于高频端第三类AVO特征更加明显；含水时，高低频端振幅差异不明显。

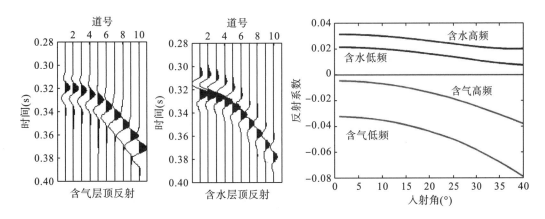

图5-25　含水与含气的AVO频变特征

1. 纵横波速度变化率随频率的变化

研究表明，地震波速度与频率有关，特别是在含烃岩石中，这种速度频散被证明可能作为流体识别的标志。对Smith & Gidlow公式进行扩展，第一种扩展是获得纵横波速度变化率 $\dfrac{\Delta V_P}{V_P}$ 和 $\dfrac{\Delta V_S}{V_S}$ 随频率的变化，将反射系数排列成关于纵横波速度变化率 $\dfrac{\Delta V_P}{V_P}$ 和 $\dfrac{\Delta V_S}{V_S}$ 的线性组合：

$$R \approx \left(\frac{5}{8} - \frac{1}{2}\frac{V_S^{\,2}}{V_P^{\,2}}\sin^2\theta + \frac{1}{2}\tan^2\theta \right)\frac{\Delta V_P}{V_P} + \left(-4\frac{V_S^{\,2}}{V_P^{\,2}}\sin^2\theta \right)\frac{\Delta V_S}{V_S} \tag{5-59}$$

或写成：

$$R(\theta) \approx A(\theta)\frac{\Delta V_P}{V_P} + B(\theta)\frac{\Delta V_S}{V_S} \tag{5-60}$$

根据已知的反射系数和入射角，可以用该公式来反演 $\dfrac{\Delta V_P}{V_P}$ 和 $\dfrac{\Delta V_S}{V_S}$ 。为了将式(5-60)应用到理论模型和实际数据中， $A(\theta)$ 和 $B(\theta)$ 可以写成关于采样时间 t 和接收道号 n 的函数并表示成矩阵的形式，即

$$A(\theta) = \boldsymbol{A}(t,n) \text{ 和 } B(\theta) = \boldsymbol{B}(t,n) \tag{5-61}$$

根据Chapman等关于速度频散的观点，假定由于界面两侧频散性质的差异，反射系数会随着频率的变化而变化，即反射系数可以看成是入射角和频率的函数，同时把纵横波速度变化率也看成是频率的函数，即

$$R(\theta,f) \approx A(\theta)\frac{\Delta V_P}{V_P}(f) + B(\theta)\frac{\Delta V_S}{V_S}(f) \tag{5-62}$$

对式(5-62)在某一参考频率 f_0 处对纵横波速度变化率进行泰勒级数展开，并舍去高阶项，只保留一阶导数得到：

$$R(\theta,f) \approx A(\theta)\frac{\Delta V_P}{V_P}(f_0) + (f-f_0)A(\theta)I_a + B(\theta)\frac{\Delta V_S}{V_S}(f_0) + (f-f_0)B(\theta)I_b \tag{5-63}$$

式中， I_a 和 I_b 为纵横波速度变化率关于频率 f 的导数，即纵横波速度变化率随频率变化的快

慢，将其定义为频散程度：

$$I_a = \frac{\mathrm{d}}{\mathrm{d}f}\left(\frac{\Delta V_\mathrm{P}}{V_\mathrm{P}}\right)\bigg|_{f=f_0} \; ; \; I_b = \frac{\mathrm{d}}{\mathrm{d}f}\left(\frac{\Delta V_\mathrm{S}}{V_\mathrm{S}}\right)\bigg|_{f=f_0} \tag{5-64}$$

2. 纵横波速度随频率的变化

对 Smith 与 Gidlow 公式进行扩展的另一个方法是获得纵波速度和横波速度随速度的变化率，即速度的频散。首先，定义与频率有关的纵横波速度表达式为

$$V(f) = V^* + m(f - f^*) \tag{5-65}$$

式中，V^* 是频散区起始点的纵波或者横波速度，即纵波或者横波在低频时的速度；m 为速度变化梯度。

因此，

$$\mathrm{d}V(f) = m(f - f^*) = m(\Delta f) \tag{5-66}$$

以纵波为例，将纵波在低频时的速度记为 V_P^*，将速度随频率的变化梯度记为 m_P，于是得到

$$V_\mathrm{P} \approx V_\mathrm{P}^* + m_\mathrm{P}\Delta f \tag{5-67}$$

因此，可以计算界面处的平均速度以及速度差：

$$\frac{V_{\mathrm{P},1} + V_{\mathrm{P},2}}{2} = \frac{V_{\mathrm{P},1}^* + V_{\mathrm{P},2}^* + m_{\mathrm{P},1}\Delta f + m_{\mathrm{P},2}\Delta f}{2} \tag{5-68}$$

$$V_{\mathrm{P},2} - V_{\mathrm{P},1} \approx (V_{\mathrm{P},2}^* - V_{\mathrm{P},1}^*) + (m_{\mathrm{P},2}\Delta f - m_{\mathrm{P},1}\Delta f) \tag{5-69}$$

于是可以得到纵波速度变化率

$$\frac{\Delta V_\mathrm{P}}{V_\mathrm{P}} \approx \frac{\Delta V_\mathrm{P}^* + \Delta m_\mathrm{P}\Delta f}{V_\mathrm{P}^* + m_\mathrm{P}\Delta f} \tag{5-70}$$

假设 $\Delta V_\mathrm{P}^* \gg m_\mathrm{P}\Delta f$，于是式 (5-70) 可以表示为

$$\frac{\Delta V_\mathrm{P}}{V_\mathrm{P}} \approx \frac{\Delta V_\mathrm{P}^* + \Delta m_\mathrm{P}\Delta f}{V_\mathrm{P}^*} = \frac{\Delta V_\mathrm{P}^*}{V_\mathrm{P}^*} + \frac{\Delta m_\mathrm{P}\Delta f}{V_\mathrm{P}^*} \tag{5-71}$$

同理，可以得到横波速度变化率为

$$\frac{\Delta V_\mathrm{S}}{V_\mathrm{S}} \approx \frac{\Delta V_\mathrm{S}^*}{V_\mathrm{S}^*} + \frac{\Delta m_\mathrm{S}\Delta f}{V_\mathrm{S}^*} \tag{5-72}$$

于是得到

$$R(\theta, f) \approx A(\theta)\frac{\Delta V_\mathrm{P}^*}{V_\mathrm{P}^*} + A(\theta)\frac{m_\mathrm{P}\Delta f}{V_\mathrm{P}^*} + B(\theta)\frac{\Delta V_\mathrm{S}^*}{V_\mathrm{S}^*} + B(\theta)\frac{m_\mathrm{S}\Delta f}{V_\mathrm{S}^*} \tag{5-73}$$

其中，

$$\frac{m_\mathrm{P}\Delta f}{V_\mathrm{P}^*} \approx (f - f_0)\frac{1}{V_\mathrm{P}^*}\left(\frac{\mathrm{d}V_\mathrm{P}}{\mathrm{d}f}\right) \approx (f - f_0)\left(\frac{\mathrm{d}}{\mathrm{d}f}\frac{V_\mathrm{P}}{V_\mathrm{P}^*}\right) \tag{5-74}$$

$$\frac{m_\mathrm{S}\Delta f}{V_\mathrm{S}^*} \approx (f - f_0)\frac{1}{V_\mathrm{S}^*}\left(\frac{\mathrm{d}V_\mathrm{S}}{\mathrm{d}f}\right) \approx (f - f_0)\left(\frac{\mathrm{d}}{\mathrm{d}f}\frac{V_\mathrm{S}}{V_\mathrm{S}^*}\right) \tag{5-75}$$

该推导过程涉及关于在反射界面处纵横波速度的变化描述，但是在第一种推导方法中

所做的假设较少，而且获得的反射系数式比较简洁，因此，采用第一种推导方式计算频散程度。

3. 频散程度的计算

基于第一种推导，采用如下方式获得纵横波速度变化率的导数，即频散程度。

对于有 n 个接收道的 AVO 道集，可以表示成矩阵的形式 $\boldsymbol{D}(t,n)$。假设已知速度模型，则可以计算出每一采样点所对应的系数 $\boldsymbol{A}(t,n)$ 和 $\boldsymbol{B}(t,n)$。根据 Castagna 等关于瞬时频谱分析的理论，可以对 $\boldsymbol{D}(t,n)$ 进行频谱分解得到不同频率 f 下的振幅谱 S：

$$\boldsymbol{D}(t,n) \leftrightarrow S(t,n,f) \tag{5-76}$$

由于地震记录的振幅信息是地震子波与反射系数的褶积，振幅谱 S 会受到子波叠印的影响，即能量在各个频率下分布不均衡，主要集中在主频带附近。因此，要对不同频率的振幅谱通过加权函数 ω 进行谱均衡（spectral balance）：

$$S_b(t,n,f) = S(t,n,f)\omega(f) \tag{5-77}$$

根据反射系数公式，可以得到以下关系式：

$$\begin{bmatrix} S_b(t,1,f_0) \\ \vdots \\ S_b(t,n,f_0) \end{bmatrix} = \begin{bmatrix} A_1(t) & B_1(t) \\ \vdots & \vdots \\ A_n(t) & B_n(t) \end{bmatrix} \begin{bmatrix} \dfrac{\Delta V_P}{V_P}(t,f_0) \\ \dfrac{\Delta V_S}{V_S}(t,f_0) \end{bmatrix} \tag{5-78}$$

采用最小二乘反演，可以计算在频谱振幅意义下不同频率的纵横波速度变化率。为了求 I_a 和 I_b，将该反射系数调整为

$$R(\theta,f) - A(\theta)\frac{\Delta V}{V}(f_0) - B(\theta)\frac{\Delta W}{W}(f_0) \approx (f-f_0)A(\theta)I_a + (f-f_0)B(\theta)I_b \tag{5-79}$$

即

$$R(\theta,f) - A(\theta)\frac{\Delta V}{V}(f_0) - B(\theta)\frac{\Delta W}{W}(f_0) \approx \begin{bmatrix} (f-f_0)A(\theta) \\ (f-f_0)B(\theta) \end{bmatrix} \begin{bmatrix} I_a \\ I_b \end{bmatrix} \tag{5-80}$$

考虑 $m+1$ 个频率的情况，定义列向量 $\boldsymbol{a}$ 为

$$\boldsymbol{a} = \begin{bmatrix} B_S(t,1,f_1) - A_1(t)\dfrac{\Delta V_P}{V_P}(f_0,t) - B_1(t)\dfrac{\Delta V_S}{V_S}(f_0,t) \\ \vdots \\ B_S(t,1,f_m) - A_1(t)\dfrac{\Delta V_P}{V_P}(f_0,t) - B_1(t)\dfrac{\Delta V_S}{V_S}(f_0,t) \\ \vdots \\ B_S(t,n,f_1) - A_n(t)\dfrac{\Delta V_P}{V_P}(f_0,t) - B_n(t)\dfrac{\Delta V_S}{V_S}(f_0,t) \\ \vdots \\ B_S(t,n,f_m) - A_n(t)\dfrac{\Delta V_P}{V_P}(f_0,t) - B_n(t)\dfrac{\Delta V_S}{V_S}(f_0,t) \end{bmatrix} \tag{5-81}$$

并定义 $m \times n$ 行、2 列的矩阵 $\boldsymbol{e}$ 如下：

$$
e = \begin{bmatrix}
(f_1 - f_0)A_1(t) & (f_1 - f_0)B_1(t) \\
\vdots & \vdots \\
(f_m - f_0)A_1(t) & (f_m - f_0)B_1(t) \\
\vdots & \vdots \\
(f_1 - f_0)A_n(t) & (f_1 - f_0)B_n(t) \\
\vdots & \vdots \\
(f_m - f_0)A_n(t) & (f_m - f_0)B_n(t)
\end{bmatrix} \tag{5-82}
$$

由此，可以得到如下关系式：

$$
a = e \begin{bmatrix} I_a \\ I_b \end{bmatrix} \tag{5-83}
$$

于是，每一个采样点t处的I_a和I_b可以通过最小二乘反演方法求得。

对频变AVO分析而言，最终会得到多个不同子波主频的属性体，如何解释与分析这些属性，是获得较好解释结果的关键。对频变AVO属性解释可参考的方法不多，但可以通过直观的交汇分析来发现油气的敏感参数，利用已知井正演结果分析来指导实际应用。图5-26显示了川西马井—什邡地区$JP_2{}^3$、$JP_2{}^5$储层频变AVO属性含气异常分布。在$JP_2{}^3$储层有近40口井，统计产气井与不产气井的吻合率达80%以上；在$JP_2{}^5$储层有15口井，钻井测试资料较少，含气性吻合率在75%以上。

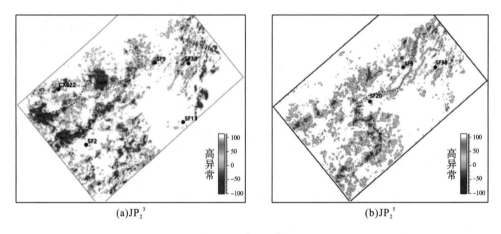

(a)$JP_2{}^3$　　　　　　　　　　　　　　　　　(b)$JP_2{}^5$

图5-26　成都气田马井—什邡地区$JP_2{}^3$、$JP_2{}^5$储层频变AVO属性含气异常分布

5.4.4　流体密度反演含气性识别

流体密度流体识别方法的基础是储层或裂缝中含气、含水饱和度的差异，将引起储层中流体密度的差异。通过地震数据的概率神经网络等非线性反演方法，计算出储层中的流体密度参数，进而实现储层含气性预测。

优质储层一般具有较好的孔隙结构，孔隙中被流体充填。对于裂缝型储层，也可以将裂缝效应当作裂缝孔隙度来考虑。储层的流体密度是储层孔隙中所含各种流体物质的密度综合效应。在高温高压下岩石孔隙中的纯气体密度可能小于0.2g/cm^3，而水的密度约为

1.0g/cm³，流体密度从水层变化到纯气层，幅值变化非常明显，可达到80%的变化率。且流体密度变化的过程直接对应着孔隙中气、水比例的概念，能够直接用来分析储层中的气水含量。例如，在某一地层温度及地层压力等情况下，可以将流体密度为0.2～0.5g/cm³的储层定义为纯气层，流体密度为0.5～0.8g/cm³的储层定义为气水同层，流体密度为0.8～1.0g/cm³的储层定义为水层。因此，流体密度是一个能够直接进行定性和定量气水识别的属性。根据测井资料及地震数据，应用流体密度反演方法，可以获取井中和三维空间的流体密度分布。据此，可直接判断储层的气水展布关系，而不需要做过多的数值意义转换及地质地球物理解释。通常情况下，密度测井可以获取储层的密度数据，测井资料的处理解释可以求取得储层的孔隙度数据。这样，采用回归方法可求取流体密度公式，计算出井上的流体密度曲线。

数学家Specht于1990年提出了概率神经网络的概念。概率神经网络是一种基于概率统计思想和贝叶斯分类规则的神经网络，它经过Mastert等的不断完善和改进，现在已广泛应用于人工智能、图像识别等多个领域；同时，在地球物理的属性反演、储层识别等方面也有成功的应用。利用概率神经网络进行地球物理属性参数反演，可以通过它的非线性扩展方式，进行多个属性的组合优选，经过多次的训练学习和概率估算，有效地降低地球物理反演的多解性。它并不需要直接使用反演数据与反演目标之间的数学物理推导，而是通过反演数据与反演目标之间的学习训练，建立数据与目标之间的非线性映射关系，并将该映射关系映射到整个反演数据体，计算得到最终的反演结果，完成学习式反演过程。

图5-27显示了马井—什邡地区三维地震数据体反演的流体密度过井剖面与井上流体密度的对比解释。图中黑色和深红色的虚线框，分别对应着井上流体密度解释得到的富气层和气水同层。按井上流体密度气水划分的标准，储层流体密度在0.55g/cm³以下，可以划分为富气层，对应着流体密度过井剖面上的绿色—黄色区域；储层流体密度为0.55～0.75g/cm³，可以划分为气水同层，对应流体密度过井剖面上的黄色—红色区域。流体密度的反演结果具有很高的纵向和横向分辨率。在纵向上，井点处反演得到的流体密度值与井上的流体密度值基本一致，可以分辨出不到3m厚的气水层。在横向上，反演结果受地层构造影响的因素较小，气水关系独立性高，具有较好的横向分辨能力。而对应的波阻抗反演结果因为反演所用地震资料主频低、分辨率低的原因，分辨能力非常有限，只能用来进行大套储层段的划分，对气水识别方面的研究无能为力。流体密度虽然由同一地震数据反演而来，但由于采用了利用多个属性组合优选的概率神经网络学习式反演方法，分辨能力与传统反演方法相比得到极大提高。同时，流体密度的值直接表明了气水的分布关系，较低的流体密度对应了富气区域。

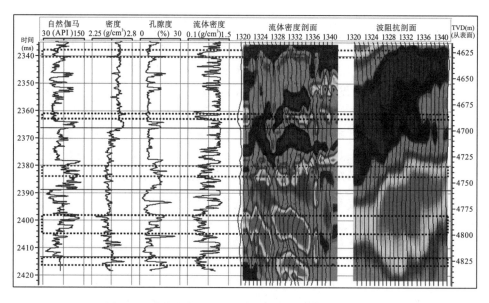

图5-27 流体密度反演结果与井上流体密度的对比解释

　　将神经网络训练得到的映射关系推广到整个三维地震数据体反演储层的流体密度，可以获得三维空间的流体密度反演结果。有了三维反演数据体，就可以提取储层的流体密度平面图。图5-28显示了成都气田马井—什邡地区JP$_2^3$砂体的含气饱和度平面图。可见，高产井都位于含气饱和度较高的区域。

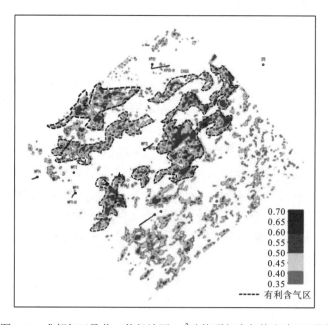

图5-28 成都气田马井—什邡地区JP$_2^2$砂体顶部含气饱和度平面图

5.5　叠后含气性识别技术

5.5.1　振幅属性含气性识别

实践证实，在有利成藏条件与沉积相带相互约束的基础上，相同储渗单元内，地震强振幅及低波阻抗对应厚度较大、物性较好的储层。这些物性较好的储层，往往就是含气性较高的天然气富集体。比如，川西蓬莱镇组地层，其埋深较浅、压实程度不高，在叠加剖面上显示为强波谷的特征，叠前AVO响应特征显示为含气性较好的第四类AVO低阻抗储层。

图5-29显示了成都气田马井—什邡地区JP$_2^3$砂体最大波谷振幅图。可见，图中河道特征明显，河道波谷振幅异常位置钻井含气性比较好。总体上，强波谷振幅同含气性有一定的关系。

5.5.2　吸收衰减属性含气性识别

天然气储层属于多相介质，由固体相和流体相组成。岩石骨架是储层的固体相，气、水等流体物质构成了储层的流体相。地震波在储层中传播时，将发生频率、能量等衰减。引起地震波衰减的因素主要有内部和外部两种。内部因素主要是介质中固体与固体、固体与流体、流体与流体界面之间的能量损耗；外部因素主要是球面扩散、大尺度的不均匀性介质引起的散射、层状结构地层引起的反射和透射等。这种不均匀性介质的尺度等于或大于地震波长时，外部因素占主导地位。还有一些其他因素，如薄层调谐、横向波阻抗和岩性变化等。

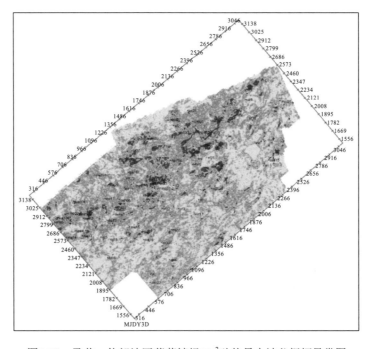

图5-29　马井—什邡地区蓬莱镇组JP$_2^3$砂体最大波谷振幅异常图

　　不同岩性对地震波的吸收程度也不同；地层的吸收越强，地震波的高频成分衰减得越快。根据地层吸收性质与岩相、孔隙度、含气性等的密切关系，可以预测岩性；在有利条件下，可直接预测天然气的存在。频率吸收衰减是地震波频谱分析技术中的一个重要属性特征。理论研究表明，与致密的地质体相比，当地质体中含流体（如水、油、气）时，都会引起地震波能量的衰减，尤其是高频成分。因此，当孔隙比较发育、有流体充填时，其地震波频率衰减梯度就要增加，在地震记录振幅谱上表现为低频共振、高频衰减的特征（图5-30）。这就是吸收衰减含气性识别的理论基础。

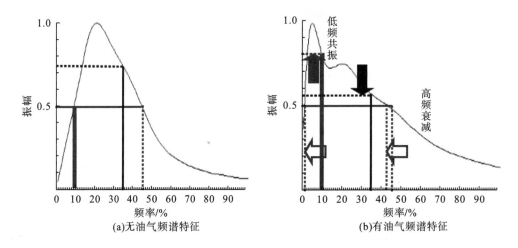

图5-30　油气识别基础（低频共振、高频衰减）

　　图5-31显示了产气井和不产气井井旁道地震子波特征对比。可见，产气井旁道地震子波明显具有低频增强、高频衰减的特征。

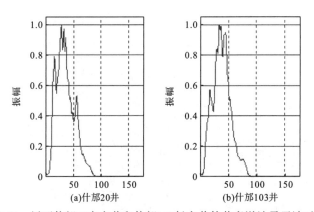

图5-31　川西什邡20高产井和什邡103低产井的井旁道地震子波对比

　　图5-32显示了中江气田斜坡沙溪庙组JS_2^3储层地震吸收衰减含气性识别效果。由图可见，高产井基本位于异常较强的区域。

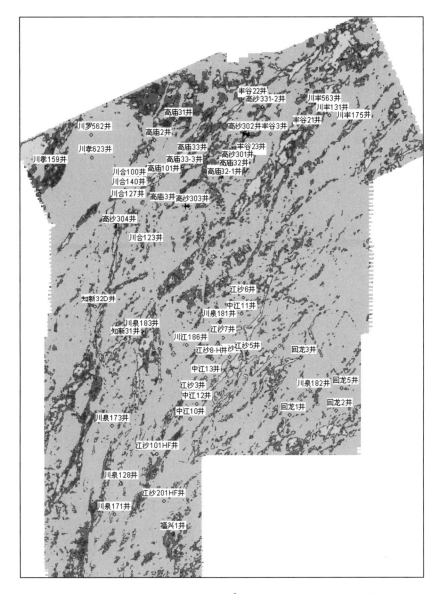

图5-32　中江气田斜坡沙溪庙组JS$_2^3$储层吸收衰减含气性识别效果

5.5.3　基于孔隙介质渐进方程反演的含气性识别

1. 基本原理

假设有两个弹性孔隙半空间孔隙介质a和b(图5-33)，在它们的交界处$(z=0)$有一可渗透界面，从$z<0$的半空间有一快纵波垂直入射到界面上。这时，在反射界面上会产生4种类型的波：反射快波(R^{FF})、反射慢波(R^{FS})、透射快波(T^{FF})和透射慢波(T^{FS})。

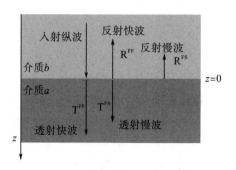

图5-33　快纵波垂直入射到两种孔隙介质的界面上时的反射与透射

孔隙介质中，质量和动量守恒暗示了岩石骨架的位移；同时，要求反射界面上流体的达西速度、总压力和流体压力必须是连续的。当地震波垂直入射时，反射界面上反射与透射系数的渐进表达式为

$$R^{FF} = R_0^{FF} + R_1^{FF} \varepsilon \tag{5-84}$$

$$T^{FF} = T_0^{FF} + T_1^{FF} \varepsilon \tag{5-85}$$

式中，R_0^{FF}、T_0^{FF}、R_1^{FF} 和 T_1^{FF} 分别为反射系数和透射系数渐进展开式的零阶项和一阶项；ε 是关于流体的一项综合参数，定义如下：

$$\varepsilon = e^{i\pi/4} \sqrt{\left|\frac{\rho_f \kappa \omega}{\eta}\right|} \tag{5-86}$$

该公式是流体密度 ρ_f、流体黏滞系数 η 和渗透率 κ 的一种组合。在这里，重新定义了参数 ε，使之与Silin和Goloshubin（2010）定义的参数稍有不同，以便使渐进公式有更直观的线性表达形式。

在渐进展开式中，零阶的反射系数和透射系数可表示为

$$R_0^{FF} = \frac{Z_b^{FF} - Z_a^{FF}}{Z_b^{FF} + Z_a^{FF}} \tag{5-87}$$

$$T_0^{FF} = 1 + \frac{Z_b^{FF} - Z_a^{FF}}{Z_b^{FF} + Z_a^{FF}} \tag{5-88}$$

这里的 Z 定义为另一种形式的波阻抗，即

$$Z = \frac{M}{v_p} \sqrt{\frac{\gamma_\beta + \gamma_K^2}{\gamma_\beta}} \tag{5-89}$$

根据Biot（1962）的相关研究，公式（5-89）中的参数可表示为

$$\gamma_\beta = K\left[\frac{1}{K_f}\varphi + \frac{K_g - K}{K_g^2}(1-\varphi)\right]$$

$$\gamma_K = 1 - \frac{K}{K_g}(1-\varphi)^2$$

$$v_p = \sqrt{\frac{K + \frac{4}{3}\mu}{\varphi\rho_f + (1-\varphi)\rho_g}}$$

一阶项的反射与透射系数可表示为

$$R_1^{\mathrm{FF}} = \frac{Z_b(T_1^{\mathrm{FS}} - R_1^{\mathrm{FS}})}{Z_b + Z_a} \tag{5-90}$$

$$T_1^{\mathrm{FF}} = \frac{Z_a(R_1^{\mathrm{FS}} - T_1^{\mathrm{FS}})}{Z_b + Z_a} \tag{5-91}$$

在这些反射系数中，慢波的反射系数和透射系数表示为

$$R_1^{\mathrm{FS}} = \frac{2Z_b Z_a}{D(Z_b + Z_a)}\left[\frac{\gamma_{Kb}(\gamma_{Ka}^2 + \gamma_{\beta a})}{\gamma_{Ka}(\gamma_{Kb}^2 + \gamma_{\beta b})} - 1\right] \tag{5-92}$$

$$T_1^{\mathrm{FS}} = \frac{2Z_b Z_a}{D(Z_b + Z_a)}\left[1 - \frac{\gamma_{Ka}(\gamma_{Kb}^2 + \gamma_{\beta b})}{\gamma_{Kb}(\gamma_{Ka}^2 + \gamma_{\beta a})}\right] \tag{5-93}$$

这里

$$D = \frac{1}{\sqrt{\gamma_\kappa}}\frac{M_a}{v_{fa}}\frac{\gamma_{Kb}^2 + \gamma_{\beta b}}{\gamma_{Kb}}\frac{\sqrt{\gamma_{Ka}^2 + \gamma_{\beta a}}}{\gamma_{Ka}} + \frac{M_b}{v_{fb}}\frac{\gamma_{Ka}^2 + \gamma_{\beta a}}{\gamma_{Ka}}\frac{\sqrt{\gamma_{Kb}^2 + \gamma_{\beta b}}}{\gamma_{Kb}}$$

并且 $v_f = \sqrt{\dfrac{M}{\rho_f}}$，$\gamma_\kappa = \dfrac{\kappa_a}{\kappa_b}$ 为两种孔隙介质的渗透率比。

基于 Biot 的孔隙理论的频散和衰减，都不可能在地震频带内发生，但是地震波法向入射时的反射系数渐进表达式却能很好地在地震频带内工作。其中，最关键的因素是在渐进方程的推导中，考虑了流体流动中的动态和非平衡效应（Silin and Goloshubin，2010），并修改达西定理为

$$W + \tau\frac{\partial W}{\partial t} = -\frac{\kappa}{\eta}\left(\nabla p + \rho_f\frac{\partial^2 u}{\partial t^2}\right) \tag{5-94}$$

式中，W 表示流体相对于骨架的达西速度；τ 表示时间尺度的参数；p 表示流体压力。

在修改的达西定理中，$\tau\dfrac{\partial W}{\partial t}$ 代表了流体流动中的动态与非平衡关系。该修改的达西定理等价于 Johnson 等（1987）、Carcione（2003）等对周期性震荡流动态渗透率的线性化描述。但是，渐进表达式的数学表达却更为简单，并且更有利于在实际中应用。基于渐进模型，在两个孔隙介质的反射面上，增加主频将放大反射系数随频率的变化的响应。因此，对于低渗透率的储层中气水界面的反射系数随频率变化小的问题，在一定程度上可通过高分辨率地震勘探和高保真的地震反 Q 滤波扩展其地震频带来解决。

2. 混沌反演

利用公式（5-94）进行反射系数的反演，重写公式（5-84）为

$$R^{\mathrm{FF}}(\omega) = R_0^{\mathrm{FF}} + C_1(1+i)\sqrt{\omega} \tag{5-95}$$

式中，$C_1 = R_1^{FF} \sqrt{\left| \dfrac{\rho_f \kappa}{2\eta} \right|}$，该系数与储层流体的流动性（黏滞系数的倒数）、流体的密度和流体的渗透率成正比。

采用混沌优化算法来对参数 R_0^{FF} 和 C_1 进行反演时，反演的目标函数定义为

$$J = \sum_{\omega} [R^{FF}(R_0^{FF}, C_1, \omega) - R_{obs}(\omega)]^2 \tag{5-96}$$

式中，R_{obs} 是频率域的观察数据；R_0^{FF}、C_1 为反演参数。

混沌是一种普遍的非线性现象，具有随机性、遍历性和内在规律性的特点。它的遍历性作为一种机制被引入全局寻优的计算中，可有效地避免局部寻优的陷阱。

混沌优化算法是一种搜索优化随机变量 x 的非线性算法，x 由罗辑斯谛映射方程产生：

$$x^{(k+1)} = \mu x^{(k)}(1 - x^{(k)}) \tag{5-97}$$

式中，k 是迭代次数；μ 是控制随机行为的常数，如果 $3.569 \leqslant \mu \leqslant 4$，则随机变量 x 就是混沌的。

在反演中，设置 $\mu = 4$，无量纲的 x 的值的范围为 $(0,1)$。但迭代中需要剔除3个不动点（0.25、0.5、0.75），如果需要反演 n 个未知参数 $\{x_i, i=1,2,\cdots,n\}$，则只需简单地对每一个参数 x_i 设置不同的初始值。

对每一次迭代 k，首先需要给定在 $(0,1)$ 中的任何随机变量 $x_i^{(k)}$，然后将其投影到实际的物理空间中，计算其实际值的大小，即

$$\hat{x}_i^{(k)} = a_i + (b_i - a_i)x_i^{(k)} \tag{5-98}$$

式（5-98）中，$\hat{x}_i^{(k)}$ 是模型空间中实际的参数，其范围为 $[a_i, b_i]$。

在每一次迭代中，目标函数中的所有的 n 个参数 $\{\hat{x}_i^{(k)}, i=1,2,\cdots,n\}$ 将同时被修改，通过多次迭代，最后找到使目标函数最小化的解。

在地震勘探频带内，利用地震反射的渐进方程计算气水界面上的法向反射系数是可行的。该反射系数可表示为对无量纲参数 ε 的幂级数，该无量纲参数为储层流体流动性、流体密度和信号频率的乘积，该反射系数的表达式结构为利用频变地震反演而产生频变地震属性提供了很好的契机。研究表明，在中浅层低渗透率的致密砂岩储层中，气水界面上反射系数随频率变化的现象在地震频带内仍然能够被观察到。

图5-34和图5-35显示了基于孔隙介质渐进方程反演的流体识别技术在中江气田高庙地区的含气性识别效果。图5-34显示了中江气田高庙地区沙溪庙组 JS_3^{3-2} 储层含气性识别剖面效果；图5-35显示了中江气田高庙地区沙溪庙组 JS_3^{3-2} 储层含气性识别平面效果。可见，在图5-34中，波阻抗不能有效区分高产井和低产井，而流体识别技术能够有效区分；在图5-35中，JS_3^{3-2} 储层分布有近25口已知井，含气井基本都在含气性识别的高异常区内，非含气井分布在低异常区内，产气井与干井的吻合率达到80%。

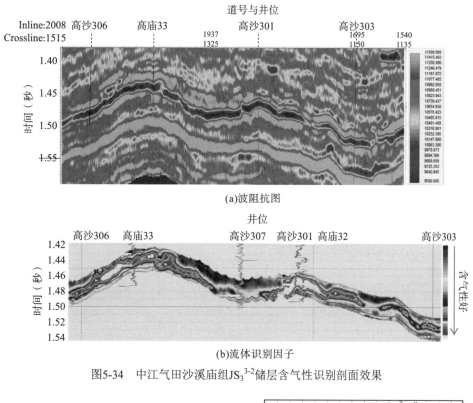

(a)波阻抗图

(b)流体识别因子

图5-34　中江气田沙溪庙组JS$_3^{3-2}$储层含气性识别剖面效果

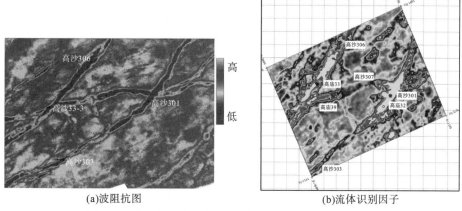

(a)波阻抗图　　　　　　　　　　　(b)流体识别因子

图5-35　中江气田沙溪庙组JS$_3^{3-2}$储层含气性识别平面效果

5.5.4　基于S变换的高分辨率含气性识别

S变换是Stockwell等(1996)提出的，以莫莱小波为基本小波的连续小波变换的延伸。S变换吸收了短时傅里叶变换和小波变换的思想，既克服了短时傅里叶变换中窗函数选定后时频分辨率即固定的问题，又不需要满足小波变换的容许性条件，而且不存在二次时频分布中的交叉项干扰，其窗函数与频率(即尺度)自适应地反比变化，满足了地震信号的特征，低频部分具有较高的频率分辨率，在高频部分具有较高的时间分辨率。

S变换结合了短时傅里叶变换与小波变换的优点，并在一定程度上克服了它们的缺点，适用于非平稳信号的时频分析。频率的倒数决定了S变换中高斯窗的尺度，具有小波变换的多分辨率的特点，且S变换含有相位因子，保留了每个频率的绝对相位特征。对S变换后的信号进行时域积分，则可以得到信号的傅里叶谱。因此，利用傅里叶的反变换可以得到原始的时间信号。此即为S变换的逆变换，其具有快速性和无损可逆性。

通过对S变换的窗函数进行改造，可以获得具有更高灵活性和时频分辨率的广义S变换，适应了不同学科的信号处理要求。与傅里叶变换相似，广义S变换也存在由于离散采样引起的周期效应，但它可以通过合理地选择时窗调节因子以及对原信号两端使用衰减窗而得以减弱。把窗函数的改造与具体学科中需分析的信号的自身特点同时联系起来，使得信号的一些特性参数能在改造窗函数中发挥积极影响，从而实现更加精确的时频分析。

在S变换中，基本小波是由简谐波与高斯函数的乘积构成的。简谐波在时间轴只做伸缩变换，而高斯函数则可进行伸缩和平移，这一点与连续小波变换不同。在连续小波变换中，简谐波与高斯函数进行同样的伸缩和平移。与短时傅里叶变换、连续小波变换等时-频域分析方法相比，S变换有其独特的优点：信号S变换的时-频谱的分辨率与频率有关，且与其傅里叶谱保持直接的联系；基本小波不必满足相容性条件等。

Stockwell提出的S变换表述如下：设函数 $x(t) \in L^2(R)$，$L^2(R)$ 表示能量有限函数空间，$x(t)$ 的S变换定义为

$$S(\tau, f) = \int_{-\infty}^{\infty} x(t) \frac{|f|}{\sqrt{2\pi}} e^{\frac{-f^2(t-\tau)^2}{2}} e^{-i2\pi ft} dt \qquad (5\text{-}99)$$

在S变换中，基本小波函数为

$$w(t) = \frac{1}{\sqrt{2\pi}} \exp\left(\frac{-t^2}{2} - i2\pi t \right) \qquad (5\text{-}100)$$

$x(t)$ 的S变换谱与其傅里叶变换谱有如下关系：

$$\int_{-\infty}^{\infty} S(\tau, f) d\tau = X(f) \qquad (5\text{-}101)$$

式中，$X(f)$ 是表示 $x(t)$ 的傅里叶变换。

S变换的逆变换为

$$h(t) = \frac{1}{2\pi} \int_{-\infty}^{\infty} \left\{ \int_{-\infty}^{\infty} S(\tau, f) d\tau \right\} \exp(i2\pi ft) df \qquad (5\text{-}102)$$

与小波时频分析一样，通过时频谱可求取每个采样点的衰减，S变换具有更高的时频谱分辨率和精度，理论上它计算出的衰减数据体也相应地有较高分辨率。因此，可以利用该变换来计算振幅衰减，从而进行含气性识别。

在四川盆地多数气藏中的储层往往很薄，如川西中浅层气藏，在开展含气性识别时同样需要高的分辨率，否则所得结果受薄互层的综合影响会很大。在S变换的基础上，可得到高分辨率的含气性识别结果。图5-36所示为利用S变换求取地震波衰减系数示意图。该方法具有高分辨率的原因主要有两点。

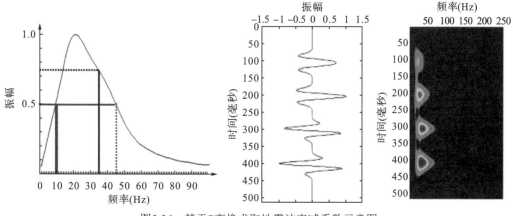

图5-36　基于S变换求取地震波衰减系数示意图

（1）S变换本身具有高的时频分辨率。

（2）计算衰减梯度时对振幅谱进行了线性化处理，以此来提高衰减梯度的灵敏性。

图5-37显示了该方法在川西合兴场—高庙子地区的应用效果。可见，中江气田合兴场-高庙子地区沙溪庙组JS$_1^4$和JS$_2^{4-1}$河道砂体储层含气性较好，识别结果与实际吻合度较高。

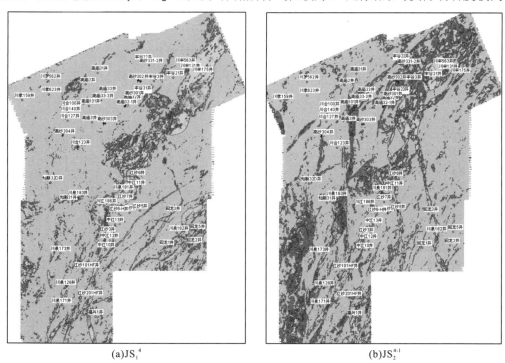

(a)JS$_1^4$　　　　　　　　　　　　　　(b)JS$_2^{4-1}$

图5-37　中江气田合兴场—高庙子地区JS$_1^4$和JS$_2^{4-1}$河道砂体储层含气性预测平面图（彩图见附图）

5.5.5　含气性指示参数随机反演

含气指示参数随机反演技术，采用随机反演方法融合井-震信息，关键是找到与波阻抗曲线有良好相关性的含气指示目标参数。

　　以下以马井—什邡地区中浅层蓬莱镇组气藏为例，阐述叠后含气指示参数反演方法的应用思路与效果。

　　测井数据中，中子与声波曲线常常用于识别高产气层。由图5-38可知，在补偿中子-声波时差交汇图中，含气砂岩与非含气砂岩和泥岩有明显的分界线。因此，利用这一现象合成含气指示参数(曲线SOIP1)，可以实现含气砂岩识别。由图5-39可知，含气指示曲线与归一化的波阻抗具有良好的相关关系(相关系数约等于0.8)，可以利用含气指示曲线进行随机模拟，预测含气砂岩的空间分布。根据钻井统计，含气砂岩的SOIP1截止值为30，工业气层截止值为26。例如，如图5-40所示，马蓬87-2井JP$_2^3$气层测试无阻流量为9.76×10^{4}m^3/d，其含气指示曲线值为13.9；马蓬71井JP$_2^3$气层测试无阻流量为0.18×10^{4}m^3/d，其含气指示曲线值为37.13；高产井与低产井的储层在含气指示曲线值上具有明显的差异。

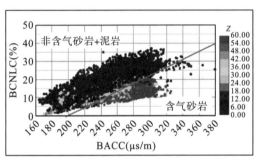

图5-38　补偿中子—声波时差交汇图　　　　图5-39　含气指示曲线—波阻抗交汇图

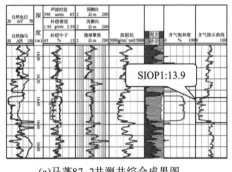
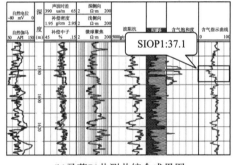

(a)马蓬87-2井测井综合成果图　　　　　　　(b)马蓬71井测井综合成果图

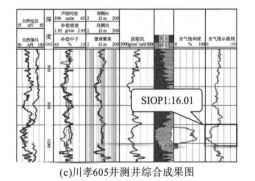

(c)川孝605井测井综合成果图　　　　　　　(d)川孝605-2井测井综合成果图

图5-40　含气指示曲线单井测试分析效果图

由图5-41可知，SOIP1小于26的区间内基本为无阻流量大于$1\times10^4 m^3/d$的 I 类、II 类气层，SOIP1大于26的区间内则为无阻流量小于$1\times10^4 m^3/d$的非工业气层；而在波阻抗小于$9500 (m\cdot g)/(s\cdot cm^3)$的范围内，既有无阻流量大于$1\times10^4 m^3/d$的 I 类、II 类气层，又有无阻流量小于$1\times10^4 m^3/d$的非工业气层。可见，对于气层识别而言，含气指示曲线具有比波阻抗曲线更高的敏感度。

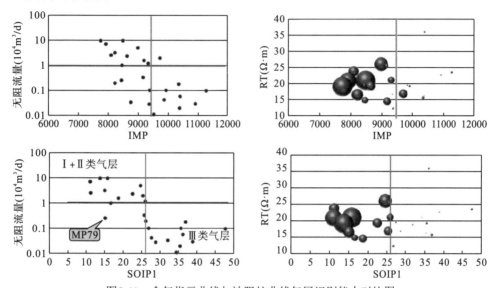

图5-41 含气指示曲线与波阻抗曲线气层识别能力对比图

注：交汇图使用了直井JP_2^3、JP_2^5气层全部测试层段的数据。

基于地震、测井和地质等综合数据，利用随机模拟反演技术对含气敏感曲线进行随机模拟，实现含气砂体预测。如前文所述，波阻抗虽然可以大致把高含气饱和度和低含气饱和度的数据点区分出来，但在低波阻抗区域也同时存在大量的含气饱和度低的数据点，说明波阻抗对含气砂岩的识别难度较大。而从构建的含气指示曲线来看，如果把截止值放到30，则可以把高含气饱和度和低含气饱和度的数据点明显分开。因此，如果使用构建的含气指示曲线进行随机模拟，则能达到识别气层的目的。

如图5-42所示，马蓬75-1井JP_2^3气层日产气$3.36\times10^4 m^3$，是一口产气量较高的水平井。其波阻抗和含气指示曲线均较低，表明钻遇良好的储层和含气特征。

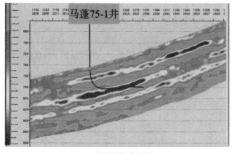
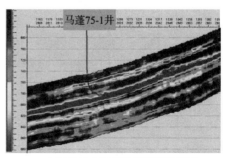

(a)波阻抗剖面   (b)含气指示曲线随机模拟反演剖面

图5-42 马蓬75-1井波阻抗剖面与含气指示曲线随机模拟反演剖面对比

图5-43显示了水平井什邡109-1井和马蓬78-1井是低产气高产水的井，具有低波阻抗特征，反映储层较好，但含气指示较差、异常不强。

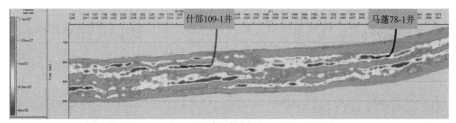

(a)波阻抗剖面

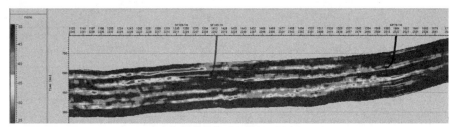

(b)含气指示曲线随机模拟反演剖面

图5-43　什邡109-1井和马蓬78-1井波阻抗剖面与含气指示曲线随机模拟反演剖面对比

图5-44显示了主要的产气目的层JP$_2^5$的含气指示参数的沿层分布情况。可见，在图中暖色区域是含气比较好的地方，大量高产井分布在该区域；而低产井、产水井和干井等非工业气井分布的区域则无明显的含气异常，含气指示参数表现为高值蓝色特征。通过单井剖面和平面图分析并与实际钻井测试结果进行对比发现，吻合率约为75%。

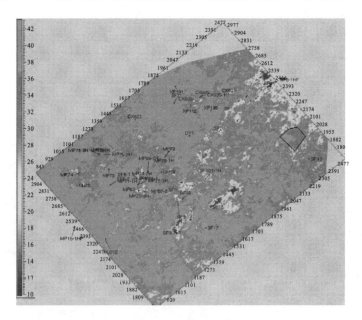

图5-44　成都气田马井—什邡地区蓬莱镇组JP$_2^5$储层含气指示参数异常分布

第6章 川西陆相浅中层致密气藏地震解释与综合应用技术

川西陆相侏罗系气藏主力层系蓬莱镇组、沙溪庙组砂岩储层主要受三角洲平原-前缘分流河道控制，河道发育期次多、砂体叠置关系复杂、砂体厚度薄、储层致密、岩性及物性横向变化大，且储层与非储层波阻抗差异小、叠置程度高。因此，不仅需要针对性的地球物理研究思路及技术流程，而且需要单项特色技术的测试优选和多种特色技术的集成配套。采用由相带刻画到储层预测，由定性到定量逐级控制的递进式预测思路，完善了河道相带刻画、储层空间表征、储集参数预测与描述等多项技术。在储层精细刻画方面，通过河道砂岩储层叠置样式正演及地震响应特征分析，形成了波形分析、多属性融合、时频域频变能量融合、边缘检测、三维可视化等技术，对叠置河道进行分期次识别与刻画，明确了河道砂岩储层在三维空间的展布。其中时频域能量分析与多属性融合是河道精细刻画的关键技术。以储层岩石物理特征分析为基础，利用叠后波阻抗反演技术、叠前叠后地质统计学反演技术预测储层厚度、孔隙度等，实现储集参数的高精度定量预测与描述，而相控地质统计学反演技术是储层高精度定量预测最常用的技术。在钻井轨迹设计与优化调整方面，以随钻反演和时深转换为主要支撑技术。

6.1 气藏地球物理特征及预测难点

与国内外类似地区相比，川西拗陷东坡中江气田沙溪庙组、成都凹陷马井—什邡—广金蓬莱镇组等三角洲沉积体系分流河道砂沉积水体相对较深，河道砂厚度相对较薄，多以细长条带状展布，河道数量多、流向多，交错叠置现象普遍，沉积规律复杂，地层速度平面变化较快，所以气藏精细描述面临储层空间刻画、低阻抗泥岩陷阱、气水识别、窄河道薄砂体预测、钻井轨迹精确控制等诸多难题。

6.1.1 气藏地球物理特征

1. 岩石物理测井响应特征

川西浅中层储层测井响应特征(图6-1)较为明显。含气储层的基本特征为"三低、两高、一正、一负"，即低自然伽马、低补偿中子、低密度、高视电阻率、高声波时差、双侧向/微球视电阻率正差异、自然电位负异常。储层段岩性以细砂岩为主，表现为自然伽马低值，一般为低-中值，为55~80API。储层含气后，声波时差增大，补偿中子、密度值降低；含气性越好，变化幅度越大；声波时差为中高值，一般为66~90μs/ft；补偿中子为中低值，一般为6%～16%；密度曲线为中低值，一般为2.23～2.52g/cm³；自然电位负异常明显；井径平直与钻头相等或略有缩径；双侧向视电阻率曲线常呈正幅度差，深侧向值一般为10～45Ω·m。

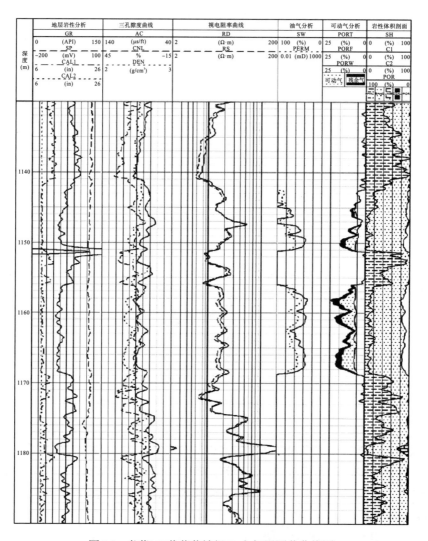

图6-1　孝蓬105井蓬莱镇组JP₂上气层测井曲线图

致密层声波时差一般小于66μs/ft，自然电位基本没有异常或异常很小。川西浅中层还偶尔发育高自然伽马储层(图6-2)，其测井曲线特征为高自然伽马、低声波时差、低补偿中子、较高视电阻率，除自然伽马外的所有曲线均显示为砂岩特征。含气时，具有高阻正差异、低补偿中子的特征，补偿中子、声波时差、密度等孔隙重叠时，预示天然气丰度较高。

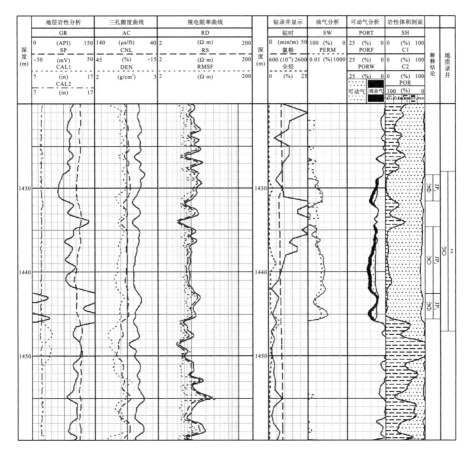

图6-2　马井22井蓬莱镇组JP₂上气层测井曲线图

2. 储层地震响应特征

对马井—德阳北地区蓬莱镇组砂体钻井资料统计分析发现，储层阻抗主要以中低阻抗为主，但也存在中、高阻抗储层。不同波阻抗砂岩具有明显不同的地震响应特征，高阻抗砂岩往往为致密砂岩，含气性较差，表现为顶部强波峰，底部强波谷；低阻抗砂岩往往为有利储层，表现为顶部强波谷，底部强波峰(图6-3)；而中等阻抗砂岩储层孔隙度介于有利储层与致密砂岩之间，地震响应能量为中弱反射，反射特征不明显。目前，获得工业气流的川西浅中层储层绝大多数表现为低阻抗储层，以此确定了有利储层地震响应特征，即"低阻抗、强波谷-强波峰"。

结合川西实际地震地质资料，通过正演数值模拟，能确定地震波的传播特征。设定8000m长度的二维模型，模型中包括致密砂岩、含水砂岩、含气砂岩和泥岩4种岩性体，模型参数(表6-1)由什邡5井JP₂³含气砂体进行流体替换获得。模型(图6-4)中包括单透镜体、叠置透镜体和河道等类型。正演模拟分析显示，3种河道砂体的振幅特征具有明显差异，即含气砂体顶界面为强波谷，底界面为强波峰；含水砂体顶界面为弱波谷，底界面为弱波峰；致密砂体顶界面为强波峰，底界面为强波谷。

由此，在实际地震响应特征和正演数值模拟地震波传播特征的基础上，综合分析认为，获得工业气流的川西浅中层储层绝大多数表现为低阻抗储层，再结合沉积相带预测、地震精细标定与模型正演认识，形成"相控预测找砂，属性预测找储"等地震储层预测思路，建立了基于地震响应特征的有利储层相控预测模式，即"有利相带（条带状外形——河道）、低阻抗、强波谷-强波峰"。

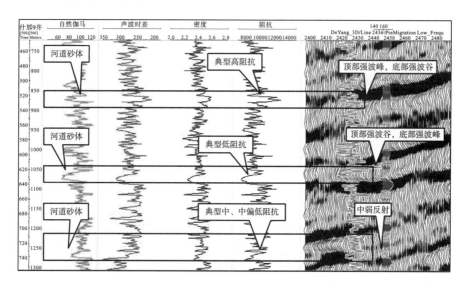

图6-3　马井—德阳地区完钻井揭示的不同阻抗特征砂体地震响应特征

表6-1　马井—什邡地区蓬莱镇组各岩性体参数表

岩性类别	纵波速度(m/s)	横波速度(m/s)	密度(g/cm³)
致密砂岩	4900	2750	2.57
含水储层	4150	2280	2.46
含气储层	3750	2450	2.34
泥岩	4050	2150	2.45

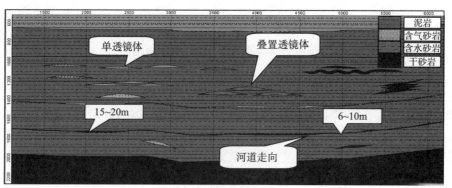

(a)二维模型

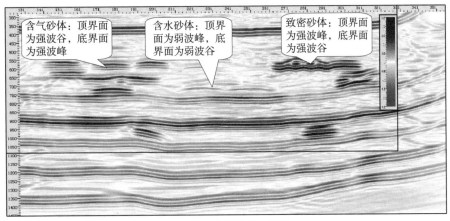

(b)正演数值模拟叠加剖面

图6-4　河道砂体二维模型及正演数值模拟叠加剖面

6.1.2　气藏地球物理预测难点

1. 河道展布空间刻画

川西浅中层主力砂体分布主要受分流河道控制，河道多，分布广，常规的单一地震属性很难刻画河道的边界；纵向上多期砂体叠置，水平井开发所需的以单砂体为单元的储层预测，河道的期次刻画既是重点也是难点。

2. 中等阻抗泥岩陷阱

由于波阻抗与岩性具有良好的相关性，波阻抗反演在构造油气藏勘探开发中得到成功地应用，但对于川西浅中层岩性油气藏勘探而言，低波阻抗泥岩发育导致含气砂岩波阻抗分布区间与泥岩波阻抗分布区间部分重叠，存在低阻抗泥岩陷阱。

3. 窄河道薄砂体预测

优势沉积微相主要为三角洲平原/前缘主河道/分支河道，其次为河口坝/河道侧积/远砂坝/决口扇，河道宽度窄，大多数为0.5～2km，河道砂体厚度薄，一般为4～15m，且岩性和物性横向变化快。

4. 气水边界识别

同一河道非均质性差异大，钻井的产能差别较大，个别钻井甚至出现产水现象，但是地震振幅响应特征差异不大，储层饱含气、气水同产及产水砂体阻抗特征差异小，地震响应特征差异微弱，孔隙流体性质预测难度很大。因此，如何在复杂油气藏中识别气水边界，是川西地震勘探开发面临的一个世界性难题。

5. 钻井轨迹精确控制

在开发上，川西浅中层水平钻井要求储层深度预测误差小于5m，影响深度预测最重要的参数是速度。常规的速度仅能满足构造成图的要求，但是还不能达到精确控制水平井轨迹的要求。即使井点处的深度经过校正后能够与实钻吻合，但是经过插值外推后的井间速度和井外速度缺乏高精度的质量监控和校正，导致空间速度精度不高，影响井震时深转换精度，从而影响优质储层钻遇率。

6.2 多域多属性相带预测技术

为了充分利用地震资料实现沉积相描述、河道精细刻画、储层预测等，可以从时域、频域、小波域等多角度分析地震属性，并采用信息融合、神经网络等手段，建立波形分类相带预测、多属性融合相带描述和时频域频变能量属性融合相带识别等技术。

6.2.1 波形分类相带预测

基于波形分类的地震相分析处理的基本原理是运用人工神经网络分析、统计聚类、以及层位尖灭识别等先进的技术和方法对地震道波形进行分类，把代表同一类沉积相的地震反射波分为一类，并以此来代表同一沉积微相。这样，可以从一个新的角度去进行储层预测和油藏描述，使地震相划分更具有客观性，更逼近真实地质情况。其优点在于，基于波形的地震相划分由于地震道波形是地下地质体地震响应(振幅、相位、频率等)的综合反映，包含了地震响应的各种参数的综合变化，所以，利用它来进行储层地球物理响应研究，即地震相分析，避免了单一参数带来的多解性和不确定性。传统上，在同一地震层序中具有相似地震几何参数(内部反射结、外部几何形态)和物理参数(振幅、连续性、频率、波形)的单元，常常划为同一地震相，但这主要针对相对大尺度的相带，而实际生产中需要对地震亚相、微相(1~2个地震反射同相轴)的划分和预测，而基于人工神经网络分析技术、统计聚类以及层位尖灭识别等先进的波形分类方法技术，刚好能满足这样的需求。

图6-5是成都凹陷马井、什邡地区JP$_3$气藏JP$_3^{10}$波形分类图。一方面，可以根据地震相带外形结合钻井进行沉积相解释，识别主河道，识别河道边部可能存在的决口扇沉积，识别河道南部入湖口处河口坝沉积等。另一方面，河道内部地震波形特征亦有差异，这可为河道内部非均质性乃至储渗系统划分等研究提供依据。

运用该技术必须把握几个关键点：

(1)在构造复杂地区，分析时窗的确定要反复测试，以钻井标定为准。基于波形分类的地震相划分的出发点是利用一切先进的处理方法，在解释人员给定的时窗内，把固定时窗内所有地震道波形按解释要求分成固定的类数。当然，若当给定的时窗太大，则会包含太多波形，反映太多信息而使相带特征难以识别；若时窗太小，则会包含不全，不能反映相带整体特征。特别是在构造复杂地区，处理时窗难以精确确定，导致解释精度下降。

(2)合适的分类种数，应以能清晰刻画实际地质特征为准。当给定分类数很少时，会出现很多比较牵强的划分，即同一类地震波之间相关性不高，可能反映几种沉积微相，达不到效果。而如果分类太多，则在进行微相划分和用井资料标定时，难以把控相带分布规律。

(3)对于无井标定区，波形的地质意义应联合区域沉积特征进行分析和定义。通常不同的波形种类到底代表什么沉积现象和地下地质情况,没有已知井标定,则难以精确认定。准确地说,波形本身并没有什么特殊的地质意义,其地质属性需要已知钻井、测井和测试情况进行标定确认。

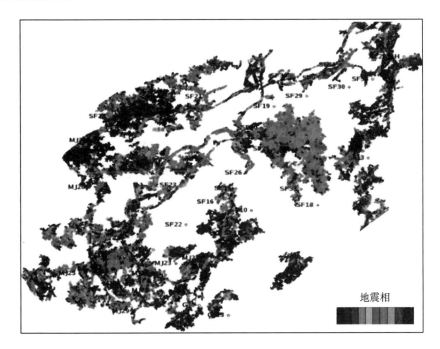

图6-5 成都凹陷马井、什邡地区JP₃气藏地震相刻画图

6.2.2 多属性融合相带描述

多属性融合技术是将多种属性在一定的数学运算基础上,同时考虑每一种属性对储层的影响,最终得出最优的结果。目前,多属性的融合手段来自不同传感器和信息源的多种属性数据进行自动探测、交汇、相关、估计、组合、加工等处理,形成一个或一组优选的目标属性。这些属性数据可以是时域数据、频域数据或同时包含有时频域信息的混合特征数据、衍生属性等。融合技术对地震属性信噪比的要求较高。首先,在众多地震属性中进行筛选,结合测井资料选择对储层比较敏感的属性。选取的原则是:分析地震属性,选出对储层最敏感的一些属性,且同一类型的地震属性只选其中效果最好的一种,一般选择2~3种属性进行融合,同时还要保证有1~2种属性用于验证。其次,不同地震属性具有不同的特性和变化范围,所以地震属性融合前要进行地震属性优化及地震属性的相关性分析。地震属性融合技术充分挖掘了数据的内涵信息,提高了预测的精度,减小了利用单属性预测的多解性,在川西河道砂岩相带刻画中发挥了重要作用。

例如,在川西地区,常用于河道检测、断裂识别、地质体异常识别、储层预测等的CMY(C为振幅、M为相位、Y为方位)属性融合技术,其优点是能够充分利用地震属性中蕴含的构造和岩性信息,克服单一地震属性显示不足和单属性色彩不能突出地质体异常的缺点,提高了从多属性中提取地质体的能力,使图像显示更加清晰,具有特征明显、细节丰富、高信息量和多属性联合显示的特点。图6-6显示了川西中江气田高庙子地区JS₃气藏多属性融合地震相刻画对比效果。可见，多属性融合技术在断裂检测和河道边界刻画方面优于常规振幅属性，尤其是对于振幅偏弱河道成像针对性更强。

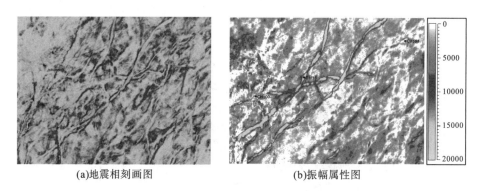

(a)地震相刻画图　　　　　　　　　　　　(b)振幅属性图

图6-6　中江气田高庙子地区JS₃气藏多属性融合地震相刻画图与振幅属性图

6.2.3　时频域频变能量属性融合

时频域频变能量融合技术是指在像素处理后的地震数据体上，开展基于小波变换的体分频处理，即采用一系列不同频率和带宽的伽博子波，对地震道进行分频处理，得到各个不同频率带的振幅能量体和相位体。赋予每一单频振幅能量体一种颜色(通常是红、黄、蓝色中的一种)，单频振幅能量体内不同采样点处依据能量差异赋予此点同种颜色不同的亮度和强度，最后将各单频地震振幅能量体同一点处不同颜色的亮度和强度按照RGB混合方式得到对应的颜色值，融合形成一个频率能量体。通过该方法可观察到同一地质体不同厚度区叠合后地质体的分布范围，实现地质体外形的整体刻画，使相带连续性、相带边界刻画能力得到提高，并以此来识别地质体边界以及薄层地质异常体叠置关系与发育期次。其实际上是频变能量融合处理与体分频处理两项技术的联合运用，既利用了频变能量融合处理的强去噪功能，又充分发挥了频变能量融合技术的极小时窗性和对地质异常体边界的超敏感性。

图6-7显示了利用该技术对成都凹陷东部斜坡高庙—中江地区沙溪庙组JS₁⁴河道外形及边界刻画效果。该地层埋深约为1900m，砂体厚度为10～30m。处理时，首先对目的层段的地震数据进行全频(0～80Hz)段扫描，确定地震优势频带为20～50Hz；然后选用具有代表性的25Hz、35Hz、45Hz对应的单频振幅能量体，分别用红、绿、蓝三色叠合，颜色的强弱对应着振幅能量的高低。图中浅白色对应河道砂体刻画结果，北部近物源区域具有典型曲流河道特征，结合区域沉积地质背景分析，该河道物源来自北部米仓山地区，区内北部高庙地区主要地貌为较平缓的三角洲平原曲流河道沉积，南部中江地区河道变窄、河道弯度降低，体现出逐渐向三角洲前缘过渡的特点。纵向上，沉积较早期的JS₁⁴层三角洲平原位于中北部，而到了晚期JS₁¹时期，平原向北部退却，体现出沉积基准面升高的特征。

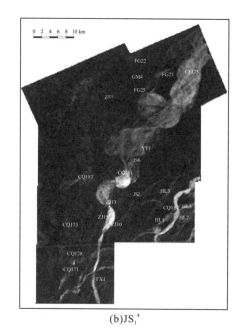

(a)JS$_1^1$　　　　　　　　　　　　　　　(b)JS$_1^4$

图6-7　中江气田沙溪庙组JS$_1^1$和JS$_1^4$频变能量相带刻画平面图融合

6.3　河道砂体定量预测技术

6.3.1　基于叠后反演的储层定量预测

地震储层定量预测的关键技术是地震反演，而叠后反演是储层预测常用的快速、经济手段之一。它有效的将地震信息与测井信息有机结合在一起，把常规的振幅数据体转换成一个高分辨率的反演属性体，直接反映储层特征。通过将测井约束、宽带约束与岩性反演三者结合起来，把界面型的地震数据转换成各种参数及岩性数据，使其能与钻井、测井直接对比，以层为单元进行地质解释，用于解释储层及其含油的地层型气性，研究储层特征的空间变化。

1. 叠后波阻抗反演储层定量预测

目前，叠后波阻抗反演方法主要以稀疏脉冲反演(CSSI)为主。稀疏脉冲反演假设地震反射系数由一系列大的反射系数叠加在高斯分布的小反射系数的背景上，大的反射系数相当于不整合界面或主要的岩性界面。

由于地震资料是带限数据，缺少低频信息，而目标模型是宽带的，因而需要基于井资料内插出低频地质模型来弥补地震资料频带较窄的缺陷，从而实现横向上连续变化的地震界面信息与高分辨率测井信息的有机结合。具体做法是，首先将地震解释层位和断层内插，然后根据构造框架模型中定义的地层接触关系，将测井波阻抗数据采取内插外推算法，形成合理的初始波阻抗模型，为稀疏脉冲反演提供低频成分。

利用稀疏脉冲叠后波阻抗反演结果计算砂体厚度时，首先基于砂岩为低阻抗、泥岩为高阻抗的特征，确定砂岩和泥岩的波阻抗门槛值；然后通过波阻抗门槛值和测井曲线建立岩性与阻抗之间的关系，将反演波阻抗数据体拟合成岩性数据；最后利用目的层段平均速度计算得到预测砂体的厚度。图6-8是中江气田高庙JS$_2$$^{4-2}$砂体厚度图。从图中可以看出，高产井大多位于砂体较厚的地方。

图6-8　中江气田高庙子沙溪庙组JS$_2$$^{4-2}$砂体厚度图

2. 叠后地质统计学反演储层定量预测

地质统计学反演技术由地质随机建模与地震数据共同驱动，可以将各类地质信息和测井资料融入反演，突破了地震频带宽度的限制，可实现纵向高精度表征。同时利用地震资料横向信息丰富的优势，反演结果充分展示了储层等信息的横向变化及非均质性。该技术广泛用于油气勘探、开发领域，预测结果与井上地质信息吻合更好，大幅提高了薄储层的表征精度，已经成为薄砂体储层识别的有效手段。

图6-9为川西什邡地区蓬莱镇组JP$_2$气藏地质统计学模拟的连井南北向岩性剖面。其中，黄色为砂岩、绿色为泥岩，剖面曲线为GR曲线。剖面岩性分辨率高，井点岩性反演结果与参加反演约束的实钻井砂体发育情况及检验井岩性反演结果吻合，反演结果可靠性较高，克服了常规地震剖面分辨率不足的缺点，为砂体厚度预测奠定了基础。

图6-10为连井孔隙度剖面。其中，红黄色为高孔隙储层，剖面蓝色曲线为孔隙度曲线、红色为GR曲线，曲线与剖面对应好。剖面上，不同厚度储层得以展示，为储层厚度及物性预测提供了依据，是储层量化预测实现的关键的一步。

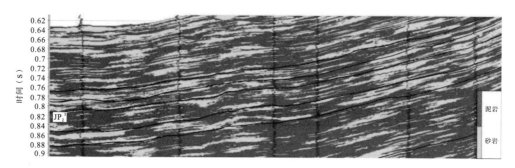

图6-9　成都气田什邡蓬莱镇组地质统计学反演的连井岩性剖面

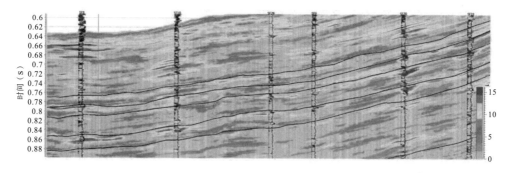

图6-10　成都气田什邡蓬莱镇组地质统计学模拟的连井孔隙度剖面

在岩性剖面上，依据储层反射层位向下开时窗，可以求得砂体时间样点厚度。在孔隙度剖面上，依据储层反射层位向下开时窗，可以求得不同孔隙度储层的时间样点厚度。以地震相带刻画结果为约束，在优势主河道相带内，进行钻井砂体、不同孔隙度储层厚度校正，获得砂体厚度图、储层厚度图、平均孔隙度图等满足气藏描述及储量计算、开发井网部署等需求的各类图件（图6-11）。

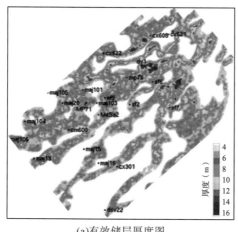

(a)有效储层厚度图

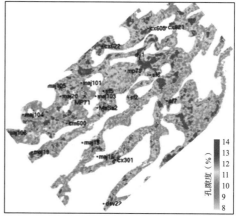

(b)平均孔隙度图

图6-11　成都气田什邡地区JP$_2^3$有效储层厚度和平均孔隙度图

6.3.2 基于叠前反演的储层定量预测

1. 叠前AVO同时反演储层定量预测

叠前反演是指对非零炮检距地震数据的反演。由于实际的地震资料并非自激自收的地震记录,地震资料的野外采集是多炮多道的观测系统,每一个炮集或道集均记录了不同炮检距的反射信息,即每一道上的反射振幅随炮检距的不同而变化,尤其在炮检距变化范围较大时,AVO响应更加突出,而且随炮检距的变化,子波的频率和相位也在变化,因此水平叠加必然会导致信息的丢失。用叠后资料做反演,在进行油气预测时,预测的精度和成功率会受到影响。而叠前反演使用的是叠前道集,反演的参数考虑了入射角因素,并与纵波速度、横波速度、密度参数有关,这样就包含了大量的地震信息,而使反演获得的岩性、物性信息更加丰富、可靠。

在川西拗陷新马—什邡地区,蓬莱镇组为主要目的层。图6-12所示为区内JP_2^3砂体的含气有利区预测结果。可见,低纵横波速度异常主要为砂体分布区域,与钻井结果吻合。同叠后阻抗属性对比表明,砂体分布范围同阻抗属性规律一致,叠前VP_p/VS_s属性预测的砂体范围更大,包括了部分中等阻抗的砂体(图6-13)。对比孝蓬105井和什邡19井河道,在叠后阻抗中河道是连通的,而在叠前AVO阻抗中差异比较明显,河道可能发育多个连通性较差的砂体,砂体间含气性差异大,虽然干井和高产井都具有阻抗异常,但连通性的差性导致了局部富气,同测试结果吻合(图6-14和图6-15)。

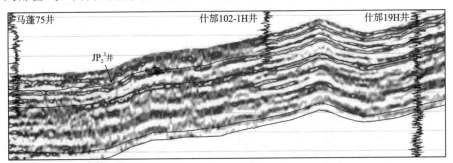

图6-12 新马—什邡地区蓬莱镇组过井纵横波速度比剖面

(a)JP_2^3砂体分布图

(b)JP_2^5砂体分布图

图6-13 新马—什邡地区JP_2^3和JP_2^5叠前反演砂体厚度图

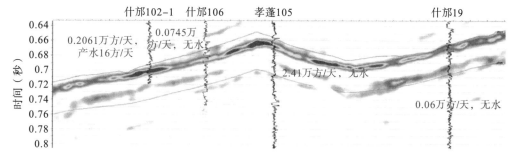

图6-14　新马—什邡地区蓬莱镇组过井纵波阻抗剖面

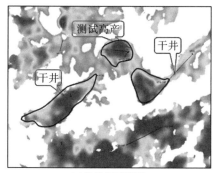

(a)叠前纵波阻抗

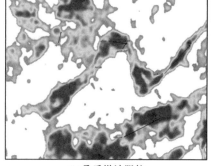

(b)叠后纵波阻抗

图6-15　孝蓬105井区JP$_2$^{3}叠前纵波阻抗与叠后纵波阻抗属性图

2. 叠前地质统计学反演储层定量预测

叠前地质统计学反演时，需要利用概率分布函数(probability density function)和变差函数(variation function)进行参数分析。其中，概率分布函数描述的是特定岩性对应的岩石物理参数在空间的概率分布情况，对于序贯高斯模拟要求数据服从高斯分布。因此，模拟前应对数据进行分析，若不服从高斯分布，则需要进行数据转换。而变差函数描述的是横向和纵向地质特征的结构和特征尺度，是地质统计学中描述区域化变量空间结构性和随机性的基本工具。地质统计学反演中垂向变差函数从井数据求取，水平方向变差函数往往受到钻井密度的限制，不应该直接从对井的分析中得到，目前比较常用的方法如下。

(1)根据已经建立的地质信息库信息，结合研究区的沉积环境特征，地震属性分析，定性地确定不同沉积环境下沉积体的变程(变差函数)。

(2)根据确定性反演结果定量地确定变量在水平方向上的变程。

图6-16显示了过川合123井、高沙303井、高庙32井和高庙105D井的JS$_3$$^{3-2}$砂组联井岩性反演剖面(井点处曲线为自然伽马)。可见，岩性反演结果与井点处吻合较好。

基于高分辨率岩性模拟的结果和岩石弹性参数体，可以通过多轴高斯协同模拟的数学方法，对砂岩的孔隙度进行协同模拟。在地质统计学波阻抗体、岩性体反演的基础上依据波阻抗和孔隙度的关系，在岩性体的基础上剔除泥岩，进行孔隙度模拟，经过多次模拟，模拟结果正演、反复迭代、检验井评估等过程，获得了孔隙度反演成果。图6-17分别为高庙子地区JS$_3$$^{3-2}$砂组基于常规反演方法［图6-17(b)］、叠前地质统计学反演方法［图6-17(a)］

得到的孔隙度预测平面图，根据钻井统计，从图中可以看出，叠前地质统计学反演方法［图6-17(a)］预测精度最高。

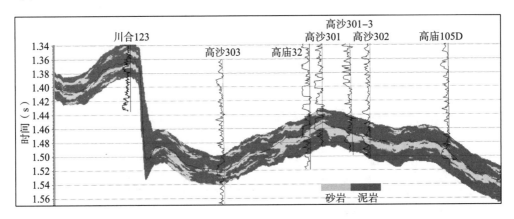

图6-16　中江气田东坡地区沙溪庙组JS$_3^{3-2}$砂组岩性反演剖面

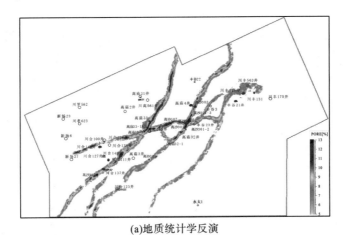

(a)地质统计学反演

(b)常规反演

图6-17　中江气田高庙子地区JS$_3^{3-2}$砂组地质统计学和常规反演方法的孔隙度预测平面图

　　图6-18所示分别为中江气田沙溪庙组JS$_1^4$和JS$_3^{3-2}$砂组孔隙度预测平面图。根据统计，与实钻数据的吻合率分别为85.7%和84.6%。JS$_1^4$砂组孔隙度主要分布在9%～14%，其中江沙5井和江沙7井附近河道砂体孔隙度较高；JS$_3^{3-2}$砂组孔隙度主要分布在8%～13%，其中高庙33井和高庙32井附近河道砂体孔隙度较高。在孔隙度预测的基础上，根据测井储层分类标准，将孔隙度大于7%的作为储层，便可实现储层厚度的计算。图6-19是基于叠前地质统

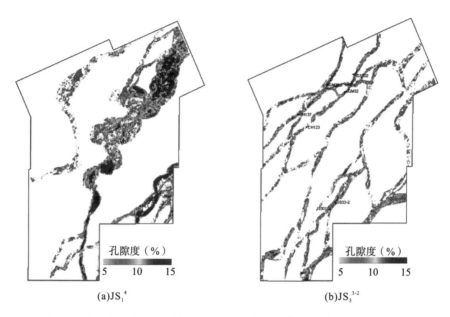

(a)JS$_1^4$　　　　　　　　　　　　　　　(b)JS$_3^{3-2}$

图6-18　中江气田叠前地质统计学反演JS$_1^4$和JS$_3^{3-2}$砂组孔隙度预测平面图

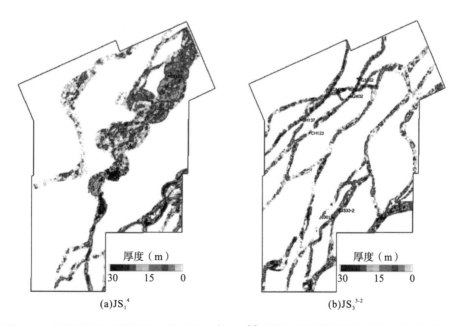

(a)JS$_1^4$　　　　　　　　　　　　　　　(b)JS$_3^{3-2}$

图6-19　中江气田叠前地质统计学反演JS$_1^4$和JS$_3^{3-2}$砂组储层厚度预测平面图(彩图见附图)

计学孔隙度协同模拟结果在有利相带范围内提取的JS_1^4和JS_3^{3-2}砂组储层厚度预测平面图。根据统计，与实钻数据的吻合率分别为71.4%和81.5%。JS_1^4砂组储层厚度主要分布在10～35m，其中江沙5井和江沙7井附近河道砂体储层厚度较厚；JS_3^{3-2}砂组储层厚度主要分布在8～25m，其中高庙33井和高庙32井附近河道砂体储层厚度较厚。

6.4　河道砂体表征与刻画技术

6.4.1　振幅属性河道砂体表征

地震振幅属性是预测岩层特性的常用参数，由振幅属性可以计算出反射参数、速度、吸收系数等。在实际应用中，振幅、能量、平均反射强度、均方根振幅、最大波峰振幅和最大波谷振幅等应用较多。对于川西中江气田，正演模拟分析及实践证实，最大波谷振幅对河道砂体刻画最有利，从属性图（图6-20）中可看出河道砂体异常刻画清晰，河道展布特征符合地质规律。

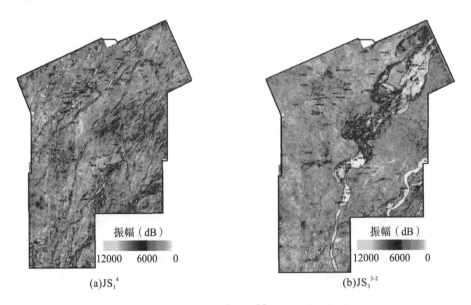

(a)JS_1^4　　　　　　　　　　　　　　(b)JS_3^{3-2}

图6-20　中江气田JS_1^4和JS_3^{3-2}砂组河道展布图

6.4.2　波阻抗属性河道砂体表征

川西侏罗系河道砂体以高孔隙的低阻抗砂体为主，物性较好，有利于油气充注。虽然利用振幅变化，尤其是强波谷振幅变化，能揭示低阻抗砂体，但常常容易受到围岩变化及地震波干涉效应影响；而利用波阻抗属性，对于刻画有效河道储层效果更加明显。图6-21为中江气田JS_3^{3-2}砂组最小阻抗异常图。该图揭示该河道砂体分布稳定连续，物性好，沙溪庙河道砂体非均质性较强，河道砂体的不同部位、不同河道砂体储集物性条件存在明显差异。

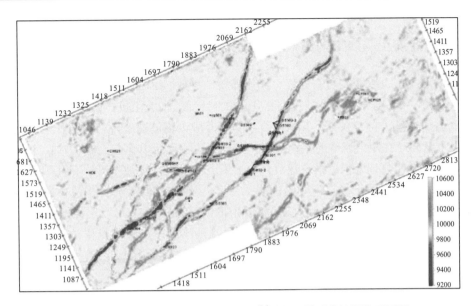

图6-21　中江气田合兴场—高庙子JS$_3^{3\text{-}2}$砂组河道砂体波阻抗平面图

6.4.3　地震分频河道砂体表征

利用三维地震据体开展基于地震体的小波变换分频处理，通过不同频率的能量异常以及多频率的能量异常叠合，能够清晰地刻画出河道等地质异常体的边界。

在川西拗陷，针对新场气田侏罗系蓬莱镇组JP$_3^6$气层采用0～100Hz的频率进行扫描，得到不同频率的能量子体，可用于描述储层的横向展布规律。图6-22（a）是JP$_3^6$气层20Hz、25Hz、30Hz、35Hz频率对应的调谐振幅，可见20Hz、25Hz频率的振幅变化主要反映了河道沉积的砂体展布特征；在30Hz、35Hz频率的振幅图上，河道沉积特征依然存在，但反映的主要是沉积厚度较薄的储层的特征。图6-22（b）是采用不同频率调谐振幅叠合的方式显示的河道，JP$_3^6$砂体的边界及储层内部的变化均清楚地得以表现。

（a）调谐振幅

（b）调谐振幅叠合

图6-22　新场气田蓬莱镇组JP$_3^6$气层不同频率对应的调谐振幅和调谐振幅叠合河道砂体外形刻画

6.4.4　叠前反演属性河道砂体表征

地震叠前反演可以获得岩石骨架、流体等属性参数，这些参数已经被广泛地应用于储层预测。例如，纵波速度、横波速度、密度、纵波阻抗、横波阻抗、纵横波速度比(V_P/V_S)、泊松比、剪切模量、拉梅系数及其他组合参数。其中，纵波速度V_P与岩石骨架和充填流体有关，由于纵波对孔隙内流体的变化敏感，当岩石孔隙空间中存在流体(如油、气、水)时，岩石的纵波速度明显地降低；横波速度V_S与岩石骨架有关，横波不受岩石孔隙空间及所充流体的影响，主要取决于岩石骨架的性质；密度ρ反映岩层骨架岩性与流体的充填性。由于储层孔隙度较致密干砂岩低，因此，在河道相带识别的基础上，可以用纵横波速度比V_P/V_S来预测河道砂岩储层。图6-23显示了高庙子地区上沙溪庙JS_2^{4-1}砂组纵横波速度比平面分布图。可见，低V_P/V_S的红色区域代表储层物性最好的区域，利用V_P/V_S的平面分布可刻画出河道内相对优质储层的分布。

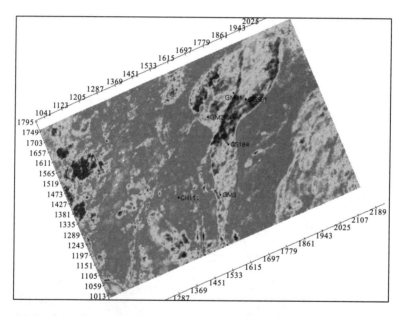

图6-23　中江气田高庙子地区上沙溪庙JS_2^{4-1}砂组纵横波速度比平面图

6.4.5　河道砂体边缘检测

储层的边缘特征及检测，通常采用三维相干体和沿层倾角方位角等属性分析技术来实现。从数学上来讲，对于相干属性，描述的是两个离散信号之间的相似度，通常储层边界与围岩相似程度较小。三维相干体河道砂边缘检测主要以三维相干属性数据体作为基础数据对河道砂的边缘进行预测。三维沿层倾角、方位角河道砂边缘表征则主要运用三维数据体沿层倾角方位角属性，直观地表征储层的沉积特征及其分布边界。沿层倾角、方位角是沿层倾角与方位角的综合。当地层存在强横向非均质性时，沿层倾角、方位角属性能敏感地表征其变化特征。图6-24显示了新场气田蓬莱镇组气藏JP$_3^{5+6}$砂体相干体沿层切片和沿层方位角平面图。可见，JP$_3^{5+6}$两条河道砂体的边界十分明显，并且EW向和SN向的两期河道的切割关系也非常清楚。

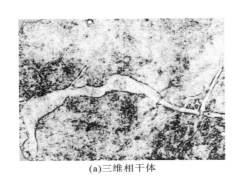

(a)三维相干体　　　　　　　　　　　　　　(b)方位角

图6-24　新场气田JP$_3^{5+6}$砂体三维相干体和方位角边界检测效果

6.4.6　河道砂体空间刻画

通过河道砂体空间刻画，并结合沉积微相研究成果对追踪出的储层的几何外形进行分析，评价追踪出的储层空间展布的合理性。

目前，河道砂体空间刻画主要有两项关键技术。其一为河道三维自动追踪技术，分层组在种子点控制下自动进行储层的三维空间识别和追踪，并对满足条件的样点进行识别（也称为储层雕刻），实现储层三维空间展布的刻画（图6-25）。其二为河道砂体异常体监测技术，该技术是一种比较快速且有效的异常体监测技术，通过设置属性的数据范围和追踪方式对整个数据体进行常规计算和约束计算，计算结果可以储存为体、点、层、面等（图6-26）。

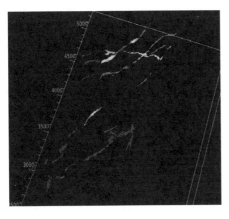
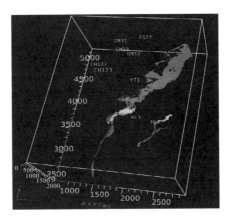

图6-25　中江气田斜坡区沙溪庙组河道砂岩自动追踪三维可视化图(彩图见附图)

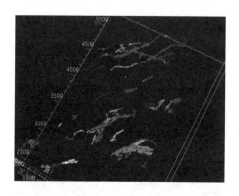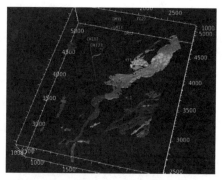

图6-26　中江气田斜坡区沙溪庙组河道砂岩异常体雕刻三维可视化图(彩图见附图)

6.5　深度域钻井轨迹实时精确控制技术

深度域钻井轨迹的精确控制难度很大,因而成为地球物理研究的重要内容。需要从时间域、深度域等角度出发,利用随钻信息实时对比地层,采用高精度井震标定、时深转换、随钻反演等技术手段,有效提取目标储层波阻抗、岩性等参数,精确指导水平钻井轨迹。

6.5.1　丛式井组三维空间轨迹设计及优化

丛式井组或井工厂开发是叠置河道高效开发的重要方式,川西拗陷的大型气田主要位于川西经济极为发达的城市群周边,土地资源紧缺,井场的高效利用对气藏高效经济开发提出了多井需求。这就要求开发部署地面地下一体化,选取井场利用率高、建产预期好的位置部署丛式井组或井工厂。为满足此需求,建立丛式井组三维空间轨迹设计及优化技术,一方面,充分利用三维空间雕刻河道分布,根据产能建设方案开发井网要求,地面地下一体化精选井口位置,确定各小层靶点及井型。另一方面,根据储层实时预测成果,三维空间优化调整轨迹,确保储层钻遇率实现单井产能最大化。

丛式井组三维空间轨迹设计及优化技术由3项关键技术组合形成,主要包括河道砂体精细雕刻技术、三维可视化技术、随钻储层精细标定技术等。丛式井组三维空间轨迹设计及优化技术以保障城市群周边气田高效开发为技术目标,在川西各大气田被普遍应用。图6-27是中江气田城郊实施的江沙33-19HF开发丛式井组空间轨迹展示图。该井组针对4个小层5条河道部署了6口开发井,3口定向井及水平井,水平井单井水平段最大长度达到1766m,创川西之最,井组预计建产$0.5\times10^8m^3/a$。

据统计,在2011~2014年气藏评价及产能建设共100个开发井组中,3口井及以上的井组所占比例达到39%,新区成都气田及中江气田在开发初期已达到37%,伴随开发建产的推进,这一比例会逐渐升高。

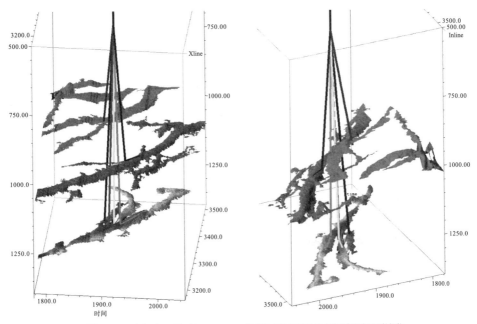

图6-27　中江气田江沙33-19HF井组三维可视化图(彩图见附图)

6.5.2　水平段储层关键参数实时优化

储层预测主要包括岩性、物性和含气性等内容,是水平井轨迹控制的基础资料,但预测精度直接影响到轨迹控制的决策。储层预测精度主要受原始资料品质和已钻经验信息的丰富程度控制。在水平井跟踪研究中,小层精细标定和随钻反演均为关键环节,对井轨迹控制有重要意义。目前,采用的随钻反演技术主要是在提高分辨率处理的基础上,进行约束稀疏脉冲波阻抗反演和地质统计学反演。前者利用新钻井资料进行低频成分约束,方法较稳定,对井数量要求不高。后者在井点处进行强制性的岩性和波阻抗约束,要求有较多的井资料,当砂泥岩的波阻抗范围叠置较多时,井间预测结果的稳定性较差。

1. 随钻储层精细标定

准确标定导眼井储层和地震剖面反射波之间的对应关系,是做好随钻储层预测的基础。储层精细标定的关键环节是合成地震记录,还涉及地震剖面极性确定、面向储层段的剖面子波提取,VSP初始时深关系确定、储层段附近标志层选择与时深关系准确确定、薄层合并及地震响应贡献大小分析等重要步骤。标定的主要步骤如下。

(1)对测井曲线进行必要的校正和综合解释,选择连井剖面进行储层对比,确定标志层。

(2)提取井旁子波进行褶积,使合成记录与井旁剖面具有更好的一致性。

(3)以标志层为准,在井与井之间、层与层之间的相互关系控制下,依据时深关系对各含气砂体逐一进行标定。

(4)应用波形分解方法和正演模拟技术进行验证,尤其是对薄层和薄互层砂体标定结果的验证。

(5) 在井的选择和分布上充分考虑其控制作用。

例如，川西拗陷马井蓬莱镇组马蓬15-1HF导眼井揭示，该井目的储层JP_1^3发育两套厚度为5～7m的储层，下储层为主力气层。常规地震剖面分辨率不能满足储层识别及水平段轨迹控制需求，在高分辨率目标处理的基础上，对该井进行储层精细标定。图6-28所示为MP15-1HF导眼井的井震标定图，合成记录和实际地震道的相关系数达到0.7，一方面表明地震资料和测井数据在一定程度上是可靠的，另一方面可为反演初始模型的建立提供依据。

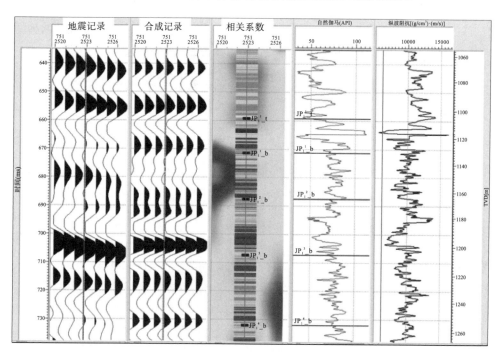

图6-28　马蓬15-1HF导眼井合成记录储层精细标定

2. 导眼井约束随钻波阻抗反演

在实际水平井跟踪过程中，当获得导眼井资料后，便可将导眼井参与约束，得到约束后的随钻反演结果。图6-29所示为川西拗陷马井蓬莱镇组马蓬15-1HF导眼井约束前后波阻抗反演结果。通过提高分辨率处理、井控约束后，主要目的层厚度仅7m的下储层顶底板得以有效分辨，为水平井轨迹控制奠定了坚实基础，有效提高了储层钻遇率，保障了该井产能目标的实现。

3. 约束叠后地质统计学反演

利用地质统计学反演技术实现川西拗陷马井—德阳北区块蓬莱镇组岩性模拟和孔隙度协同模拟，有效地解决了低于地震分辨率的薄层问题、单地震属性叠置的岩性多解性问题，以及提高孔隙度、饱和度数据体分辨率等问题。水平开发井跟踪过程中，在导眼井的约束下，开展水平井井区的随钻反演，效果显著。图6-30所示为什邡104-2HF井约束前后的岩性模拟剖面。可见，约束后剖面分辨率更高，且在井点处与井信息吻合较好。

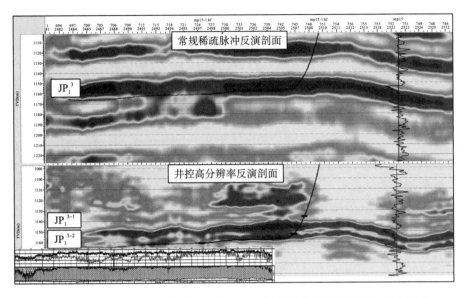

图6-29 川西拗陷马井蓬莱镇组马蓬15-1HF导眼井约束前后波阻抗反演剖面

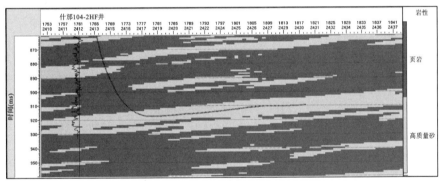

(a)约束前

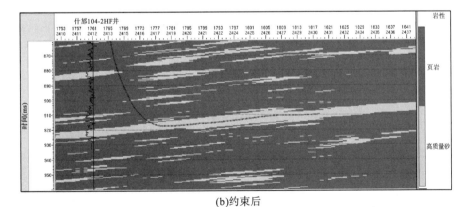

(b)约束后

图6-30 什邡104-2HF井约束前、后岩性模拟剖面

6.5.3　深度域钻井轨迹精确控制

水平井钻井轨迹设计精度直接影响后期钻井开发的效果。满足高精度设计的前提是获得精确的时深关系，因而，井震时深转换成为水平井跟踪的关键。由于时域地震信息与深度域测井信息的结合，必然会面临地震与测井信息间的时深转换问题。而井震分辨率的差异、井震时深转换速度的精度、井震时深转换方法、井震时深转换层位的选择、井震间基准面的选择都直接影响时深转换的精度。

时深转换技术的重点和难点在于创建高精度的层速度体和准确的控制层（时域和深度域）。时域速度建模是在层序框架模型的约束下，利用测井的声波和井斜等资料，建立层速度的三维数据体，并结合时域控制层与深度域控制层的对应关系，将时域地震数据及反演数据体转换成高精度的深度域数据体。

井震时深转换技术的流程如图6-31所示。

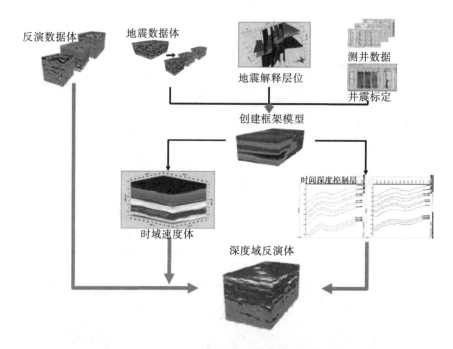

图6-31　井震时深转换技术流程示意图

以典型井川孝101井为例，阐述深度域井轨迹控制效果（图6-32）。该井主要目标储层是 JS_1^1，预测储层厚度约为10m。由于储层厚度较薄，面临钻井着陆位置的选择以及钻井轨迹控制等难题。由图可见，在时域阻抗剖面上，主要目标储层的产状是水平略微上倾的；而在深度域阻抗和岩性剖面上，显示主要目标储层的产状是下倾的，刚好与时域相反。因此，需要采用深度域产状实施井轨迹控制。实验证明，井轨迹的吻合效果在时域和深度域具有明显差异，显然深度域预测精度明显较时域高；面岩性柱状图显示92.6%的水平段是砂岩，即深度域的岩性吻合率达到了92.6%。

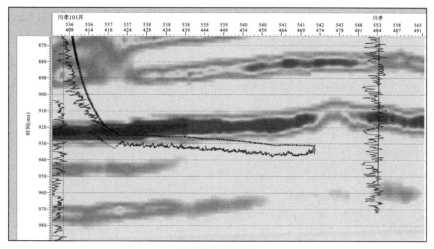

(a)时域波阻抗剖面

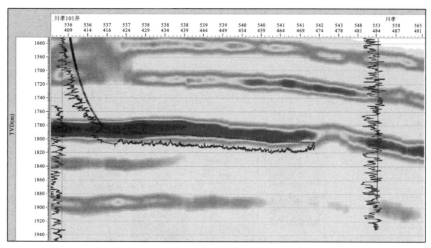

(b)深度域波阻抗剖面

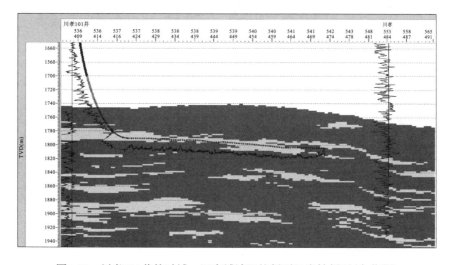

图6-32　川孝101井的时域、深度域波阻抗剖面及岩性剖面(全井段)

6.6　河道砂岩气藏地球物理配套技术体系

针对川西浅中层河道砂岩气藏，以"相控找砂、砂中找优、优中找富、精选靶点"为原则建立了从宏观到微观、定性到定量、岩性—物性—流体逐步逼近、多级质量控制排除预测陷阱的河道砂岩精细刻画攻关思路。形成的地球物理配套技术主要包括：

(1)岩性气藏高保真目标处理技术。

(2)基于谐波准则恢复弱势信号的高分辨率处理技术。

(3)多域多属性相带刻画技术。

(4)基于岩相、物相、流体相的"三相"定量预测技术。

(5)基于孔隙介质渐进方程反演的流体识别技术。

(6)基于射线参数域改进的三参数反演技术。

(7)基于流体密度反演的含气丰度预测技术。

(8)基于叠前地质统计学反演的薄互层定量预测技术。

(9)深度域钻井轨迹实时精确控制技术。

建立的以河道砂岩精细刻画为核心的川西浅中层气藏介绍地球物理预测流程(图6-33)及关键技术系列(图6-34)，为川西大型致密气藏的高效勘探开发提供了重要技术保障。

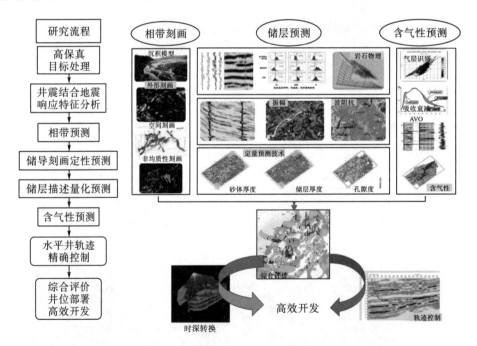

图6-33　川西浅中层气藏河道砂体地球物理预测流程

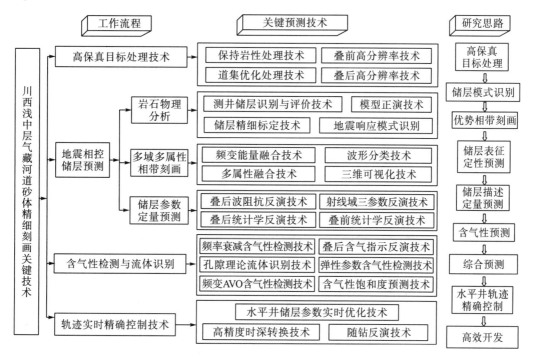

图6-34　川西浅中层气藏河道砂体精细刻画关键技术

第7章 川西陆相深层裂缝型气藏地震解释与综合应用技术

川西陆相深层裂缝型气藏具有超深、超致密、超高压、特低孔、特低渗等特征，以裂缝-孔隙型储层为主，砂体厚度大、延伸范围广，纵向上连片叠置，岩性、构造圈闭、裂缝等多种因素控制气藏勘探与开发效果。基于气藏地质、岩石物理、测井及地震响应等特征，形成的裂缝介质多波正演数值模拟、超致密储层预测、多波地震裂缝检测、纵横波流体识别等关键技术及配套技术体系，在新场、合兴场、孝泉等地区得到广泛推广应用。

7.1 气藏地球物理特征及预测难点

川西陆相深层裂缝型气藏勘探开发潜力巨大，但面临着高渗优质储层预测、提高裂缝检测和流体识别精度等诸多地球物理难点，若要有效解决这些问题，则需要准确掌握储层岩石物理、测井及地震响应特征等重要的基础信息。

7.1.1 气藏地球物理特征

1. 岩石物理测井响应特征

基于岩心、测井等资料开展储层岩性、物性、渗透性等综合分析认为，川西深层须家河组气藏有效储层主要包括孔隙型、裂缝-孔隙型、裂缝型3类。其中，裂缝型、裂缝-孔隙型储层基质孔隙度普遍低于4%，渗透率小于$0.1 \times 10^{-3} \mu m^2$；孔隙型储层孔隙度一般高于4%，存在少数孔隙度大于6%的储层，是致密环境中相对较好的储层。

岩石物理测试分析发现，须家河组储层的泊松比、波阻抗、纵波速度与横波速度等弹性参数，对孔隙度的变化比较敏感，即孔隙体积的变化对岩石弹性参数影响较大。当孔隙度增大到一定程度时，孔隙中流体性质的变化对岩石弹性参数的影响开始显著，即岩石弹性参数的变化开始反映孔隙流体饱和度的变化。在饱和水和饱和气的情况下，岩石物性会有明显的规律性变化。如图7-1所示，四川盆地新场地区深层须家河组二段砂岩储层含气时，反映岩石可压缩性的拉梅常数(λ)降低，反映岩石骨架的剪切模量(μ)基本不变，纵横波速度比(V_P/V_S)降低，泊松比(σ)下降到0.27以下。

在川西深层须家河组四段，储层按岩性可分为3类：岩屑砂岩类、钙屑砂岩类、灰质砾岩类。岩屑砂岩储层以孔隙型储层为主，含水储层测井响应为"三低二高"，即低自然伽马、低密度、低视电阻率、高补偿中子、高声波时差；含气储层测井响应为"二低二高一中"，即低自然伽马、低密度、高声波时差、高视电阻率、中等补偿中子。钙屑砂岩储层以裂缝-孔隙型为主,溶蚀孔隙发育,物性较好,含气丰度高,储层测井响应表现为"二低三高",即低自然伽马、低密度、高视电阻率、高补偿中子、高声波时差。灰质砾岩储层以裂缝-孔隙型储层为主,裂缝和溶蚀孔发育,测井响应表现为"三低二高",即低自然伽马、低密度、低视电阻率、高补偿中子、高声波时差。

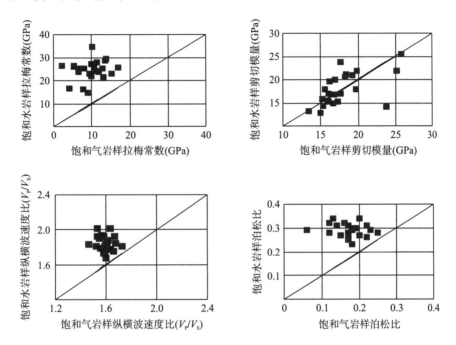

图7-1 川西新场地区须家河组二段储层岩石物理特征

须家河组二段储层孔隙度低,裂缝发育,不同类型的储层测井响应特征差异较大。在常规测井响应特征方面,孔隙型储层表现为自然伽马值相对较低、岩性较纯,声波时差增大,体积密度降低,补偿中子减小,深浅侧向视电阻率呈正差异,视电阻率相对较高;裂缝-孔隙型储层表现为自然伽马低值、岩性较纯,裂缝发育段补偿中子孔隙度曲线增大趋势不及声波、密度、孔隙度明显,视电阻率较围岩低,双侧向视电阻率呈正差异,视电阻率变化范围大;孔隙-裂缝型储层表现为自然伽马测值相对较低、岩性较纯,孔隙度低至3%~5%,视电阻率较围岩低,呈指状特征。在成像测井特征方面,孔隙型储层表现为砂岩层理发育或部分为块状砂岩,张开裂缝不发育,或存在少量孤立的低角度缝,裂缝倾角小于30°,裂缝密度小于2条/m,裂缝孔隙度小于0.3%;裂缝-孔隙型储层表现为发育高角度裂缝或网状裂缝,溶蚀孔隙特征明显,裂缝密度大于等于2条/m,裂缝孔隙度大于等于0.3%;孔隙-裂缝型储层表现为单组系高角度裂缝比较发育,裂缝倾角一般大于60°,裂缝密度大于等于2条/m,裂缝孔隙度大于等于0.3%(图7-2)。

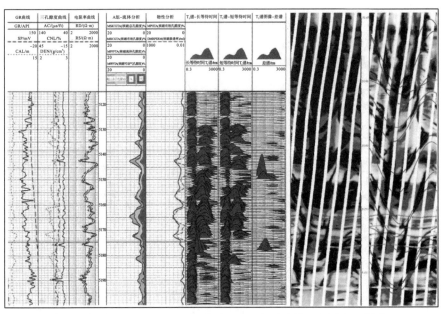

图7-2　须家河组二段孔隙-裂缝型储层测井响应特征(彩图见附图)

2. 储层地震响应特征

按照波阻抗特征,川西深层须家河组储层可划分成3类。

Ⅰ类:高阻抗储层,阻抗明显高于围岩。裂缝型、高钙孔隙型、部分裂缝-孔隙型等储层具有此类特征。

Ⅱ类:中等阻抗储层,阻抗近于围岩。孔隙型、部分裂缝-孔隙型储层存在此类特征。

Ⅲ类:低阻抗储层,阻抗明显低于围岩。一般情况下,孔隙型储层存在此类特征。

须家河组以高阻抗储层(Ⅰ类)为主,存在少量中等阻抗储层(Ⅱ类)和低阻抗储层(Ⅲ类)。在地震剖面上,Ⅰ类高阻抗储层对应中强正反射,储层顶界形成强波峰;Ⅱ类中等阻抗储层对应弱反射,波阻抗与围岩波阻抗差异较小;Ⅲ类低阻抗储层对应中强负反射,在储层顶界形成较强波谷。例如,新场地区孔隙度相对较高的须家河组四段储层,含气地震响应为“低频强振幅”;孔隙度相对较低的须家河组二段储层,含气地震响应为“低频弱振幅”(弱乱、空白吸收带),裂缝发育带一般表现为“暗点”反射(图7-3),若裂缝发育程度不高、没能破坏地层结构的完整性,则有效储层表现为“亮点”反射。

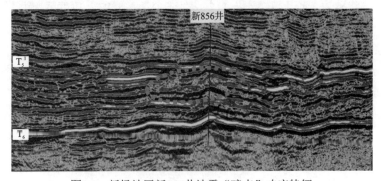

图7-3　新场地区新856井地震“暗点”响应特征

7.1.2　气藏地球物理预测难点

川西陆相深层裂缝型气藏勘探面临的地球物理难点很多，如方位各向异性问题、频变各向异性问题、转换波精确成像问题、多波资料综合解释及应用问题等。其中，最关键的预测难题包括3个方面，即高渗优质储层预测、裂缝检测精度和流体识别精度。

1. 高渗优质储层预测难题

受地表低降速带巨厚、地下储层埋藏深等因素制约，地震波高频信号衰减快，使深层地震反射有效频带窄、主频偏低、分辨率低，高渗砂岩储层识别难度大，建立直观有效的优质储层预测模式难度大。

2. 裂缝检测精度提高难题

致密碎屑岩气藏的成藏、高产均与裂缝密切相关，该类气藏勘探的关键是裂缝检测。目前，基于岩心、测井等资料的裂缝检测技术取得了较大进展，但难以实现裂缝空间展布预测；基于纵波和横波资料的相干、曲率等裂缝检测技术在单组缝、高角度缝检测等方面取得较大进展，但在多组缝、低角度缝、网状缝等方面检测难度大，加之裂缝发育带往往资料品质较差，多种因素直接影响裂缝检测的精度。因此，目前裂缝检测仍属世界级难题。

3. 流体识别精度提高难题

深层致密碎屑岩储层流体识别难度极大，油、气、水的识别至今还没有十分有效的技术。尽管，"亮点"、吸收衰减、AVO、频变分解、全波属性等技术的出现，使地震流体识别能力有了很大提高，但多数技术均存在一定的局限性和技术适应性，并非所有的"异常"都与气层有关，具体应用时去伪存真的难度极大，必然存在多解性，影响流体识别精度。

7.2　裂缝介质多波正演数值模拟技术

不同类型的地下介质，具有相应的地震波传播特征。利用正演数值模拟手段，获取地震波在裂缝介质中的传播数据，分析纵横波在裂缝介质中的能量、频谱、波形、相位等响应特征，是利用纵横波地震数据开展地层裂缝检测的理论依据。

7.2.1　各向异性介质理论基础

地下介质十分复杂，却常常被简化为各向同性(isotropy)介质。但是，地下介质的各向异性(anisotropy)是普遍客观存在的，忽视各向异性将降低对构造、储层及油气藏的认识精度(唐建明等，2011)。随着宽方位地震勘探技术的不断成熟，地震波已经成为人们认识地球、研究地下介质各向异性的重要载体。当然，受地下介质复杂性的影响，地震波产生各向异性的原因十分复杂。归纳起来，主要包括固有各向异性、裂隙诱导各向异性和长波长各向异性3类因素。其中，固有各向异性源自岩石的固有结构和特性；裂隙诱导各向异性源自应力场作用；

长波长各向异性的成因与沉积地层中周期性的薄互层(如PTL介质)有关(吴国忱, 2006)。

按照晶体矿物的对称性, Crampin(1981, 1989)把各向异性介质划分为三斜对称、单斜对称、正交对称、三方对称、四方对称、六边形、立方对称和各向同性8类。其中, 各向同性介质被视为一类特殊的各向异性介质, 六方对称各向异性介质实际上是横向各向同性介质(transverse isotropy, TI), 按照对称轴与地面的关系, 进一步划分为VTI(vertical transverse isotropy)、HTI(horizontal transverse isotropy)和TTI(tilted transverse isotropy)3种类型(吴国忱, 2006)。

7.2.2 裂缝介质多波正演数值模拟

当地震波在裂缝介质中传播时, 裂缝或裂隙的定向分布、岩层的旋回性沉积、应力场的定向排列, 都会引起地震波传播速度、时间、振幅、能量、频率等运动学和动力学属性产生各向异性及横波发生分裂现象(Skopintseva et al., 2013), 而横波传播对各向异性介质尤为敏感。由于横波在通过各向异性介质(裂缝)时会发生分裂, 质点振动沿裂缝走向时, 传播速度快, 而质点振动垂直裂缝走向时传播速度慢, 在通过裂缝系统后就会出现快横波和慢横波。横波仅在与裂缝方位呈一定的角度时才会发生分裂, 而分裂的快、慢波的强弱与裂缝的强度密切相关(Crampin and Peacock, 2005; Koren and Ravve, 2014)。这些特征, 可以通过数值模拟进行观察分析。

裂缝介质多波正演模拟的主要目的是采用地震波数值模拟手段, 归纳分析地震波在裂缝介质中的传播规律。目前, 反射率法和波动方程法是裂缝介质多波正演数值模拟的两类主要方法。正演模拟的实现过程中, 首先基于声波、偶极声波、密度等测井数据, 制作裂缝介质数值模型, 然后采用波动方程正演模拟方法计算纵波和转换波的炮集记录, 再通过数据处理获得纵波和转换波叠加剖面, 以此可研究纵波和转换波在裂缝介质中传播的运动学、动力学和几何学等特征, 进而为各向异性分析、裂缝检测等奠定基础。

例如, 建立一个共7层的裂缝介质模型(参数见表7-1), 第②层、第④层、第⑥层分别为裂缝各向异性层(参数见表7-2)。数值模拟时, 每隔10°为一个方位, 在36个方位上设置接收点, 炮检距为1000m, 得到纵波(Z分量)及转换波(X分量和Y分量)随方位角的变化特征(图7-4)。

表7-1　正演数值模型参数

地层编号	地层	密度(g/cm³)	纵波速度(km/s)	横波速度(km/s)	深度(m)
①	各向同性层/泥岩	2.46	3.708	1.942	0~1000
②	HTI介质层/砂岩	2.54	4.433	3.047	1000~1150
③	各向同性层/泥岩	2.57	4.719	2.176	1150~1650
④	HTI介质层/砂岩	2.61	5.046	3.310	1650~1850
⑤	各向同性层/泥岩	2.60	5.193	2.385	1850~2350
⑥	HTI介质层/砂岩	2.60	5.350	3.667	2350~2650
⑦	各向同性半空间/砂岩	2.67	5.550	2.542	>2650

表7-2 裂缝介质层模型参数

裂缝介质层	裂缝走向(°)	半径(m)	纵横比	充填气体密度(g/cm³)
②	60	0.001	0.01	0.05
④	45	0.001	0.01	0.08
⑥	20	0.001	0.01	0.15

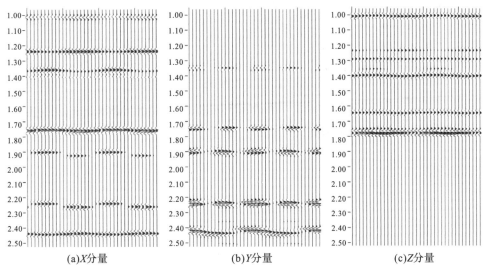

(a)X分量   (b)Y分量   (c)Z分量

图7-4 裂缝介质X分量、Y分量、Z分量地震波模拟记录

图7-4展示了X、Y和Z分量的地震振幅随方位角的变化，清楚地显示了6个界面的反射波同相轴，Z分量及X分量在第一个各向同性界面的反射波同相轴无方位各向异性特征，Y分量在第一个各向同性界面上无能量，而在各向异性反射界面上，Y分量具有较强值，并且Y分量的极性发生反转。这些特征证实了裂缝介质中转换波具有方位各向异性特征，并且转换波会分裂成快横波和慢横波。

在三维三分量实际地震资料中，不同的油气储层类型，可能存在不同的纵横波响应特征；相同的油气储层类型，也可能呈现不同的纵横波响应特征。弄清楚储层地震响应特征，在油气藏预测中十分重要，也是油气藏描述的基础。例如，基于新场地区三维三分量地震资料，对比纵波与横波的响应特征，发现须家河组二段气藏存在3种与裂缝"高渗带"密切相关的反射特征(图7-5)。

一是纵波杂乱弱反射、横波连续强反射，揭示储层裂缝发育、含气丰度较高，但地层结构未破裂。

二是纵波、横波均为杂乱弱反射，揭示储层发生破裂，储层含气性较好。

三是纵波、横波反射轴连续完整，揭示地储层裂缝欠发育，具有一定含气性。

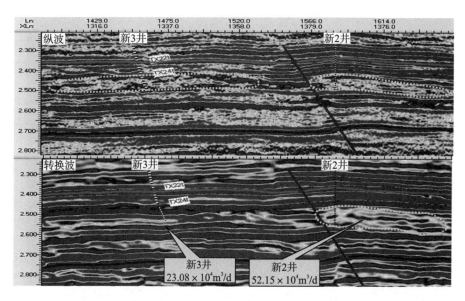

图7-5　新场须家河组二段新2井与新3井连井纵波、转换波地震剖面

7.3　超致密储层预测技术

多年来，超致密储层预测一直是油气勘探领域的难点。尤其是川西拗陷深层须家河组气藏，受埋藏超深、致密化程度高及地震信号频带窄等因素制约，储层地球物理响应特征复杂，预测难度极大。基于三维三分量地震资料，结合多波联合井-震标定、纵横波匹配处理等手段，通过提取纵波、横波、多波和全波属性及交汇分析、多波联合反演，能够获得反映储层岩性、物性、含气性的特征参数，实现储层预测和有利区优选。

7.3.1　全波属性提取及融合

地震属性是指由叠前或叠后地震数据，经过数学变换导出的有关地震波的几何形态、运动学特征、动力学特征和统计学特征的特殊度量值。地震属性种类繁多，来源不同、分类复杂，按照地震波的类型可划分为如下几类。

纵波属性（P-wave attribute）：指由纵波叠前或叠后地震数据，经过数学变换导出的有关地震波的形态学、运动学、动力学和统计学等特征的度量值。

横波属性（S-wave attribute）：指由横波叠前或叠后地震数据，经过数学变换导出的有关地震波的形态学、运动学、动力学和统计学等特征的度量值。

多波属性（Multi-wave attribute）：指由纵波、横波叠前、叠后数据，或纵横波联合数据，经过数学变换导出的有关形态学、运行学、动力学和统计学等特征的度量值。

全波属性（Full-wave attribute）：指多波属性及多波联合衍生属性的统称。包含了纵波属性、横波属性、纵横波联合衍生属性及各种属性间的汇交和融合产生的新属性。

利用各种算法来计算、分类、融合、分析及评价地震属性的技术，即为地震属性提取及融合技术。长期以来，该技术一直是地震特殊处理和解释的主要研究内容。从20世纪60

年代的直接烃类检测、"亮点"技术，到70年代的瞬时属性或复数道分析、80年代的多属性分析、90年代的多维属性（如倾角、方位和相干等）分析，直至近几年的多波属性、全波属性分析，经历了几起几落。伴随着数学、计算机及信息科学的不断进步，分形、小波变换、维格纳-维尔变换等数学方法的逐渐引入并发挥重要作用，新的地震属性和提取方法、融合技术等不断涌现，AI人工智能促使地震属性提取及融合技术正在迈向新的发展阶段。

1. 纵波属性

纵波属性经历了几十年的发展，在提取方法、分析手段、综合应用方面均已十分完善。

按照纵波属性的提取方法和应用对象划分为两类，即以运动学、动力学为基础的地震属性类型，包括波形、振幅、频率、相位、衰减、频散、相干、曲率、能量、比率等；以油藏特征为基础的地震属性类型，包括"亮点""暗点"、AVO特性、不整合、断块、隆起异常、含油气异常、薄层油藏、地层间断、构造不连续、岩性尖灭、特殊岩体等的地震属性。

地震属性还可以划分为物理属性和几何属性。其中，物理属性用于岩性及属性特征解释，如包络振幅、导数、瞬时相位、瞬时频率、瞬时Q值、正常时差、纵波及横波层速度等；几何属性或反射结构用于地震地层学、层序地层学与构造解释，如旅行时、同相轴倾角、横向相干性等。

2. 多波属性

多波多分量（含三维三分量）地震勘探与通常采用的单一纵波勘探相比，所能提供的地震属性（如时间、速度、振幅、频率、相位、偏振、波阻抗、吸收、AVO、复分量等）信息将成倍增加，并衍生出各种组合参数（如差值、比值、乘积、几何平均值、求取的弹性系数等）。

按照用途，多波属性可以划为3类。一是岩石物理信息类，包括由纵横波联合反演获得的纵波速度、横波速度、纵横波速度比、泊松比、密度、体积模量、剪切模量、拉梅常数、纵波和转换波各向异性系数、弹性阻抗、纵横波阻抗等；二是裂缝信息类，包括利用纵横波方位各向异性和横波分裂特性检测的裂缝方位和密度信息等；三是含油气性信息类，包括利用岩石物理参数通过交汇分析和信息融合得到的与储层品质和含油气性有关的信息，如净烃指数、含油气指数、流体因子、纵横波振幅比、纵横波振幅积等。

3. 全波属性

全波属性是纵横波属性和多波属性的统称，包含了纵波属性、横波属性和多波属性，以及各种属性间交汇和融合产生的新属性。

全波属性的敏感性分析是利用已知井样本（或全波测井曲线），通过岩性、孔隙度和流体置换分析，得到储层岩性、孔隙度、饱和度和含流体性质变化与岩石物理参数变化的统计关系和变化规律。例如，流体指示因子属性，流体指示因子越大，表明特定的属性参数对流体变化越敏感。

全波属性的敏感性分析还可以通过测井资料岩性置换、流体置换及储层参数置换的方法研究不同岩性、流体、储层物性参数等的变化与全波属性的关系，进而找出最为敏感的反映储层岩性、流体性质及储层品质的全波属性组合。

4. 全波属性融合

目前，全波属性的融合手段可以归纳为两类。

一类是对来自不同传感器和信息源的多种属性数据进行自动探测、交汇、相关、估计、组合、加工等处理，形成一个或一组优选的目标属性。这些属性数据可以是时域数据、频域数据或同时包含有时频域信息的混合特征数据、衍生属性等。例如，常规属性不能用来判别含油气性，但对岩性的判定能提供依据。而弹性参数的正演和反演说明，个别弹性参数对含油气检测有很好的效果。

另一类是图像融合，是用特定的算法将两幅或多幅图像融合成一幅新的图像。图7-6为横波分裂时差梯度、纵波曲率体属性和纵波振幅剖面的三属性融合显示。

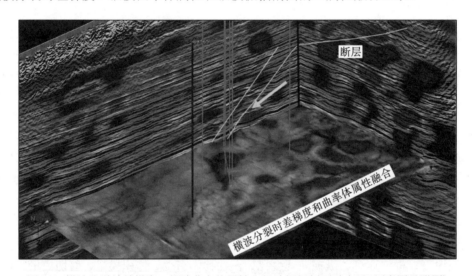

图7-6 横波分裂时差梯度、纵波曲率体属性和纵波振幅剖面融合显示(彩图见附图)

通过全波属性融合能更充分地利用纵波反映流体特征、横波反映骨架信息的优势，排除多解性，提高油气预测精度，降低勘探开发与井位部署的风险。

7.3.2 多波联合井-震标定

井-震标定的实质是利用测井信息，通过正演记录与实际地震数据的对比，将实测地震波的反射同相轴(或地震相)赋予地质意义。在标定时，一般都是通过对比测井地质层位与地震波的反射同相轴来实现的，因而井-震标定也称层位标定。在多波地震勘探中，为了对纵波、横波、转换波等多种类型的地震波赋予地质意义，需要利用全波列测井信息实现多波联合井-震标定，该实现手段即为多波联合井-震标定技术。

在二维三分量地震资料解释过程中，层位标定是纵波与转换波匹配的基础。如果标定不准确，则纵波和转换波对同一地层的解释，将出现严重偏差。这将扰乱地质认识，使后续研究工作失去意义。在对纵波、转换波进行层位标定时，都是通过合成记录的制作、对照分析，以赋予地震反射层各种地质属性。对纵波进行标定时，首先需要利用测井曲线求取反射系数与子波褶积合成地震记录，再将其与实际地震记录进行对照分析实现地质层位的准确认定。转换波标定时，制作合成地震记录比纵波要复杂得多，需要求取纵波入射角、测井曲线起点的转换波速度及子波后，利用CCP道集计算不同炮检距的转换波反射系数并叠加得到反射系数，再与转换波子波褶积合成地震记录，才能实现地质层位的准确认定。

7.3.3　纵横波匹配

纵波与转换波的匹配是多波联合反演、联合解释的基础，主要包括时间匹配、能量匹配和波形匹配。在时域内，进行纵波与转换波地震记录同相轴匹配处理时所涉及的核心问题包括消除纵波与转换波地震反射响应的旅行时差、消除处理后的纵波与转换波的相位差、消除纵波与转换波的频率成分的差别。在匹配处理之前，还需要做好层位对比解释和纵波与转换波振幅(或能量)标定等工作。

1. 时间匹配

由于转换波的速度低于纵波的速度，同一反射层在转换波剖面和纵波剖面上的到达时间是不一致的。因此，在三维三分量地震资料解释的过程中，需要进行时间匹配(time registration)处理。时间匹配指的是在层位对比的基础上，以纵波剖面的到达时为标准，参考几个主要的目的反射层位，将转换波剖面上的时间压缩到纵波时间，使纵波和转换波处于同一时间轴上，便于反射波组的对比解释。

2. 相位匹配

一般来说，纵波和转换波在极性和相位上都存在差异。如果对相位的差异认识不清楚，则将产生错误的解释结论。因此，需要进行极性反转和相位校正。通常需要对纵波和转换的相位特征进行分析，找出它们之间的相位差，然后对其进行校正。经过相位校正后的转换波，同纵波有更大的相似性，更有利于纵横波时间匹配及叠前、叠后联合反演处理。

3. 频率匹配

由于转换波在地下传播的时间较纵波长，受地层吸收衰减更强，横波的频率相对于纵波来说更低。如果纵横波的频率相差太大，则在层位对比时往往会出现不一致性，而且也会影响时间匹配精度和纵横波联合反演的效果。因此，通常需要将纵横波的频率校正到一个相对差不多的范围内，这样便于层位对比。目前，通常采用一种匹配滤波算法，从纵横波的频谱中提取匹配滤波算子，然后分别用于纵波(或者横波)上。

7.3.4 多波联合反演储层预测

纵波和横波通过匹配处理之后，便可以开展纵横波联合反演。目前，纵横波联合反演主要包括叠后联合反演、叠前联合同时反演、叠前联合弹性阻抗反演等，能够反演获得纵波阻抗、横波阻抗、纵横波速度比、密度、泊松比、拉梅系数、剪切模量、孔隙度等重要的弹性参数和储层参数，为岩性判别、含气性识别和裂缝检测等提供重要依据，在储层预测中发挥重要作用。

1. 纵横波叠后联合反演

纵横波叠后联合反演分为两类方法。一种是纵横波叠后联合分步反演，即先分别反演纵、横波阻抗，再计算其他岩石物理参数的思路。另一种是纵横波叠后联合同时反演，即同时反演出纵波阻抗、横波阻抗、纵横波速度比、泊松比、密度等重要的岩性、物性参数。

纵横波叠后联合分步反演，采用分别对纵波和横波的叠后剖面进行反演的方式，获得纵波阻抗、横波阻抗、纵横波速度比及泊松比等弹性参数。叠后联合分步反演的实现相对简单。

纵横波叠后联合同时反演，采用同时输入纵波和横波资料、在同一初始地质模型的基础上进行反演的方式，获得储层弹性参数，反演精度较高，是利用多波数据实现储层预测的重要手段。实现的基本步骤包括纵波和转换波地震数据标定、纵波与转换波地震数据匹配、初始模型构建、反演等。通过反演可获得反映岩性、流体特征的纵横波阻抗、纵横波速度比、密度等重要岩石物理参数(图7-7)。

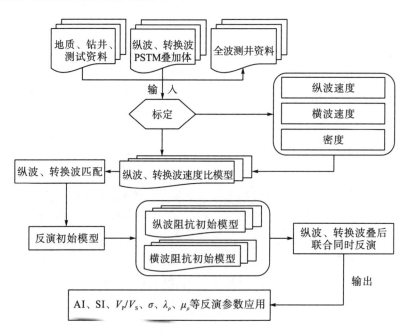

图7-7 纵横波叠后联合同时反演技术流程

2. 纵横波叠前联合反演

纵横波叠前联合反演的基础是AVO理论，实现方法采用基于Smith和Gidlow(1987)提出的加权叠加方法，通过纵波数据的加权叠加来计算纵波和横波波阻抗以及其他的相关参数。目前主要归纳为两类，一类是纵横波叠前联合沿层追踪反演，即在对主要目的层进行精确匹配后，再沿层进行弹性参数反演；另一类是纵横波叠前联合自动匹配反演，即自动求取纵横波速度及速度比，并在此基础上进行自动匹配，再反演获取岩性、物性等地层参数。纵横波叠前联合自动匹配反演的技术路线如图7-8所示。

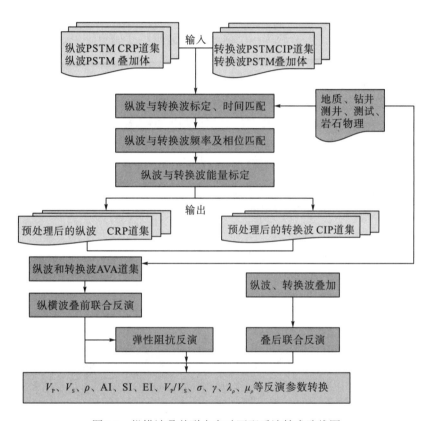

图7-8　纵横波叠前联合自动匹配反演技术路线图

相比纵波反演，由于纵横波联合反演增加了转换横波数据，反演的可靠性和精度得到了很大提高。

3. 纵横波联合弹性阻抗反演

弹性阻抗是声阻抗概念的延伸和推广，由Connolly(1999)首先提出。Whitcombe等(2002)推导了归一化的弹性阻抗公式并基于Gray近似公式提出了标准化的扩展弹性阻抗概念，即

$$EI(\theta) = A_0 \left(\frac{\lambda}{\lambda_0} \right)^{a(\theta)} \left(\frac{\mu}{\mu_0} \right)^{b(\theta)} \left(\frac{\rho}{\rho_0} \right)^{c(\theta)} \tag{7-1}$$

式中，$A_0 = (8\lambda_0\mu_0\rho_0^2)^{\frac{1}{4}}$；$a(\theta) = \left(\frac{1}{2} - K \right)\sec^2\theta$；$b(\theta) = K\left(\sec^2\theta - 4\sin^2\theta \right)$；$c(\theta) = 1 - \frac{1}{2}\sec^2\theta$；$\theta$ 为纵波入射角；$K = \beta^2 / \alpha^2$，α、β 分别为纵波、横波速度；λ_0、μ_0、ρ_0 为3个参考常数；λ、μ、ρ 分别为拉梅系数、剪切模量和密度，当 $\lambda = \lambda_0$、$\mu = \mu_0$、$\rho = \rho_0$ 时，弹性波阻抗为常值 $\alpha_0\rho_0$，即声阻抗值，因而声波阻抗是弹性波阻抗值的特例。

4. 多波联合反演储层预测

通过纵横波联合反演，可以获得纵波阻抗、横波阻抗、密度、纵波速度、横波速度、纵横波速度比、泊松比、剪切模量、体积模量、拉梅系数等储层参数。这些参数是实现储层预测的基础，有些反映岩层岩性，有些反映岩层物性，有些反映岩层孔隙充填特征。比如，纵横波叠后联合反演是在纵横波联合处理的基础上，通过多井约束反演方法得到 AI（纵波阻抗）、SI（横波阻抗）、V_P/V_S（纵横波速度比）等参数。

通常，在储层预测中采用的岩性识别参数为 AI、SI 和 V_P/V_S。通过 AI 和 V_P/V_S 交汇可以较好地剔除泥岩。例如，高的 V_P/V_S 和较低的 AI 或 SI 通常都是泥岩的反映（图7-9）。图7-10 为四川盆地新场地区某储层 SI 过井剖面图，可见川孝560井和联150井钻遇的须家河组"腰带子"厚大泥岩层在反演的 SI 剖面上呈低横波阻抗特征，展布十分清晰（图中 T51 以下蓝色部分）。

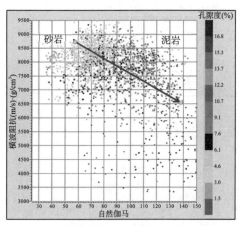 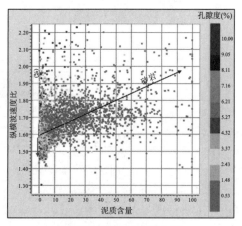

(a)横波阻抗与自然伽马交汇图　　　　　　(b)V_P/V_S与泥质含量交汇图

图7-9　横波阻抗与自然伽马交汇图和 V_P/V_S 与泥质含量交汇

总之，在三维三分量地震勘探中，由于纵横波叠后联合反演得到的横波阻抗是直接利用转换波资料通过多井约束反演得到的，相对于仅利用纵波叠前同时反演获得的横波阻抗有更客观的意义。因为其来源于实测资料，而不是数学计算的成果，因此对储层的识别更加客观可靠。

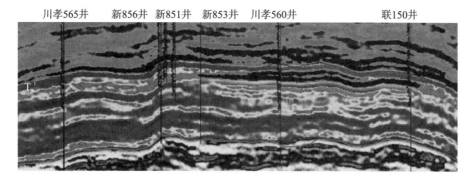

图7-10　横波阻抗连井剖面

7.4　多波裂缝检测技术

裂缝是油气勘探开发中不可忽视的重要因素,在油气运移、聚集和成藏过程中往往发挥着主要控制作用。因而,长期以来,裂缝检测是地球科学的重点攻关研究内容。基于地震数据的裂缝检测技术,虽然在定性预测方面取得了一定进展,但至今难以达到更高的定量预测精度。目前,已经形成了基于纵波和横波地震数据的各类裂缝检测方法,包括地震属性裂缝检测方法(如相干体、曲率等)、纵波和转换波各向异性裂缝检测方法及基于构造应力-应变的裂缝检测方法等,可归纳为多波地震裂缝检测技术。

7.4.1　纵波裂缝检测

1. 纵波AVAZ裂缝检测

纵波AVAZ(amplitude variation with azimuth)裂缝检测,即基于纵波振幅随方位角变化的裂缝检测方法,主要理论背景是地震纵波传播与各向异性介质理论。纵波方位各向异性分析,可以通过定偏移距或一定入射角上的波振幅随方位角变化的定量模拟来实现。当纵波通过裂缝介质时,对于固定炮检距,纵波反射振幅响应 R 与炮检方向和裂缝走向之间的夹角 θ,存在如下关系:

$$R(\theta) = A + B\cos 2\theta \tag{7-2}$$

式中,A 为与炮检距有关的偏置因子;B 为与炮检距和裂缝特征相关的调制因子;$\theta = \varphi - \alpha$,为炮检方位与裂缝走向的夹角,$\varphi$ 为裂缝走向与正北方向的夹角,α 为炮检方位与正北方向的夹角。

理论上,只要知道3个或3个方位以上的反射振幅数据就可求解 A、裂隙方位角 θ 及与裂隙密度相关的综合因子 B,从而得到储层任一点的裂缝发育的方位和密度。

纵波AVAZ裂缝检测方法根据纵波振幅随方位角的周期变化来估算裂缝的方位和密度。宽方位角采集原始资料是基础,分方位地表一致性保幅叠前时间偏移处理是关键,实际处理时需要实施宏面元组合、方位角定义、方位角道集选排与叠加、层位标定与拾取、AVAZ计算等步骤。

2. 纵波VVAZ裂缝检测

纵波VVAZ（velocity variation with azimuth）裂缝检测，即基于纵波速度随方位角变化的裂缝检测方法。纵波传播速度的方位各向异性，虽然不如AVAZ的纵向分辨率高，但是由于其反映裂缝发育的宏观综合各向异性特征可靠，因而也是纵波方位各向异性裂缝检测的重要方法。

实现方法是对不同的方位道集，扫描其均方根速度，再按层位转换成层速度。利用各向异性椭圆计算裂缝走向、裂缝密度、快纵波速度3个参数。由于网状裂缝中传播的纵波的速度总体低于单组裂缝或无裂缝的地层中纵波的传播速度，因而利用VVAZ可以判别网状缝的存在（图7-11）。

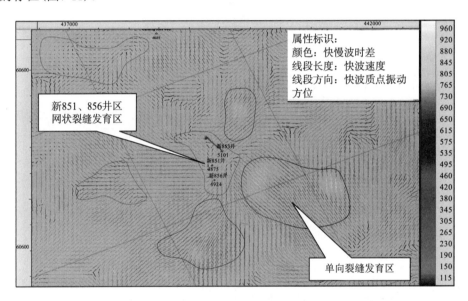

图7-11　新场须家河组二段纵波VVAZ裂缝检测平面图（彩图见附图）

3. 三维相干体裂缝检测

相干概念是多道数据间相似程度的一种度量，相干技术是通过地震道的相似性分析，将三维振幅数据体经计算转化为相关系数数据体，突出不相关异常的分析技术。目前，作为一项成熟地震解释技术，三维相干技术已对三维地震油气勘探产生了巨大影响。地震相干数据体计算，是对相邻地震道数据计算相干系数，形成只反映地震道相干性的新的数据体。其思路是对地震数据体进行求异去同，突出那些不相干的数据，然后利用不相干地震数据的空间分布来解释断层、岩性异常体与岩层孔洞等地质现象，通过分析相干低值区的平面分布特征及与大断裂的配置情况，搞清楚工区的断裂系统分布，为寻找裂缝发育指明方向。

4. 三维曲率体裂缝检测

曲率是描述事物几何特征的一个重要参数，包括高斯曲率、平均曲率、最正曲率和最负曲率等。曲率的数值及其变化，不仅从不同侧面反映出物体的几何特性，而且还对裂缝的判别有很好的指导作用。例如，最正曲率反映具有背斜特征的地质体，最负曲率反映具有向斜特征的地质体。曲率可以是正值，也可以是负值。向上凸起的曲线计算得到正曲率，向下凹的曲线计算得到负曲率，在产状平的地方、背斜或向斜的侧翼曲率接近于零。可见，曲率能很好地表征构造形变，构造形变越大曲率越大，在断层附近会同时出现最大和最小曲率。构造的曲率属性反映地层的形变，裂缝的发育与构造形变密切相关，此即为曲率用于裂缝检测的基础。图7-12为新场地区基于曲率体属性的裂缝检测效果。

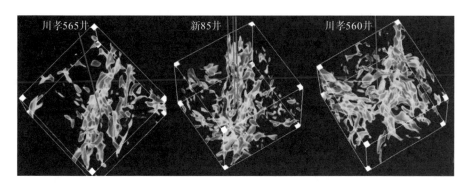

图7-12　新场三维三分量工区过井纵波曲率裂缝检测效果

5. 三维蚂蚁体追踪裂缝检测

基于蚂蚁追踪算法的裂缝检测技术，是由斯伦贝谢公司研发的一种复杂的地震属性分析技术。该技术利用三维地震体，清楚显示断层轮廓，并利用智能搜索功能和三维可视化技术，自动提取断层面，使地质专家以更宽的视野完成断层解释，增加构造解释的客观性、准确性及可重复性。技术流程包括增强边界特征、突出地层不连续性、生成蚂蚁追踪体、提取断层和裂缝信息。

6. 基于构造应力控制的裂缝检测

基于构造应力控制的裂缝检测方法，从构造应力场演化分析的角度对裂缝进行预测，重点检测构造成因的裂缝。构造成因裂缝是裂缝的主要类型之一，主要产生于地质历史时期的古构造应力场当中，因此古构造应力场的作用强度和方向决定了构造裂缝的产状、密度等发育特征。

基于构造应力控制的裂缝检测方法的地质基础是构造运动使地层发生形变，地层弯曲到一定程度会产生构造裂缝。在力学性质相同的情况下，应变量大的地区或部位裂缝发育。根据挤压应力背景下裂缝产生的原理，不同区域由于受力不同会产生不同走向的裂缝。在背斜轴部，由于地层的纵向逆冲在背斜顶面会形成垂直于主应力方向的张裂缝。在背斜两翼平缓区域，主要来自背斜不同方向的挤压形成共轭剪切裂缝组。因此，通过应力恢复还可以对裂缝的开启及连通性进行预测。

7.4.2 转换波裂缝检测

1. 转换波AVAZ裂缝检测

与纵波AVAZ裂缝检测技术类似，转换波AVAZ裂缝检测是一种基于转换波振幅随方位角变化的裂缝检测方法。其主要理论背景是转换波和各向异性介质理论，是集地震资料采集、处理和解释于一体的综合性方法，该方法除对地震资料采集的要求外，对叠前地震数据的相对保持振幅处理也有比较高的要求。因此，利用叠前地震数据开展转换波方位各向异性裂缝检测，要想获得较好的效果，必须满足宽方位采集、较高信噪比、保幅、方位道集偏移良好等条件。

2. 横波分裂裂缝检测

横波分裂裂缝检测是多波多分量地震勘探的重要价值体现。由于横波在通过各向异性介质(裂缝)时可能发生分裂现象：当质点振动沿裂缝走向时，传播速度快；当质点振动垂直裂缝走向时，传播速度慢；当质点经过裂缝系统时，将会出现快横波和慢横波。由于横波仅仅在与裂缝方位呈一定的角度时才会发生分裂，而分裂的快慢波的强弱与裂缝的强度密切相关。因此，以分裂的快慢横波为研究裂缝方向及其发育程度是最直接、最可靠的方法。由于横波震源比较昂贵加之横波震源激发的横波信噪比和分辨率都较低，因此利用纯横波震源来进行横波分裂勘探还难以实现大规模应用。

图7-13为对新场地区三维三分量地震资料处理后，获得的转换波R、T分量方位地震数据(箭头指示增大方向)。可见，在R分量上，传播时间、振幅随方位呈"正弦形"变化，传播时间最小的道对应的方位即为裂缝走向；在T分量上，每隔90°呈"周期性"的极性反转。T分量上反射能量较强处，显示了横波分裂现象，表明各向异性严重，裂缝发育。

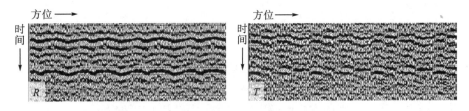

图7-13　新场三维三分量工区转换波方位各向异性

3. 相对时差梯度法裂缝检测

转换波发生横波分裂后，快横波和慢横波都将沿着X和Y方向分解。根据波的叠加原理，沿着X和Y方向接收的横波X方向偏振分量、Y方向偏振分量的地震记录$\text{SV}(t)$和$\text{SH}(t)$中，都包含有横波分裂后的快横波分量$S_1(t)$和慢横波分量$S_2(t)$。由地面接收的地震记录$\text{SV}(t)$和$\text{SH}(t)$可以推导出快横波分量$S_1(t)$和慢波分量$S_2(t)$的计算公式为

$$\begin{cases} S_1(t) = \text{SV}(t)\cos\theta + \text{SH}(t)\sin\theta \\ S_2(t) = \text{SV}(t)\sin\theta - \text{SH}(t)\cos\theta \end{cases} \tag{7-3}$$

求取 $S_1(t)$ 和 $S_2(t)$ 时，相当于对 $SV(t)$ 和 $SH(t)$ 分量用旋转角角度进行旋转，旋转角就是要求取的裂缝方位角 θ。

对于转换波，分裂以后的快横波分量、慢横波分量可以表示为

$$\begin{cases} S_1(t) = S(t)\cos\theta \\ S_2(t) = S(t-\delta)\sin\theta \end{cases} \tag{7-4}$$

式中，$S(\cdot)$ 是分离前SV波的振幅；δ 为分裂后的快、慢横波时差。

图7-14为新场地区连井线相对时差梯度剖面。在目标储层，可见新851井、新10井、新3井、新2井均处在高的相对时差梯度异常位置，表明裂缝十分发育；而联150井处在裂缝相对不发育的地段，与实钻结果吻合较好。

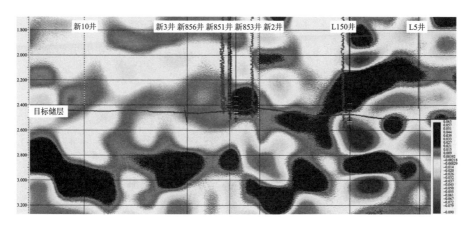

图7-14　相对时差梯度剖面

4. 层剥离法裂缝检测

利用奥尔福德(Alford)旋转分离快横波和慢横波(Li，1998)，最终求得的快横波方位角主要体现最上层介质中裂缝的方位或者地层中裂缝最强的方位。当目标层以上的盖层中，存在不止一个含裂缝各向异性层时，转换波就会发生多次分裂。要获得更高的储层裂缝检测精度，必须消去盖层各向异性的影响，这就是层剥离处理的重要意义。

在频域内，利用3个矩阵方程将所有影响数据矩阵的因素表达出来，将震源、检波器、介质的响应表示成一个向量模型：

$$\boldsymbol{D}(\omega) = \boldsymbol{G}(\omega)\boldsymbol{M}(\omega)\boldsymbol{S}(\omega) \tag{7-5}$$

式中，$\boldsymbol{G}(\omega)$ 为检波器响应；$\boldsymbol{S}(\omega)$ 为震源信号；$\boldsymbol{M}(\omega)$ 快慢横波的介质响应。

利用多分量振幅校正对震源信号和检波器做相应补偿后，可以从 $\boldsymbol{D}(\omega)$ 计算得到 $\boldsymbol{M}(\omega)$，Li与Crampin(1993)引入了时域线性变换的方法实现逐层剥离处理。

5. 能量比值(R/T)法裂缝检测

在进行宽方位转换波R分量和T分量处理时，为了分析方位各向异性，通常的做法是将全方位转换波数据分成不同的方位角数据，在每个方位角内看作是方位各向同性，进而进行每个方位角的速度分析和偏移叠加。对于每个面元的数据分别计算不同方位角的R分量

和T分量的能量比值。当R/T的观测方位角度平行于裂缝走向时，转换横波以裂缝岩石中的较快速度传播，并主要在R分量上观察到快横波能量，在T分量上观察到很小甚至为零的慢横波能量。此时，R分量与T分量的能量比值最大。据此原理检测出在分析计算时窗内R、T分量上所记录的能量比最大的方位角度，即为裂缝走向。

6. 最小二乘拟合裂缝检测

在三维三分量地震资料中，T分量振幅值与方位角、裂缝走向之间存在如下关系：

$$
\begin{bmatrix} A_{T_1} \\ A_{T_2} \\ \vdots \\ A_{T_N} \end{bmatrix} = c \begin{bmatrix} \cos 2\alpha_1 & -\sin 2\alpha_1 \\ \cos 2\alpha_2 & -\sin 2\alpha_2 \\ \vdots & \vdots \\ \cos 2\alpha_N & -\sin 2\alpha_N \end{bmatrix} \begin{bmatrix} \sin 2\beta \\ \cos 2\beta \end{bmatrix} \tag{7-6}
$$

式中，A_T 为T分量振幅；$c = 0.5(s_2 - s_1)$，s_1、s_2 分别为快慢横波；α 为方位角；β 为裂缝走向；N 为方位角的个数。

设

$$
A_T = \begin{bmatrix} A_{T_1} \\ A_{T_2} \\ \vdots \\ A_{T_N} \end{bmatrix}, \quad L = \begin{bmatrix} \cos 2\alpha_1 & -\sin 2\alpha_1 \\ \cos 2\alpha_2 & -\sin 2\alpha_2 \\ \vdots & \vdots \\ \cos 2\alpha_N & -\sin 2\alpha_N \end{bmatrix}
$$

则

$$
A_T = cL \begin{bmatrix} \sin 2\beta \\ \cos 2\beta \end{bmatrix} \tag{7-7}
$$

对式(7-7)进行变换处理，则有

$$
c \begin{bmatrix} \sin 2\beta \\ \cos 2\beta \end{bmatrix} = \left(L^{\mathrm{T}} L \right)^{-1} L^{\mathrm{T}} A_T \tag{7-8}
$$

对式(7-8)采用最小二乘拟合求解可得裂缝走向 β，分离出快慢横波 s_1、s_2，进而计算出快慢波传播时差，获得裂缝发育密度。

7. 奥尔福德正交旋转裂缝检测

设方位角 α 与裂缝走向 β 之间的夹角为 $\theta \in (-\pi / 2, \pi / 2]$，$S$ 为由快慢横波 s_1、s_2 组成的矩阵：

$$
S = \begin{bmatrix} s_1 & 0 \\ 0 & s_2 \end{bmatrix} \tag{7-9}
$$

正交旋转矩阵 $\mathfrak{R}$ 为

$$
\mathfrak{R}(\theta) = \begin{bmatrix} \cos \theta & \sin \theta \\ -\sin \theta & \cos \theta \end{bmatrix} \tag{7-10}
$$

R、T正交分量矩阵为

$$V = \begin{bmatrix} R_1 & T_1 \\ -T_2 & R_2 \end{bmatrix} \tag{7-11}$$

式(7-9)～式(7-11)之间存在关系：

$$V = \mathfrak{R}S\mathfrak{R}^{\mathrm{T}} \tag{7-12}$$

将式(7-12)进行正交旋转，可得

$$S = \mathfrak{R}^{\mathrm{T}}V\mathfrak{R} \tag{7-13}$$

利用式(7-13)可计算裂缝走向 β、快慢横波 s_1 和 s_2。

综上所述，利用横波在裂缝介质中传播时将发生分裂的特性，并根据快慢横波在纵向分量和横向分量上的振幅、能量、相位、传播速度、走时等差异，可以形成转换波AVAZ法、横波分裂法、相对时差梯度法、层剥离法、能量比值(R/T)法、最小二乘拟合法和奥尔福德正交旋转法等裂缝检测技术。随着多波多分量地震勘探日益广泛的开展，横波分裂裂缝检测技术正扮演着越来越重要的角色，尤其能对我国广泛分布的裂缝型复杂油气藏的勘探开发提供重要的技术支撑，应用潜力极大。

7.5　多波流体识别技术

在三维三分量地震勘探中，采集到了纵波、转换波地震资料。利用纵波资料，可以完成与常规纵波勘探一样的地质任务。利用转换波资料，可获得地质体的横波响应特征。纵波与转换波资料结合处理，不仅可以相互佐证，还可以实现高精度的属性提取、反演计算等，提高预测精度。这些优势为流体识别难题的解决提供了基础资料。

7.5.1　纵波流体识别

1. 基于振幅和频率的流体识别

基于振幅和频率的流体识别方法(如小波分频、多子波分解、频谱成像等)，通过提取主频参数、低频段的振幅、高频段的振幅、低高频振幅比等参数定性识别流体，已经广泛用于油气藏勘探中。振幅包括最大负振幅、最大波谷能量、平均波谷振幅、平均波谷能量、波谷弧长等属性。频率包括峰值频谱频率、反射宽度、主频率等属性。利用振幅和频率属性时，保幅和保频处理直接影响振幅和频谱特征，处理精度将影响流体识别结果。同时，还需要剔除薄层调谐的影响。

在低阻抗储层的条件下，储层含油气后阻抗会变得更低，并与围岩形成较大的负反射系数，从而导致波谷振幅的增大(即典型的波谷强振幅"亮点")。同时由于含油气丰度的升高，高频成分的吸收增强，储层地面的反射波主频向低频移动，高频衰减严重。因此，在低阻抗储层条件下，可以简单地提取储层顶面的波谷振幅和储层底面的主频等参数来预测储层的含油气性。当然，高阻抗储层或阻抗混叠的储层不适合采用该方法进行含油气性识别。

2. 基于吸收和衰减的流体识别

双相介质理论证实，油气储层由固体骨架和孔隙流体组成，疏松骨架和孔隙流体的黏滞性将引起地震波的衰减。Biot和Wyllie(1961)发现地震波的衰减，包含岩石骨架引起的衰减和孔隙流体引起的衰减，与岩石类型、流体性质、地层压力、温度、饱和度和频率等因素相关，因而被广泛应用于油气储层流体识别之中。

基于吸收和衰减的流体识别方法，通过提取地震波传播过程中遇到流体时发生的吸收、衰减现象识别流体。例如，吸收系数、品质因素Q、高频振幅衰减、普罗尼吸收滤波、子波能量吸收WEA、吸收梯度AG、多尺度频率与吸收等。

图7-15所示是新场地区连井地震多尺度吸收属性剖面。可见，高产工业气井新856井、新851井、新2井有很强的地震多尺度吸收属性；产能较低的新853井、联150井具有明显相对较低的地震多尺度吸收属性；不产气的川孝565井在目标层不存在明显的多尺度吸收与衰减异常。

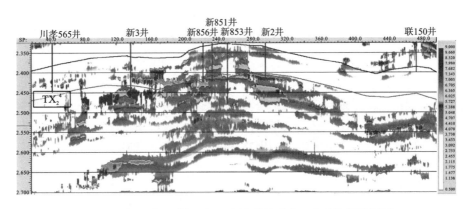

图7-15　新场地区须家河组二段连井地震多尺度吸收属性剖面

3. 基于阻抗反演的流体识别

在阻抗反演的基础上，提取流体响应特征参数，实现流体识别。例如，纵波叠后多井约束波阻抗反演、随机反演、地质统计学岩性模拟、储集参数协模拟、净烃指数等。

声波阻抗是速度与密度的乘积，含气地层声波阻抗的变化特征实际上反映了含气地层密度与速度变化规律加权的结果。含气地层的声波阻抗随不同含水饱和度的变化规律与含气地层速度的变化规律总体趋势一致，即随含水饱和度的增加，含气地层波阻抗对混合流体中含气饱和度的变化越敏感。但在含气饱和度较小时，含气地层波阻抗相对于速度变化特征而言，变化比较缓慢。

弹性阻抗是声波阻抗概念的延伸和扩展，其建立在非零炮检距的基础上，是纵波速度、横波速度、密度以及入射角的函数，它对岩性及流体性质的变化极为敏感(图7-16)。

弹性阻抗梯度(gradient elastic impedance，GI)是通过计算一系列不同角度的弹性阻抗值，然后进行线性拟合得出的弹性阻抗斜率，该参数在流体识别方面具有极高的价值。

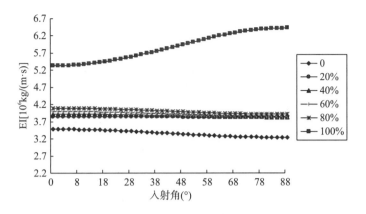

图7-16　弹性阻抗与含水饱和度变化规律图（Graul M，2003）

4. 基于AVO属性分析和反演的流体识别

基于AVO属性分析和反演的流体识别方法，在AVO属性分析和叠前反演的基础上，提取流体响应参数，实现流体识别。例如，AVO分析的纵波截距、梯度、碳氢检测、流体因子、叠前同时反演、弹性阻抗反演等。

AVO油气检测技术利用叠前地震资料中反射波振幅与炮检距的关系，研究地下岩性变化，并直接检测储层含气性。但是，AVO技术对原始资料的要求很高，不仅需要资料有较好的品质，还要考虑是否满足AVO分析条件：足够大的偏移距和叠加次数。

图7-17(a)为新场地区经工段TX_4^3储层含气性预测平面图，较好区域分布在新882井以西储层和构造匹配的区域，分布范围较大，储层厚度也大。图7-17(b)为新场经工段TX_2^4储层含气性预测平面图，较好区域主要集中在工区的中部新851井西北—东南的条带区域以及工区的西部，该层是工区内须家河组二段的主力产层。

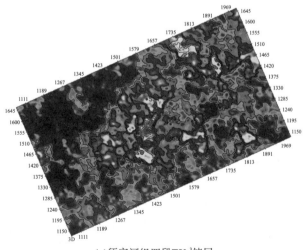

(a)须家河组四段TX_4^3储层

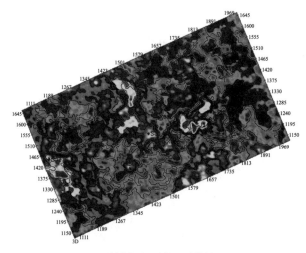

(b)须家河组二段TX$_2^4$储层

图7-17　新场地区须家河组四段TX$_4^3$和须家河组二段TX$_2^4$储层AVO含气性预测图

5. 基于频变和速度发散的流体识别

基于频变和速度发散的流体识别方法，利用纵波地震资料，分析频变和速度发散流体响应特征。例如，频变AVO、衰减与速度发散、动态能谱等。

频变AVO流体识别技术是在孔隙岩石速度频散和衰减实验研究的基础上发展起来的。传统的AVO技术忽视了地震波传播过程中导致孔隙岩石中的流体发生流动，并产生地震波速度随频率升高而升高的频散和衰减现象。Chapman等(2001，2002)的动态流体岩石物理理论认为地震观测的频率变化与岩石中流体状态的变化有关，气体的引入导致地震波明显的衰减和频散。含烃储层引起的频散将导致界面波阻抗差异随频率的变化而变化，从而导致反射系数与频率有关，进一步导致反射波的能量向低频或者高频移动，这种能量的移动与AVO的类型有关。对于第一类AVO，速度频散导致反射波能量集中在高频段；而对于第三类AVO，速度频散导致反射波能量集中在低频段。这一研究表明可以根据反射波能量随频率的变化来研究流体的性质。对于具有相同岩石骨架、孔隙结构以及其他岩石物性参数的多孔介质，利用流体替换，分别正演饱和不同流体时的地震响应，发现地层在饱和水与饱和气时会出现不同的频变AVO特征，含气时在低频端相较于高频端第三类AVO特征更加明显，而含水时高低频端振幅差异不明显。

衰减与速度发散(absorption and velocity dispersion，AVD)技术以散射理论为基础，认为地球介质是一种散射模型，它将介质分为两部分：一部分是均匀的背景介质，地震波在其中传播时不产生反射和透射现象；另一部分是相对于背景介质的扰动介质，地震波在其中传播，介质发生扰动的点则产生波的散射现象。烃的存在会导致地震波吸收率显著增大，且随着频率的变化呈现吸收异常。地震波吸收率是否提高与地震波的发散机制无关，含气部位吸收率的上升与地震波的速度发散度总是同时出现的，而在不含气部位的吸收和速度的发散度都不大。AVD技术就是利用地震叠前资料，计算地震波的吸收特性及速度的发散度异常来预测油气藏。当吸收和速度发散度都很大时，AVD的值就很大；当吸收和速度发散度都很小时，AVD的值就很小。当储层含气时，吸收和速度发散度大。正的大值异常反映含气异常，正值无异常区反映封堵条件好的致密地质体。

动态能谱（dynamic register，DR）技术以离散介质理论为基础，认为野外采集的地震资料的地球物理特性，主要取决于地下介质点密度及相对压力的变化。当存在地层高压异常时，地震波在其中的传播会产生主频降低、速度异常、振幅异常、地层压力异常、地震极化率变化等现象。DR技术利用地震资料计算主频衰减异常、速度异常、振幅异常、压力异常等，通过校正后合成动态流体参数。DR高异常值表示主频衰减率高、速度异常值大等，是储层存在较大富含天然气可能性的一种表现，通过动态频谱能量异常参数DR反演，可有效地利用地震资料获取的信息评价储层的差异性变化。

7.5.2　转换波流体识别

Champman（2007，2008）研究发现，纵波、快横波、慢横波的速度频变特性对流体的响应具有明显差异。这种差异主要是由流体的黏滞度引起的，高黏滞度与低黏滞度引起地震的速度频变差异，纵波仅有2%左右的变化，而慢横波变化却可以达到8%左右，快横波没有与流体有关的频变特征。由此可见，不同流体性质的黏滞度引起的慢波频变特征差异明显，即慢横波对流体黏滞度十分敏感。同时，当横波垂直于裂缝传播时，不同流体引起的横波AVO特征也有明显的不同，AVO特征的变化严重依赖于充填流体的性质和丰度。因此，基于宽方位的三维三分量地震振幅分析，从理论上可以进行流体识别。这种与流体性质和黏滞度有关的慢波频变特征，是利用慢波信息研究流体的岩石物理基础。

图7-18～图7-20所示分别为四川盆地新场地区须家河组二段某储层的纵波、快横波和慢横波振幅分布。对比3幅图可见，在天然气富集区域振幅响应的差异十分明显。在该储层，未获天然气工业产能的川孝565井和新201井分别产水47×10⁴m³/d、648×10⁴m³/d。图7-18显示，在该储层，获天然气高产的新3井、新856井、新851井、新2井等井与川孝565井、新201井相比，均具有较高的PP波反射振幅（图中红色）。由此可见，利用PP波实测地震资料的反射振幅无法达到区分气水的目的。

图7-19显示，在该储层，产水的川孝565井、新201井与获天然气高产的新3井、新856井、新851井、新2井等井相比较，它们均具有较低的快横波反射振幅（图中白色）。由此可见，利用快横波实测地震资料的反射振幅无法达到区分气水的目的。

图7-20显示，产水的川孝565井、新201井与获天然气高产的新3井、新856井、新851井、新2井等井相比较，在该储层段内，慢横波的反射振幅存在明显差异。主要表现为天然气高产井均分布在强振幅区域（图中红色），而产水井均分布在弱振幅区域（图中白色）。由此可见，利用慢横波实测地震资料的反射振幅可以进行气水判别。

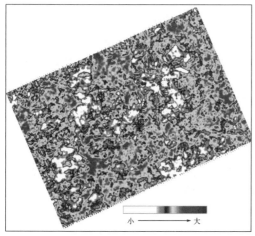

图7-18　某储层纵波振幅

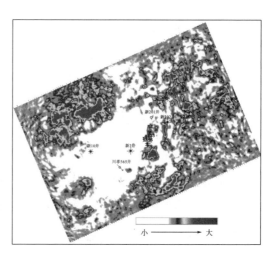

图7-19　某储层快横波振幅

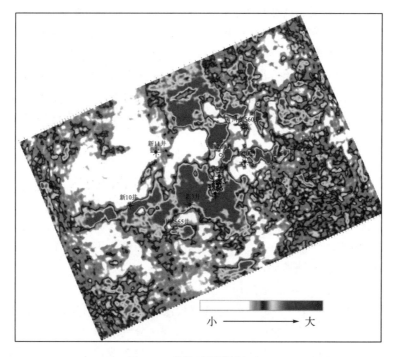

图7-20　某储层慢横波振幅

7.5.3　纵横波联合流体识别

利用二维二分量地震资料中的PP波、PS波地震资料进行联合反演，获得流体响应参数。例如，纵横波速度比V_P/V_S、泊松比σ、$\lambda\rho$、$\mu\rho$、弹性阻抗、多波含气指数等的交汇分析。

1. 多波弹性参数流体识别

弹性参数是岩石物性的直接反映，基于弹性参数的流体识别方法，$\lambda\rho$、$\mu\rho$ 等弹性参数在流体识别的应用中比较广泛(图7-21)。在三维三分量地震资料的基础上，通过纵横波叠前或者叠后联合反演可以获得纵横波速度、密度、纵横波速度比、泊松比等参数，这些参数可以作为流体识别的依据。

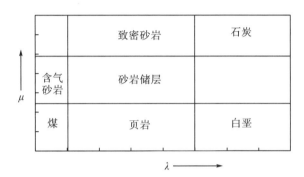

图7-21　剪切模量与拉梅系数交汇岩性识别

纵波速度、横波速度、密度3个参数是描述岩石物性、岩性及流体特征的基本参数。在这3个参数的基础之上，可进行声阻抗、纵横波速度比、泊松比、拉梅系数、剪切模量、体积模量、弹性阻抗、弹性阻抗梯度等弹性参数的求取，从而可开展基于这些弹性参数的流体识别方法研究。

图7-22所示是四川盆地新场地区某储层 λ_ρ、μ_ρ 剖面。图中显示，高、中、低值的 λ_ρ、μ_ρ 信息丰富，且呈层状分布，是不同岩性的综合响应。在该区须家河组二段，由于泥岩的密度和拉梅系数、剪切模量相对砂岩均较低，因此，泥岩具有较低的 $\lambda\rho$、$\mu\rho$ 值(蓝色——深蓝色分布区域)；由于致密砂岩的密度和拉梅系数、剪切模量值都非常高，因此，致密砂岩的 λ_ρ、μ_ρ 值很高(绿色—深红色分布区域)；然而，由于孔隙发育、破碎、饱含油气等因素将引起砂岩密度和拉梅系数、剪切模量降低(孔隙发育、破碎等因素将引起横波速度降低)。因此，区内较低的 λ_ρ 和较高的 μ_ρ 值(白色—深褐色分布区域)值得关注，很可能是含气或裂缝发育的优质砂体展布区域。

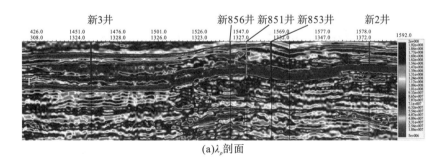

(a)λ_ρ剖面

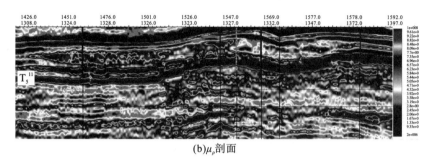

(b)μ_ρ剖面

图7-22　λ_ρ、μ_ρ剖面

2. 多波含气性指数流体识别

纵横波联合反演可以获得纵波阻抗 AI、横波阻抗 SI 和弹性阻抗 EI。通过多参数融合，可以构建出不同形态的多波流体识别指数。

例如，利用四川盆地新场地区三维三分量地震资料中的PP波、PS波联合反演成果，构建了含气指数。

$$含气指数 = \frac{AI \times EI33}{SI} \text{ 或者 } \frac{V_P}{V_S} \times EI33 \tag{7-14}$$

式中，EI33 代表33°的弹性阻抗；V_P、V_S 分别代表纵横波速度。

含气性指数反映储层的含气性。通过测井交汇分析认为，中等偏高的含气指数反映了该区目标储层的油气富集区域。

图7-23所示为四川盆地新场地区某储层含气性指数平面分布。可见新851井、新856井、新2井、新3井、新10井等天然气高产井处在含气指数的中高值区。

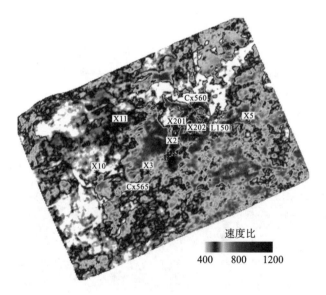

图7-23　多波含气性指数

3. 多体交汇含气性识别

研究表明，对于孔隙型砂岩储层而言，含气后泊松比降低，纵波阻抗明显降低，弹性阻抗增大。而对于致密裂缝型储层而言，情况变得非常复杂，不容易把握。例如，在四川盆地新场地区某储层就表现为中低纵波阻抗、较高泊松比。

为了有效地识别储层的含气性，可以充分利用测井、测试等资料，采用测井交汇分析和多波多数据体交汇解释相结合的方法，在多体属性交汇图上圈定属性取值范围后，再反投到测井曲线上去，看所圈的取值范围是否与测试的含气层段吻合。如果吻合，则将属性值的取值范围投影到地震数据体，以此进行多属性数据体的含气性识别和数据体含气范围雕刻。

图7-24为四川盆地新场地区某储层含气砂岩泊松比与纵波阻抗交汇分析图。可见，该储层以孔隙型储层为主，裂缝影响相对较小；天然气主要集中在"中低泊松比、中低波阻抗"区域。

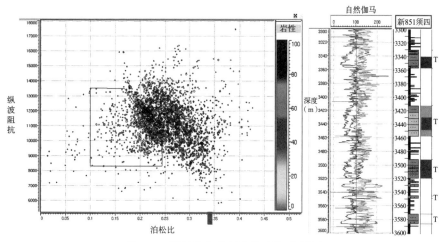

图7-24　泊松比与纵波阻抗交汇分析图

图7-25所示为四川盆地新场地区某储层多体交汇富气砂岩分布剖面。天然气产能较好的新851井、新882井富气砂岩较厚，而未获天然气产能的川孝565井无含气砂岩。该预测结果与实钻吻合良好。

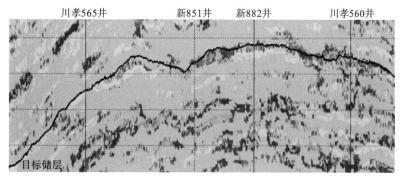

图7-25　多体交汇富气砂岩分布剖面

在平面上(图7-26)，含气砂岩分布走向与实际钻探成果一致，其中的有利含气砂岩厚度一般低于25m，分布于主体构造及北翼。

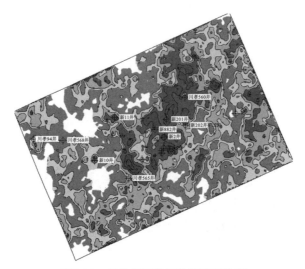

图7-26 多体交汇富气砂岩平面分布

7.6 全波属性解释技术

由于岩石致密，常规的纵波属性在含气性识别和裂缝检测中难以奏效，必须结合储层特点采用纵横波联合获取的属性与常规属性结合，即采用全波属性，才能在天然气富集带预测中取得好效果。

全波属性解释技术思路如图7-27所示。深层致密裂缝型储层预测主要步骤包括有利相带预测、优质储层预测、裂缝检测、含气性识别4个方面。在此基础上，通过地质、物探、测井、测试、钻井等信息的综合，对储层进行综合评价，圈定天然气富集有利区范围。

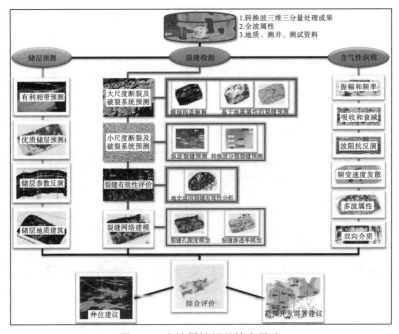

图7-27 全波属性解释技术思路

根据全波属性解释的特点，拟定的全波属性解释工作流程如图7-28所示。该流程特别强调岩石物理分析、测井资料分析和全波属性的交汇分析，在此基础上开展波动方程正演模拟，研究纵横波的特征，指导属性的正确使用。

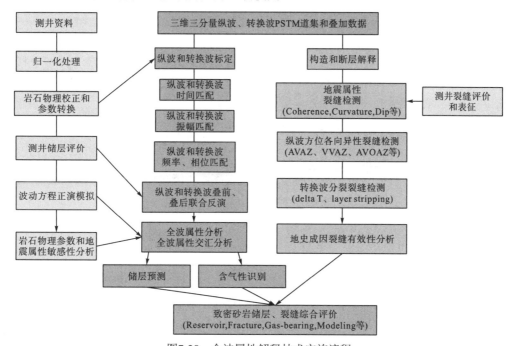

图7-28 全波属性解释技术实施流程

全波属性解释技术实施流程的实现，必须依赖于先进的多体解释可视化工作环境，由于这方面国内外开展的工作有限，目前还没有专门针对多波多分量解释特点的成熟的解释软件系统，因此很多工作需要在不同的解释软件中分别实现。纵横波联合解释主要依赖的技术是纵横波联合标定、匹配，多属性交汇分析(测井和地震)及投影，多属性三维可视化融合显示等。

7.7 深层裂缝型气藏地球物理配套技术体系

川西陆相深层天然气藏储层具有超深、超致密、非均质的特点，天然气成藏的主控因素是致密环境中的相对优质储层和相对发育的裂缝网络系统。目前，针对川西裂缝型气藏勘探形成的配套技术包括如下几类。

1. 多波多分量地震资料处理技术

针对川西三维三分量地震资料，将形成的三维三分量地震资料处理技术，包括转换波坐标旋转、多波联合静校正、剩余静校正、ACP道集抽取、多波偏移成像等技术。

2. 多波多分量地震资料解释技术

多波多分量地震资料解释技术包括不同裂缝模型转换波波场正演分析、PP波和PS波精细匹配、统计分析及多数据体交汇分析、多波地震资料沿层属性分析、转换波叠后反演、纵波和转换波叠前联合反演、多波属性储层预测等关键技术。

3. 深层高分辨率储层预测技术

深层高分辨率储层预测技术包括多子波分解及重构、反Q滤波、反射系数反演、基于谐波准则恢复弱势信号的高分辨率处理等关键技术。

4. 深层裂缝检测技术

深层裂缝检测技术包括多波相干、曲率、蚂蚁追踪、地应力等地震属性及多波方位各向异性分析、转换波分裂分析、相对时差法、层剥离法、能量比值（R/T）法、最小二乘拟合、奥尔福德正交旋转等多方的裂缝检测技术。

5. 深层储层含气性识别技术

深层储层含气性识别技术包括AVO、频变AVO、频变衰减、速度发散、吸收与衰减、神线网络与模式识别、线性与非线性特征参数等含气性识别技术，以及速度、速度比、密度、阻抗、泊松阻抗、弹性阻抗、泊松比、剪切模量、杨氏模量、拉梅系数等弹性参数和其他纵波、横波联合含气性识别技术。

6. 深层裂缝型气藏多学科综合预测技术

在储层预测、裂缝检测及含气性识别与流体识别等技术研究的基础上，开展多学科综合研究，形成适合陆相深层裂缝型气藏的地球物理配套技术体系，包括基于岩石物理、测井、地质、地震等多学科联合的储层识别、裂缝检测、含气性预测与流体识别等技术。

第8章　川东北礁滩相气藏地震解释与综合应用技术

位于四川盆地东北部的(以元坝为例)海相气藏,自东北向西南为陆棚相、斜坡相、台地边缘礁滩相和开阔台地相4个沉积相带,主要发育海相生物礁和滩相储层。其中,生物礁主要发育在台地边缘外侧,呈条带状分布,各个礁带之间并不完全相连。同时,随着生屑加积及礁屑不断向礁后充填,在生物礁后发育礁后浅滩沉积。生物礁、礁后浅滩微相是元坝海相长兴组上部最有利的储集相带。

8.1　气藏地球物理特征及预测难点

元坝气田具有气藏埋藏深、生物礁内幕刻画难度大、气水分布边界识别困难等复杂特点,受埋藏超深的影响,地震波能量衰减快、频带窄、分辨率有限,给礁滩沉积微相的精细描述、高精度储层预测等带来了挑战,加之区内海相气藏高含硫、酸性强等不利因素,进一步增添了勘探开发风险。

8.1.1　气藏地球物理特征

1. 岩石物理测井响应特征

元坝气田礁滩相储层由白云岩和灰岩组成。白云岩的储集物性比灰岩好,生屑白云岩、细晶白云岩是最重要的储层岩石类型。礁相储层主要有残余生屑溶孔白云岩、含生屑溶孔白云岩、残余粒屑白云岩、灰质白云岩、生物碎屑灰岩、生物礁灰岩等。滩相储层主要有灰色溶孔白云岩,灰色灰质白云岩,残余生屑白云质灰岩,灰色生屑、砂屑、砾屑灰岩。其中,溶孔白云岩储集性能较好。岩心测试统计显示,长兴组礁相储层孔隙度为0.23%～19.59%,平均为4.06%,孔隙度以2%～5%为主;渗透率为$(0.0028～1720.7187)×10^{-3}\mu m^2$,主峰值介于$(0.01～0.1)×10^{-3}\mu m^2$区间,渗透率低于$0.1×10^{-3}\mu m^2$的样品占39%,渗透率为$(0.1～10)×10^{-3}\mu m^2$的样品占44%。灰岩类储集岩孔隙度绝大多数小于5%,但渗透率多数大于1mD,表明裂缝及微裂缝为重要的储集空间。长兴组储层整体上属于孔隙型、裂缝-孔隙型储层。生物礁表现出疏松多孔的测井响应特征,密度、视电阻率值下降,声波时差、补偿中子孔隙度增大等,反映溶孔发育。组成生物礁的礁基、礁核在电测曲线上表现为低自然伽马、极高视电阻率的特征。

2. 生物礁地震响应特征

生物礁在地震剖面上呈现丘状或透镜状凸起外形,规模大小不等,形态各异;生物礁礁盖为较明显的强振幅地震响应，礁底部为连续—弱连续中强地震反射，生物礁内部为杂乱反射；两侧沉积物与生物礁周缘为上超接触关系，礁体上覆地层的披覆构造，生物礁的厚度比周缘同期沉积物明显增大，其披覆程度向上递减。

8.1.2　气藏地球物理预测难点

元坝气田是目前世界上埋藏最深、开发风险最大、建设难度最高的已开发酸性大气田，具有 "一超、三高、五复杂" 的特点。

1．礁滩相边界精确划分

元坝长兴组气藏埋藏深度大(6500～7100m)，地震资料信噪比、分辨率较低，导致礁滩相边界的刻画难度较大，难以准确刻画生物礁滩边界。

2．生物礁体内幕精细雕刻

元坝长兴组储层薄，I、II类储层与泥质岩、III类储层与致密灰岩弹性阻抗叠置严重，常规地震反演预测技术多解性强，储层厚度预测精度低。生物礁内幕精细雕刻难度较大。

3．气水边界识别

多口钻井产水，气水关系复杂，流体识别预测难度大。如何准确识别生物礁，刻画礁体平面展布及内幕结构，提高储层预测精度和流体识别的能力是元坝气田储层精细描述的技术瓶颈。

4．钻井水平轨迹辅助设计

长兴组生物礁储层横向非均质性强，横向速度变化较大，如何利用现有资料实现生物礁水平井轨迹精确控制导向，是元坝气田钻井轨迹控制中遇到的具体问题。

8.2　生物礁识别与精细雕刻

生物礁是浅水、高能、低纬度环境条件下原地生成的碳酸盐岩建造，优质生物礁储层的油气产能高，具有独特的地震反射结构。针对元坝气田分别建立了生物礁地震识别技术、生物礁空间-内幕雕刻技术、生物礁储层预测及流体识别技术三大技术体系，为元坝气田开发提供了有力支撑。

8.2.1　生物礁地震识别

1．生物礁正演模拟技术

模型正演是对特定的地质异常体(如生物礁)做适当的简化，形成一个简化的数理模型，采用地震波模拟方法获取地震响应的过程，是分析地震波在地下介质中的传播特点，建立地下地质异常体地震识别模式的有效手段。

　　通过实钻井地层纵向变化以及生物礁横向延伸规律，建立起生物礁地质模型，并以该模型进行生物礁地震响应特征模型正演(图8-1)，建立了生物礁的地震识别模式。

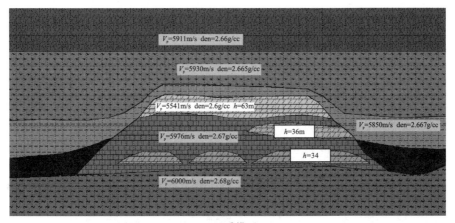

(a)地质模型

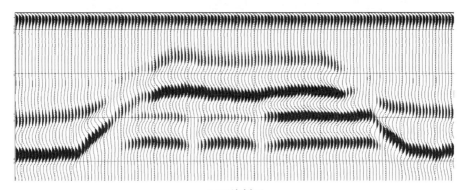

(b)正演剖面

图8-1　生物礁地质模型与正演剖面

　　(1)造礁生物生长速度快，生物礁的厚度比四周同期沉积物明显增大，生物礁外形在地震剖面上的反射特征多表现为"丘状"或"透镜状"凸起的反射特征。

　　(2)由于生物礁是由丰富的造礁生物和附礁生物形成的块状格架地质体，不显沉积层理，因此生物礁内部在地震剖面上多表现为断续、杂乱或无反射空白区等特征。但当生物礁在生长发育过程中伴随海水的进退而出现礁、滩互层，礁、滩沉积显现出旋回性时，也可出现层状反射结构。

　　(3)由生物礁的波形剖面上均可看出，生物礁礁盖呈强波谷—波峰"亮点"反射，同相轴连续平滑；表现在相位剖面上礁盖相位包络完整、期次明显。

　　(4)生物礁的外边界表现为礁间低能带高连续、平滑稳定强波峰反射的终止或分叉，同时在相位剖面上同样表现为相位的分叉，礁基与礁盖强连续相位形成生物礁丘状外形包络，礁核内部则表现为弱连续相位特征。

2. 古地貌恢复技术

由于生物礁发育的地质条件比较苛刻，生长的位置和分布范围十分局限，一般发育在海槽的台缘斜坡和台内相对高的部位，因此古地貌恢复有助于识别生物礁的位置和分布。具体方法如下：在地震剖面上，将最靠近地震反射异常体的上覆地层中比较稳定的标准地震反射同相轴拉平，观察地震反射异常体是否处于生物礁发育的古地貌有利部位，目标层段是否有地层加厚现象，从而帮助判别生物礁体的位置，图8-2为元坝礁带古地貌图。生物礁主要发育在构造高部位，钻井证实古构造位置越高，生物礁储层越发育。古地貌图显示礁带呈北西南东方向，越靠近东南段，古地貌位置越低，生物礁不发育，与实钻吻合度高。因此，采用古地貌恢复技术能有效地识别生物礁发育的位置。

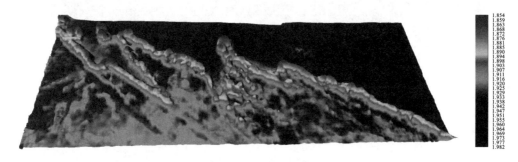

图8-2　礁带古地貌图

3. 地震反射结构异常识别技术

结合正演模拟结果，利用生物礁地震反射异常外形可识别礁体。分析元坝地区典型生物礁的反射特征，可以归纳总结出6类特征。

1) 外形特征

生物礁由于造礁生物生长速度快，其厚度比同期四周沉积物明显增厚，在有生物礁分布的层位上沿相邻两同相轴追踪时，厚度明显增大处可能是礁块分布的位置。生物礁在地震剖面上的形态呈丘状或透镜状凸起，其规模大小不等，形态各异，有的呈对称状，有的为不对称状，与礁的生长环境及所处地理位置有关。

2) 生物礁顶底反射特征

礁体顶面直接被泥岩覆盖，泥岩和礁灰岩之间存在明显的波阻抗差，因此在礁顶出现较明显的强振幅反射界面；而礁体底部由于多与砂岩接触，砂岩的速度一般为4000m/s，与灰岩的波阻抗差没有顶面明显，底部反射界面比顶部反射界面弱，且连续性变差，甚至出现断续反射现象。

3) 礁体内部反射特征

生物礁是由丰富的造礁生物及附礁生物形成的块状格架地质体，不显沉积层理，但可以看到生物层理(如结壳状构造、藏绕状构造等)，故礁体内部呈杂乱反射。

4) 礁体礁翼反射特征

礁的生长速度远比同期周缘沉积物高，两者沉积厚度相差悬殊，因而出现礁翼沉积物向礁体周缘上超的现象，在地震剖面上根据上超点的位置可判定礁体的边缘轮廓位置。

5) 礁体上覆地层的披覆构造

生物礁的厚度比周缘同期沉积物明显增大，并且礁灰岩的抗压强度远比周围砂泥岩大，所以在礁体顶部由差异压实作用而产生披覆构造，其披覆程度向上递减。

6) 礁体底部上凸或下凹反射

当礁体厚度较大，礁体与围岩存在明显速度差时，在礁体底部就会出现上凸或下凹现象。礁体速度大于围岩时，底部呈上凸状；反之呈下凹状，上凸或下凹的程度与礁体厚度及波阻抗差异大小成正比。

以元坝205井礁体为例，生物礁在波形剖面上表现为丘状反射，礁盖呈强振幅形成生物礁外形包络，生物礁两翼地层水平上超披覆于礁盖之上，生物礁内部反射波形较杂乱，呈弱反射；礁体底部局部有上凸现象（图8-3）。

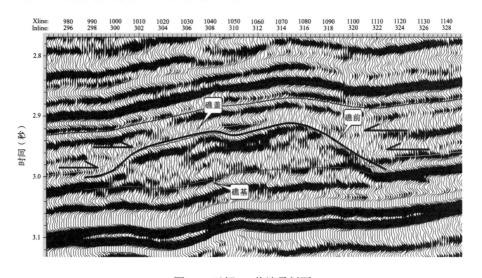

图8-3　元坝205井地震剖面

8.2.2　生物礁空间-内幕雕刻

1. 生物礁三维可视化空间雕刻

三维体可视化解释是通过对来自地下界面的地震反射率数据体采用各种不同的透明度参数在三维空间内直接解释地层的构造、岩性及沉积特征。可帮助解释人员准确快速地描述各种复杂的地质现象，把握其三维空间展布规律。

生物礁纵向上具有快速生长特征，受骨架造礁生物影响，地层厚度远远大于周围地层，利用三维可视化技术能够较好地体现生物礁群的空间展布特征及平面分布规律。礁群在生物礁古地貌图上表现为团块状古地貌高，礁群两端受古地貌较低的潮汐水道分隔，古地貌较低；在地震剖面上表现为反射同相轴的中断、相位突变等特征（图8-4、图8-5）。

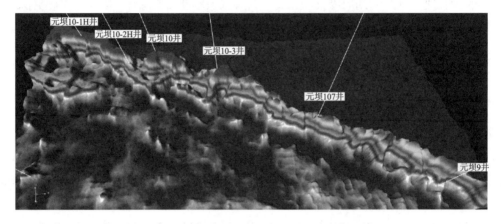

图8-4　元坝①号礁带三维可视化空间雕刻（彩图见附图）

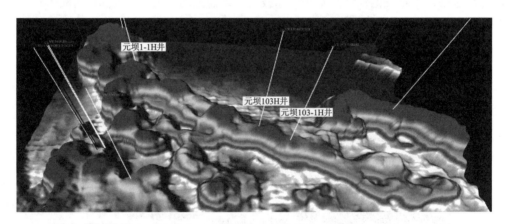

图8-5　元坝②号礁带三维可视化空间雕刻（彩图见附图）

2. 多期次生物礁内幕雕刻

生物礁的生长受海平面升降变化的影响，单礁体纵向上表现为多期次性，虽然地震反射特征及古地貌恢复等技术能有效地刻画礁群和单礁体，但对于元坝气田开发而言，礁体描述的精度不足，需要在生物礁沉积相演化的基础上，开展单礁体内幕期次精细雕刻，为井位部署与井型优选提供支撑。

根据生物礁相对海平面的升降变化，纵向上将生物礁划分为纵向进积型、纵向退积型生物礁、纵向加积型生物礁群；根据生物礁外形变化可划分为梯形礁、三角形礁以及弧形礁（图8-6、图8-7、图8-8），不同的生物礁内幕结构，对应的开发井型选择不同。

对于多期礁盖储层发育的生物礁，宜以大斜度井纵向控储开发；对于近层状发育的单层梯形生物礁，宜以水平井长穿控储开发；对于倾斜发育的三角形生物礁，宜以水平井长穿控储开发；对于多套储层近水平发育的弧形礁，宜以水平井穿多礁体开发。

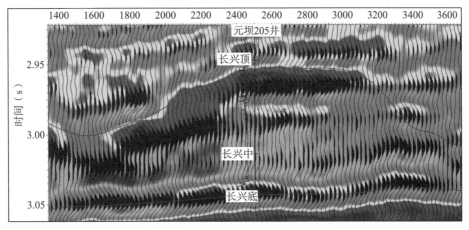

图8-6　元坝典型梯形礁地震剖面特征

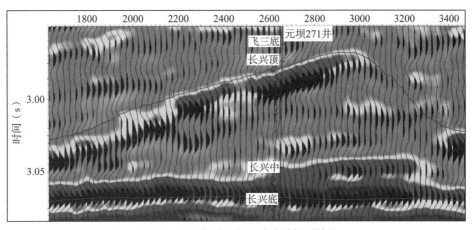

图8-7　元坝典型三角形礁地震剖面特征

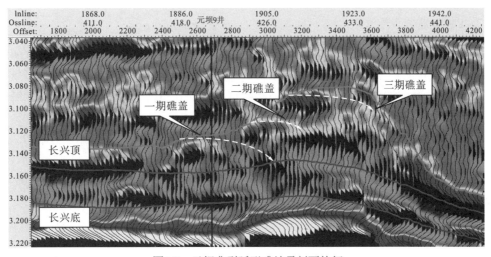

图8-8　元坝典型弧形礁地震剖面特征

8.2.3　生物礁储层预测及流体识别

1. 生物礁储层预测

在生物礁识别描述的基础上，依据生物礁的地质特点和地球物理响应特征开展生物礁储层预测，明确有利储层的空间分布，为气藏开发提供更准确的地质目标。由于元坝气田试采区和滚动区的钻井较多，分布较均匀，曾先后采用叠后拟声波反演、叠后地质统计学、相控统计学波阻抗反演等技术开展生物礁储层预测。

1) 伽马拟声波反演

元坝生物礁白云岩储层的测井响应特征主要表现为低波阻抗，与非储层泥质含量增高后的波阻抗类似。但两者间伽马曲线差异明显，为剔除泥岩的影响，降低反演的多解性，开展伽马拟声波反演。

该反演技术的核心是特征曲线重构，它以岩石物理学为基础，从多种测井曲线中优选，并重构出能反映储层特征的曲线。利用声波测井曲线的低频信息，融合伽马曲线的高频信息，建立具有伽马背景的拟声波曲线，开展拟声波反演。

2) 叠后地质统计学反演

元坝长兴组生物礁优质储层薄，纵横向变化快、优质储层厚度通常小于地震有效分辨尺度，利用叠后地质统计学反演通常能提高薄层储层识别能力。

叠后地质统计学反演充分挖掘测井高频信息，提高薄互层识别能力。其基本原理是将地震岩相体、测井曲线、概率密度函数及变差函数等信息相结合，定义严格的概率分布模型。在此基础上正演得到模拟地震道，并对比模拟地震道与实际地震数据间的差异后修正模型参数；反复迭代使最终的反演成果满足地震数据与输入先验信息。

3) 相控地质统计学反演

元坝长兴组生物礁内幕横向非均质性强，伽马拟声波反演和叠后地质统计学反演虽能剔除泥岩陷阱和提高薄层分辨能力，但是对于Ⅲ类储层和致密灰岩的区分仍存在多解性。为进一步提高储层预测的精度，利用生物礁高频层序划分和沉积微相变化规律，开展相控地质统计学反演。

结合小礁体精细刻画成果，建立纵横向具有差异的生物礁沉积微相模型(图8-9)，应用分区、分礁带、分层序、分微相反演的思路，开展相控地质统计学反演。

通过相控地质统计学反演，Ⅲ类储层与围岩得到较好的区分识别(图8-10)，同时提高了储层预测精度和纵向分辨率。

2. 生物礁储层流体识别

目前，基于地震资料的流体识别技术分为叠后地震流体检测技术及叠前地震流体检测技术。叠后地震资料的流体识别方法主要包括频率吸收衰减、流体活动性属性、地震波形结构特征等；基于叠前地震资料的流体识别方法主要包括AVO含气性识别技术和叠前反演技术等。

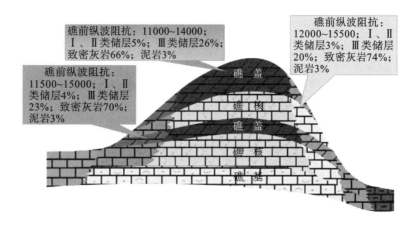

礁前纵波阻抗：11000~14000；Ⅰ、Ⅱ类储层5%；Ⅲ类储层26%；致密灰岩66%；泥岩3%

礁前纵波阻抗：11500~15000；Ⅰ、Ⅱ类储层4%；Ⅲ类储层23%；致密灰岩70%；泥岩3%

礁前纵波阻抗：12000~15500；Ⅰ、Ⅱ类储层3%；Ⅲ类储层20%；致密灰岩74%；泥岩3%

图8-9　纵横向上生物礁沉积微相模型示意图

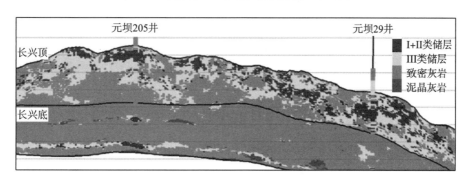

图8-10　过元坝205井、元坝29井相控地质统计学反演储层剖面图

1) 叠后流体识别

元坝生物礁储层叠后流体检测技术主要包括吸收衰减技术、低频阴影技术、流体活动性分析技术等，其核心原理是储层含油气后，岩石孔隙间的流体对纵波高频能量的吸收，造成纵波高频部分能量衰减、低频能量增强的地球物理现象。通过数学算法计算储层段高频能量衰减异常、低频强能量增强异常分布，实现流体含气性识别(图8-11)。

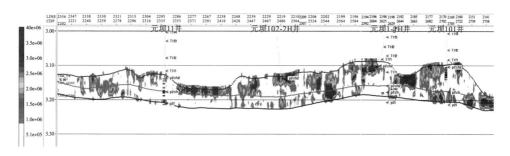

图8-11　元坝11井—元坝102-2H井—元坝1-1H井—元坝101井含气性属性剖面图

2) 叠前流体识别

叠前流体检测的核心是利用纵、横波速度和密度计算与流体有关的叠前弹性参数(泊

松比、拉梅系数等）。通过交汇图分析，优选适合的叠前弹性参数开展生物礁储层含气性识别。

通过多种叠前弹性参数交汇图分析，拉梅常数识别含气性具有较高的分辨率，能比较清晰地刻画气层、差气层和干层，拉梅常数对气层反应最为敏感，所以选择拉梅常数作为识别气层的首选参数。

图8-12所示为过元坝27井—元坝204井连井叠前弹性参数反演的拉梅常数剖面。可以看出，预测结果与测井解释结果有很好的一致性，预测结果不仅真实地反映了井点处的含气情况，还清楚地反映了井间的含气性变化。

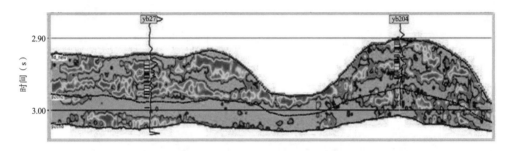

图8-12　过元坝27井—元坝204井连井测线拉梅系数反演剖面

8.3　生物礁储层精细描述

应用多种地球物理手段，对生物礁礁盖储层进行预测。结果表明，元坝地区长兴组生物礁主要顺台地边缘发育，台地边缘生物礁总体呈北西—南东方向展布，分4个礁带及一个礁滩叠合区。

下面从礁带形态特征、生物礁内幕结构和储层展布3个方面对元坝长兴组生物礁进行描述。

1. ①号礁带精细描述

①号礁带构造东南高，西北低，长兴顶高差约170m，矿权区礁带长约21.9km，礁带宽度为0.8～2km，目前共钻井7口，分别为元坝10井、元坝10-1H井、元坝10侧1井、元坝10-2H井、元坝10-3井、元坝107井和元坝9井（图8-13）。

元坝10-1井礁群长约6.8km，宽0.8～2km，面积为9.4km^2；元坝10井礁群长约2.84km，宽1.35km，面积为4.79km^2；元坝10井东南礁群长约5.04km，宽1～2km，面积为6.43km^2；元坝107井礁群长约2.58km，宽1.2km，面积为3.54km^2；元坝9井礁群长约6.25km，宽0.9～1.5km，面积为6.64km^2。

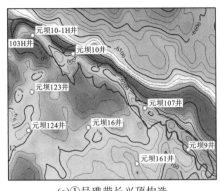

(a)①号礁带长兴顶构造

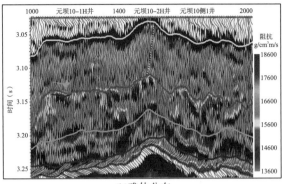

(b)礁体分布

图8-13　①号礁带长兴顶构造图及礁体分布图

2. ②号礁带精细描述

②号礁带构造整体较平缓，礁带长13.5km，宽1.5～2.3km。目前，该礁带共钻井6口，完钻井有元坝101井、元坝101-1H井、元坝1井、元坝1侧1井、元坝1-1H井和元坝103H井（图8-14）。

元坝101井礁群长约3km，宽2.3km，面积为6.22km²；元坝1-1H井礁群长约3.25km，宽1.4～2km，面积为5.8km²；元坝井103H礁群长约5km，宽1.4～1.8km，面积为11.22km²。

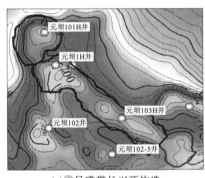

(a)②号礁带长兴顶构造

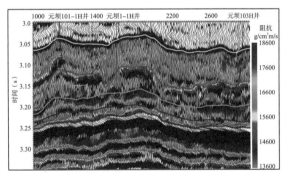

(b)生物礁群划分

图8-14　②号礁带长兴顶构造图及生物礁群的划分

3. ③号礁带精细描述

③号礁带构造西北高、东南低，幅度高差近500m，元坝204井处构造位置最高，向南东方向构造逐渐变低。礁带最宽处约为1.8km，最窄处约为0.7km，共钻井11口，完钻井有元坝204井、元坝204-1H井、元坝2井、元坝205井、元坝205-1井、元坝205-2井、元坝205-3井、元坝29井、元坝29-1井、元坝29-2H井、元坝28井（图8-15）。

元坝204井礁群长约3.7km，宽1.85km，面积为6.66km²；元坝205井礁群长约8.3km，宽1.4～2.7km，面积为14.55km²；元坝29-2井礁群长约3km，宽2.3km，面积为5km²；元坝28井礁群长约1.7km，宽1.7km，面积为2.34km²；元坝28井南礁群长约4km，宽0.8km，面积为2.29km²。

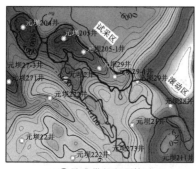
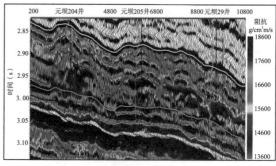

(a)③号礁带长兴顶构造　　　　　　　　　(b)生物礁群划分

图8-15　③号礁带长兴顶构造图及生物礁群的划分

4. ④号礁带精细描述

④号礁带构造特征为西北高、东南低，幅度高差近450m。由试采区向滚动区构造埋深增大（图8-16）。在矿权区内礁带长约24.2km，宽为0.9～3.28km，目前该礁带共钻井9口，分别为元坝27井、元坝27-2井、元坝27-3H井、元坝271井、元坝272H井、元坝272-1H井、元坝273井、元坝27-2井、元坝274-1H井。

元坝27井礁群长约3.6km，宽1.2～3.3km，面积为10.8km²；元坝271井—元坝272H井礁群长约8.6km，宽1.3～1.6km，面积为16.64km²；元坝273井礁群长约12.6km，宽0.9～1.7km，面积为10.79km²。

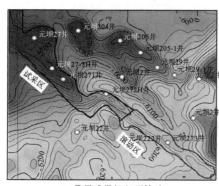

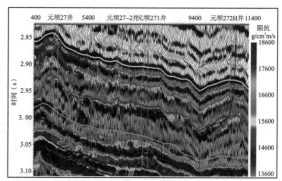

(a)④号礁带长兴顶构造　　　　　　　　　(b)生物礁群划分

图8-16　④号礁带长兴顶构造图及生物礁群的划分

8.4　钻井轨迹设计与控制

元坝气田长兴组气藏由于直井产量和井控储量普遍达不到经济极限要求，气藏开发方案设计开发井以水平井为主。对于超埋深、薄储层、小礁体气藏水平井，为了达到提高单井产量和井控储量的目的，水平井钻井轨迹设计及控制技术体系是钻井支撑的基础，在元坝气田开发建设中，10余口水平井储层钻遇率平均达82%以上，较之前提高了42%，获得了良好的效果。

8.4.1　水平井轨迹优化设计

1．水平井方位设计

根据储层平面展布预测成果及不同方位储层、含气性预测成果优选地震预测储层最发育、连续性最好的方位为水平井轨迹方位。

2．水平段垂向位置设计

水平井的渗流特征决定了水平段在垂向的位置对气井的产能有较大影响。根据理论研究和实践认为在无底水，夹层不发育的气藏中，水平段的位置应该位于垂向上物性较好部位，这样才能有利于气体渗流。实钻结果显示，当水平段在储层的中上部时，底水未能推进，对稳产时间几乎没有影响，但是当水平段在储层的中部以下时，底水突破后产水，稳产期变短（图8-17）。

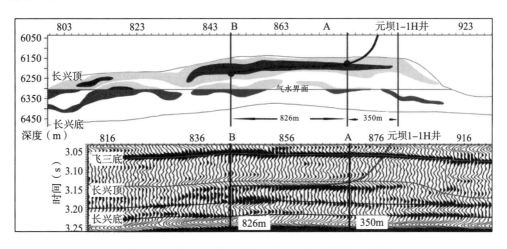

图8-17　元坝1-1H井水平段轨迹垂向位置设计示意图

3．水平段长度设计

根据元坝长兴组气藏有效开发的需要，从气藏的地质特点、经济效益出发，通过数值模拟及经济评价分析，元坝长兴组气藏水平井段长介于600～800m之间为宜。

8.4.2　入靶前轨迹优化调整

1．标志层逼近控制

超深水平井非目的层段实钻与设计有一定的差距，在进入目的层之前，需要调整好井斜，防止进入目的层时井斜偏大或偏小，导致钻不到储层或钻穿储层，对此可通过标志层对比和随钻预测技术的结合，在入窗前对轨迹进行优化调整。首先要掌握钻井区域目的层分布、走向、厚度、深度等基本情况，选取控制对比井，建立起邻井海拔垂深和岩电对比图；再通过区域上的构造和地层情况，选取横向上分布稳定的标志层来做对比分析，随钻预测目的层垂深。

2. 储层埋深随钻精细预测

针对元坝气田储层埋深普遍超过6500m的地质情况，为了准确预测储层的埋深，为水平井的设计提供准确参数，通过对钻井与地震匹配关系的深入研究，探索出超深礁滩体储层深度预测的两步法：第一步，采用邻井速度场粗略预测部署井的主要地层界限深度；第二步，将正钻井用作虚拟导眼井，用正钻井四开测井曲线标定建立井点处精确速度场，利用本井的速度场来精细预测储层埋深。

如图8-18所示，通过深度预测两步法，准确地预测了元坝27-3H井的储层埋深，以此为依据指导的轨迹优化调整，最终取得了在922m水平段中钻遇有效气层厚度779.4m的好效果，有效气层钻遇率达84.53%。

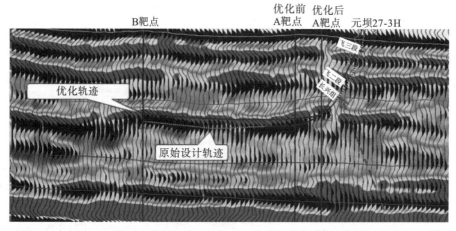

图8-18　元坝27-3H井四开曲线合成记录标定、优化轨迹与实钻地层综合柱状对比图

8.4.3　目的层轨迹优化调整

水平井实施过程中，在进入目的层后派遣经验丰富的地震和地质人员现场驻井，根据邻井小层划分、储层特征对比，实钻录井及近井约束反演等成果，结合实际钻井情况，及时提出井斜优化调整建议，确保快速钻进、准确入靶，水平轨迹多穿优质储层，实现开发井高产高效。

8.5　礁滩相气藏地球物理配套技术体系

元坝气田具有气藏埋藏深、生物礁横向非均质性强、内幕结构刻画难度大、气水分布边界识别困难等特点，油气开发难度较大，为实现超深生物礁气田高效油气开发，针对元坝气田建立了礁滩相气藏地球物理配套技术体系(图8-19)，为元坝气田效益开发提供了有力支撑。

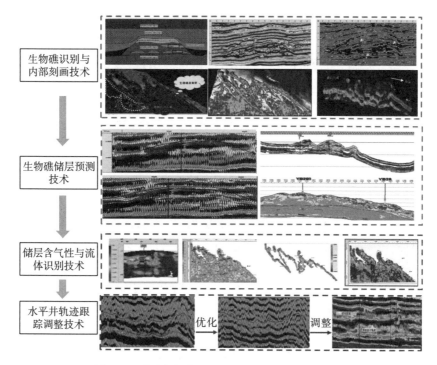

图8-19　礁滩相气藏地球物理配套技术体系示意图

　　钻遇生物礁目标储层是决定气藏能否成功开发的关键。为此，需要通过跟踪钻井进程，利用钻井信息及时更新速度场，优化地震成像效果，使地震资料的解释、反演、储层预测等精度获得最大限度的提升，为水平轨迹准确钻遇目标储层提供实时支撑。

第9章 龙门山前带潮坪相气藏地震解释与综合应用技术

龙门山前带深层雷口坡组气藏属于潮坪相碳酸盐岩气藏，具有低孔、低渗、常压等特征，气藏的有利岩性是微-粉晶白云岩和藻黏结白云岩；储层段分为上、下两个储集单元，上段以裂缝-孔隙型储层为主，下段以孔隙型储层为主，纵向叠置厚度大，横向延伸范围广。优质储层发育受沉积相、成岩作用、表生溶蚀、埋藏溶蚀、裂缝等因素控制，加之埋藏深度大、地震波能量衰减严重，有利储层分辨能力受到制约，增加了勘探开发难度。近年来，基于潮坪相碳酸盐岩气藏的地质与地球物理特征，形成了岩石物理建模、正演数值模拟、有利沉积相带划分、储层定量预测、裂缝检测及流体识别等关键技术。

9.1 气藏地球物理特征及预测难点

龙门山前雷口坡组气藏储层潮坪相岩石物理、测井、地震等响应特征，尤其是白云岩优质储层，在岩性、物性、渗透性、裂缝发育与含气性等方面与灰岩储层和围岩等均具有明显差异。充分掌握各类岩层的地球物理特征，是气藏边界描述、储层定量预测、裂缝检测及流体识别的基础。

9.1.1 气藏地球物理特征

1. 岩石物理特征

基于岩心、测井等资料开展储层岩性、物性、渗透性等综合分析认为，龙门山前潮坪相气藏优质储层主要孔隙空间类型以溶孔为主(局部发育溶洞)，少量发育晶间孔、微裂缝、铸模孔，溶孔主要包括藻结构和晶粒结构两种类型。其中，藻黏结白云岩溶孔具有顺层分布特征，溶蚀作用强但分布不均，岩心分析孔隙度主要分布在1%～20.2%之间，平均孔隙度为5.63%，渗透率主要分布在0～186mD之间，平均渗透率为10.4mD(图9-1)；晶粒白云岩整体结晶程度高，晶间溶孔较小，分布较均匀，孔隙度主要分布在1%～23.7%之间，平均孔隙度为4.39%，渗透率主要分布在0.004～86mD之间，平均渗透率为3.14mD(图9-2)。

岩石物理测试及侧井资料分析发现，雷口坡组储层段表现为高纵波时差、高补偿中子、低密度、低阻抗、高横波时差、低电阻、低V_P/V_S、低泊松比等特征(图9-3)。其中，I、II类储层较III类储层具有低V_P、低AI、低EI等岩石物理特征，III类储层与非储层弹性参数叠置程度较高，区分度较小。同时，在饱和气和饱和水两种状态下进行对比分析，发现小孔隙度的样品饱和水状态下V_P远大于干燥状态下的V_P，而V_S则相差不大；随着孔隙度的增大，

V_S的变化逐渐增大，而V_P的变化逐渐变小。从而导致V_P/V_S值发生较大变化，饱和水样品的V_P/V_S值主要分布在1.75～1.9之间，饱和气样品的V_P/V_S值则主要分布在1.55～1.8之间。

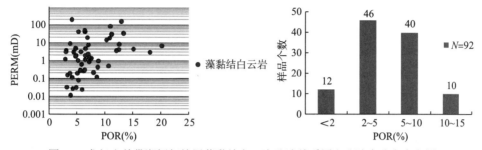

图9-1　龙门山前带潮坪相储层藻黏结白云岩孔渗关系图和孔隙度分布直方图

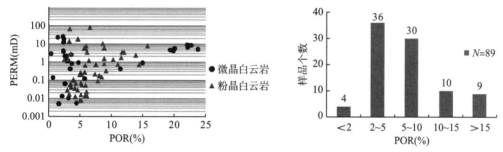

图9-2　龙门山前带潮坪相储层晶粒白云岩孔渗关系图及孔隙度分布直方图

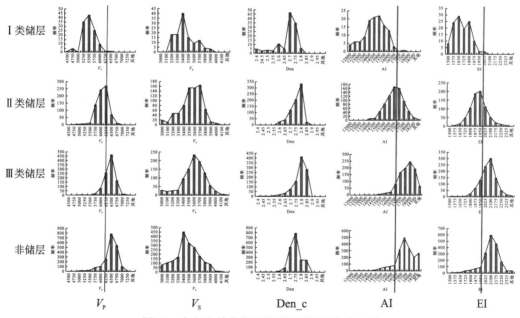

图9-3　龙门山前带潮坪相储层弹性参数直方图

雷口坡组地层主要发育高导裂缝，并常与溶蚀孔洞串在一起。按裂缝倾角划分，雷口坡组地层以低角度、平缝为主，局部发育高角度缝，裂缝密度主要为1.33～25.71条/m，裂缝宽度小于1mm，在常规测井响应特征方向，高角度缝发育段双侧向视电阻率相对降低，数值在900～1800Ω·m之间，呈正差异，幅度差较大，在300～700Ω·m之间，而低角度、平缝发育段双侧向视电阻率降低程度较小，数值在1800～5000Ω·m之间，正差异幅度进一步减少，在100～300Ω·m之间。在成像测井方面(图9-4)，高角度缝呈现幅度较大的正弦曲线，而低角度缝和平缝呈暗斑状或明暗相间的水平层状，当有方解石或钙质充填时表现为高视电阻率异常；钻井揭示裂缝最大主应力方向为近东西向，与川西雷口坡组地层现今最大水平主应力方向一致(夹角小于30°)，表明裂缝多为现今构造运动所产生，形成时间较晚、未被充填，多为开启状态，能最大限度地发挥其渗流通道的作用。

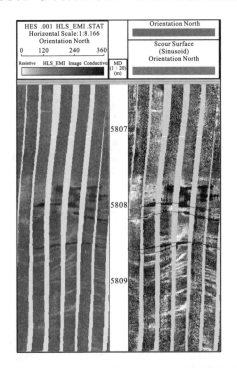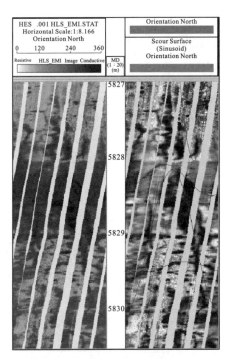

图9-4　龙门山前带潮坪相储层成像测井响应特征

2. 储层地震响应特征

在地震剖面上，龙门山前带雷口坡组顶部附近稳定的标志层T6是马鞍塘组二段泥岩与下伏碳酸盐岩(马鞍塘组一段灰岩)形成的波阻抗界面，而不是雷口坡组顶部的地震反射特征。也就是说，地质界面和地震界面是不吻合的，受此影响，潮坪相储层的地震响应模型复杂多变。地震响应特征如下。

1)标志层T6地震响应特征与马鞍塘组一段灰岩的岩性和厚度有关

(1)T6波形主要受马鞍塘组一段厚度影响，即厚度增大，T6由低频强振幅变为复合相位。

(2)T6复合相位形态及能量受马鞍塘组一段物性影响，即马鞍塘组一段物性变差，T6出现"上强下弱"波形，物性变好，T6出现"上弱下强"波形。

2)上储层地震响应特征

(1)对于T6出现的"上强下弱"形波组特征,复合相位转变为双相位。

(2)对于"上弱下强"形波组特征,复合相位形态、能量发生改变。

(3)对于"单相位"形波组特征,波形没有明显改变。

3)下储层地震响应特征

下储层段的变化几乎不影响T6的地震响应特征,它直接影响第二相位,当下储层发育、物性变好时,第二相位振幅增强。

如图9-5所示,鸭深1井合成记录来看,上储层位于T6反射层之下的负相位中上部,由于其厚度相对较薄,T6波组特征表现为单相位,相对于下储层表现为中高阻抗特征;下储层位于T6之下第二相位,具有"亮点",即"低阻抗、中强振幅"反射特征。

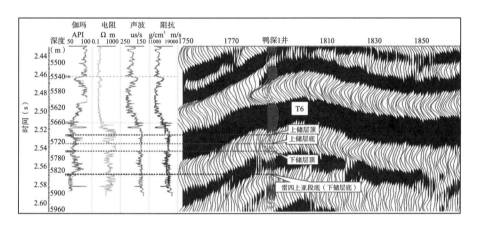

图9-5　龙门山前带鸭深1井合成记录

9.1.2　气藏地球物理预测难点

龙门山前带潮坪相白云岩气藏勘探面临的地球物理难点很多,如地震偏移成像精度问题、地震资料分辨率问题、地震识别模型建立问题、资料综合解释及应用问题等。其中,最关键的预测难题包括3个方面,即潮坪相带边界描述难题、优质白云岩储层预测难题、裂缝检测与流体识别精度难题。

1. 潮坪相带边界描述难题

已钻井揭示雷口坡组纵横向上沉积微相变化较大,其中上储层段上部主要为潮间带藻屑坪、灰坪、云坪,隔层段主要为潮下带的富藻灰坪,下储层段以潮间带的云坪、含灰云坪、藻云坪微相为主;受地震资料分辨能力影响,测井解释的不同微相,对应的地震相特征不典型,利用常规地震属性预测的地震相成果,相带地质规律不明确。

2. 优质白云岩储层预测难题

受地表低降速带巨厚、地下储层埋藏深等因素制约，地震波高频信号衰减快，使深层地震反射有效频带窄、主频偏低、分辨率低；同时目的层段储层纵向上多层交互，单层厚度薄，横向上非均质性强，可对比性差，实现精细分段和优质储层预测难度大。

3. 裂缝检测难题

裂缝检测主要存在以下几个方面的问题及难点。

(1) 地层过深的埋藏深度，导致地震波在目的层横向和纵向的分辨率都较大幅度地降低，进而大大降低了裂缝检测的精度（只能反映大尺度的裂缝）。

(2) 单一属性检测裂缝多解性较强。

(3) 找到钻井、测井获得的真实裂缝信息与地震预测结果的联系是提高地震裂缝检测精度的关键。

4. 流体识别难题

流体识别至今还没有十分有效的技术。尽管，"亮点"、吸收衰减、AVO、频变分解、全波属性等技术的出现，使地震流体识别能力有了很大提高，但多数技术均存在一定的局限性和技术适应性，并非所有的异常都与气层有关，应用时去伪存真的难度极大，必然存在多解性，影响流体识别精度。

9.2　龙门山前带潮坪相储层岩石物理分析技术

9.2.1　岩石物理特征分析与建模

1. 岩石物性参数与弹性参数的关系

1) 岩性与弹性参数的关系

雷口坡组储层岩性主要由灰岩、白云岩、灰质白云岩和白云质灰岩组成。如图9-7所示，在岩性划分中，灰岩具有相对大的纵横波速度比和较小的剪切模量，因此弹性参数曲线纵横波速度比和剪切模量能够较好地识别灰岩和白云岩。

2) 孔隙度与弹性参数的关系

交汇分析发现（图9-6），纵横波阻抗在孔隙度小于6%时，纵横波阻抗随孔隙度的变化不明显；当孔隙度大于6%时，纵横波阻抗随着孔隙度的增加而迅速降低。而杨氏模量、剪切模量和泊松比等弹性参数均对孔隙度不敏感，仅与体积模量之间存在弱相关性，这也是由于密度和孔隙结构的复杂性导致的。

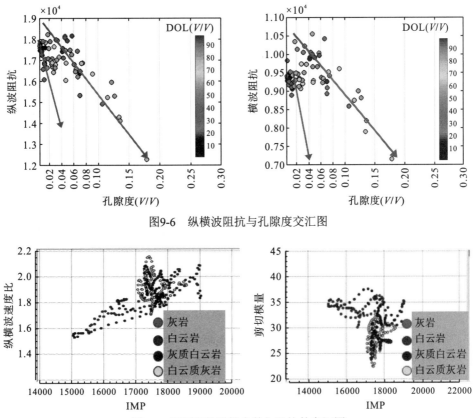

图9-6　纵横波阻抗与孔隙度交汇图

图9-7　不同岩性弹性参数与阻抗的交汇图

2. 微观结构对弹性参数的影响

通过对岩心进行扫描电镜观察和CT扫描分析(图9-8)，可以把岩石内部的孔隙分为3种：裂缝(孔隙纵横比小于0.1)、粒间孔(孔隙纵横比为0.1～0.5)、溶孔(孔隙纵横比大于等于0.5)。通过典型样品分析比较发现，裂缝含量较高的样品具有在低围压下纵横波速度较小、纵横波速度随围压增长而快速增长、高围压下速度较大的特征。这与裂缝在高围压时的闭合现象有关，裂缝在围压增大时会出现逐渐闭合的现象，裂缝闭合导致岩石整体刚性增大，从而导致速度快速增大。溶孔含量较高的样品则会呈现出在低围压下纵

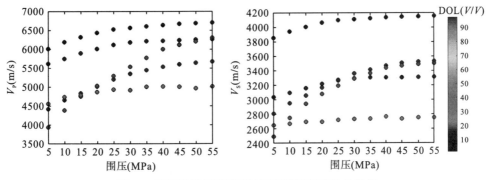

图9-8　不同孔隙类型纵横波速度随围压变化的特征

横波速度较小、纵横波速度随围压增长缓慢、高围压下速度依旧较小的特征。这主要是溶孔的形变较少，孔隙几乎没有被压缩导致。而粒间孔含量较高的样品的特征则介于两者之间。

3. 含气性与弹性参数的关系

将样品以饱和气和饱和水两种状态进行测试发现(图9-9)，饱和气后样品的纵波速度出现了明显的下降，但在低孔隙度的样品中，这种下降更为明显。横波速度在饱和气时，主要由于样品密度的变化，在大孔隙度样品中横波速度发生了下降。当饱和气时，纵横波波速比在全部样品中都出现了明显的下降。泊松比在饱和气时也出现了明显的下降。

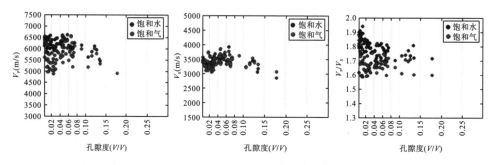

图9-9 含气性与弹性参数的关系

4. 潮坪相碳酸盐岩岩石物理模型

基于CT、铸体薄片和扫描电镜的结果，确定了模型的微观结构参数为裂缝(孔隙纵横比为0.01)、粒间孔隙(孔隙纵横比为0.2)、溶孔(孔隙纵横比为0.8)。在改进的Xu-Payne模型的基础上，结合试验获得的经验关系，建立的雷口坡组储层适用的岩石物理模型如图9-10。

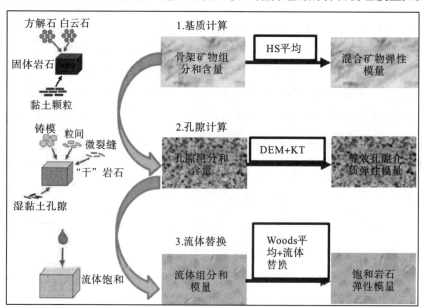

图9-10 龙门山前雷口坡组储层适用的岩石物理模型

9.2.2　基于岩石物理参数的储层地震正演模拟

1. 骨架、孔隙、流体替换分析

通过岩石物理模型分析发现，当裂缝含量增大时，纵波速度迅速减小，纵波阻抗迅速减小，纵横波速度比迅速减小；当白云岩含量增大时，纵波速度随之增大，纵波阻抗随之增大，纵横波速度比随之增大；当孔隙度增大时，纵波速度随之减小，纵波阻抗随之减小，纵横波速度比随之减小(图9-11)。

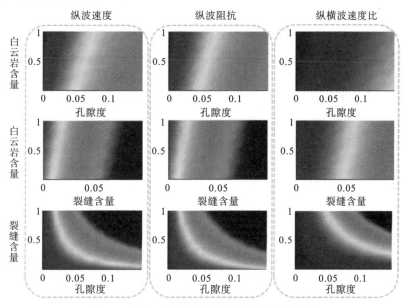

图9-11　龙门山前储层岩石物理模型分析结果

针对测井数据开展孔隙流体替换分析，并且与替换之前的曲线进行对比(图9-12)，可以发现在下储层中，部分位置进行流体替换之后，弹性参数发生了较大的变化，从而可以通过这些变化来对含气性开展预测工作。

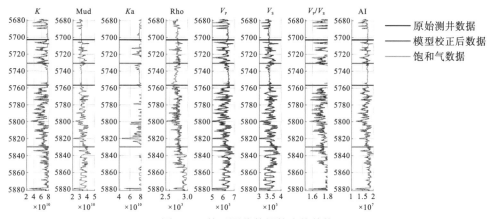

图9-12　基于测井数据的流体替换

2. 正演数值模拟

通过正演数值模拟，能明确溶蚀性储层的地震反射特征，为地震储层预测奠定基础。在图9-13所示的地质模型基础上，通过改变溶蚀储层的不同组合模式、储层厚度和气层类型等，开展正演模拟研究，得到多种地震剖面，分析溶蚀储层的地震反射特征。根据统计的龙门山前雷口坡组各种岩性的测井解释成果，建立不同岩性的岩电参数表如表9-1。

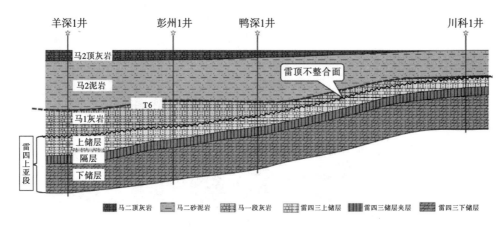

图9-13　山前带雷口坡组—马鞍塘组地质模型图(彩图与附图)

表9-1　岩电参数表

地层	厚度(m)	岩性和储层类型	速度(m/s)	密度(g/cm³)	波阻抗[(g/cm³)·(m·s)]
马鞍塘组二段	30～200	泥页岩夹粉砂岩	4600	2.49	11454
马鞍塘组一段	0～120	灰岩	5500	2.55	14025
雷口坡组四段上亚段	0～150	上储层灰岩(非储层)	6300	2.55	16695
		隔层	6400	2.7	17280
		下储层白云岩(非储层)	6350	2.68	17018
		Ⅰ类溶蚀储层	5800	2.45	14210
		Ⅱ类溶蚀储层	6000	2.50	15000
		Ⅲ类溶蚀储层	6200	2.55	15810
雷口坡组四段中亚段	60～120	含膏质	6100	2.85	17385

正演模拟分析结果表明上储层段储层发育会改变T6振幅响应特征。

(1)对于T6复合波"上强下弱"的情况，上储层发育会导致T6与第二相位地层$T_2l_4{}^3$之间出现较强振幅的波峰。

(2)对于T6复合波"上弱下强"的情况，上储层发育导致T6"上弱下强"的复合波形向"上强下弱"形态转变。

(3)当马鞍塘组一段厚度较小时，上储层发育没有明显改变T6的振幅响应特征(图9-14)。

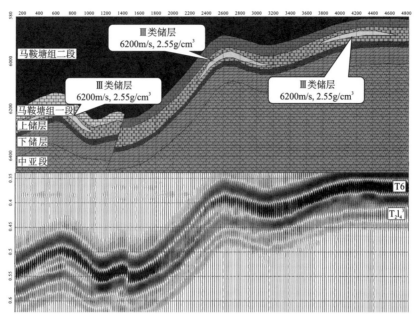

图9-14　金马—鸭子河地区地质模型1及正演地震剖面

　　下储层段储层发育会改变第二相位$T_2l_4^3$的振幅响应特征：①下储层段的变化几乎不影响T6的振幅响应特征，它直接影响第二相位$T_2l_4^3$，当下储层发育、物性变好时，第二相位$T_2l_4^3$的振幅增强；②下储层优质储层发育程度与发育位置也影响第二相位$T_2l_4^3$的振幅特征，当优质储层发育时，第二相位的振幅能量最强，优质储层欠发育（III类储层发育），振幅能量次之，储层欠发育时振幅能量最弱（图9-15）。

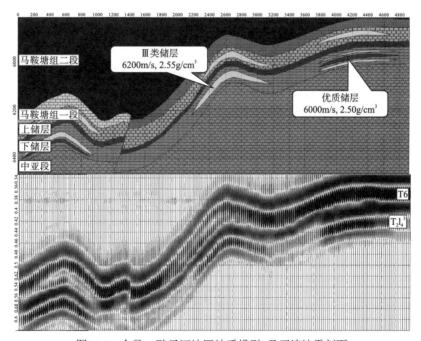

图9-15　金马—鸭子河地区地质模型2及正演地震剖面

9.3　龙门山前带海相储层定量预测技术

9.3.1　有利相带预测

龙门山前雷口坡组四段上亚段属局限台地相潮坪沉积环境，属于台缘障壁—潟湖—潮坪沉积体系(图9-16)，石羊场—金马—鸭子河构造带属于潮坪相(潮下、潮间、潮上)，为储层广泛发育提供了物质基础，分布规模大。单井岩石相、测井相分析认为有利沉积微相为高能的潮间云坪、藻云坪微相(主要分布在下储层段)。

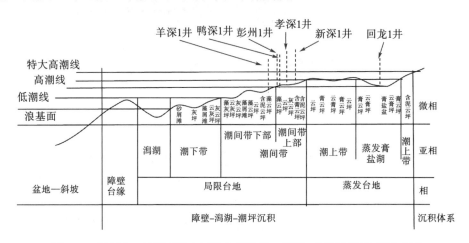

图9-16　川西雷口坡组四段上亚段台缘障壁—潟湖—潮坪沉积体系示意图

根据标定，雷口坡组四段上亚段及其上下围岩在地震剖面上表现为一组振幅较强、连续性较好、相互平行或近平行的地震反射，厚度相对稳定。反映了在一个沉积区域内相对稳定的、沉积水动力能量中等偏低的沉积相组合，代表相对稳定的沉积环境。与发育相对稳定的潮坪相沉积吻合。对全区地震相特征进行细分，可以划分为3种地震相特征(图9-17)：第Ⅰ类相特征表现为杂乱反射，对应山前带或者断裂破碎带；第Ⅱ类相特征表现为两峰夹一谷，波谷和第2相位波峰较强，彭州1井和鸭深1井都属于这种地震相；第Ⅲ类相特征表现为两峰夹一谷，但波谷为复合波谷，内部多出一个波峰，第二相位振幅中等。其中，Ⅱ类地震相为最好的地震相带，其次为第Ⅲ类。

在单井标定和正演模拟分析结果指导下，采用神经网络波形自动分类方法开展地震相分析，首先利用神经网络对地震层段间地震道形状进行分析，建立一个最能表征层段内地震道形状差异的模型道序列，之后实施层段中每一地震道与模型道序列的比较，并按最佳相关建立地震道和模型道之间的联系。本次选取目的层分析时窗为T_6-$T_2l_4{}^3$往下10ms，时窗包含T_6之下的波谷和下伏的波峰，按7类完成地震相波形分类(图9-18)。从波形分类结果，结合前述正演模拟分析，可以将模型道分成3类，第Ⅰ类为暗红色、暗橙色，T_6之下的波谷窄、$T_2l_4{}^3$振幅弱，对应工区内的杂乱破碎带，分布在关口断裂带和彭州市断裂带周围；第Ⅱ类为黄色、绿色和亮蓝色，T_6之下的波谷完整，为单一波谷，能量较强，其下伏的$T_2l_4{}^3$

波峰振幅能量也较强，对应下储层发育，分布在全区大部分范围内，彭州1井和鸭深1井都位于II类地震相内；第III类为蓝、紫色，T_6之下波谷为复合波谷或弱波峰，下伏的$T_2l_4^3$波峰振幅能量也较强，但第二相位$T_2l_4^3$频率较高（窄波峰），对应上储层较为发育，下储层也较为发育，但比起II类来说稍弱（振幅能量更弱），主要分布在金马构造北西部及鸭子河构造以北局部地区。

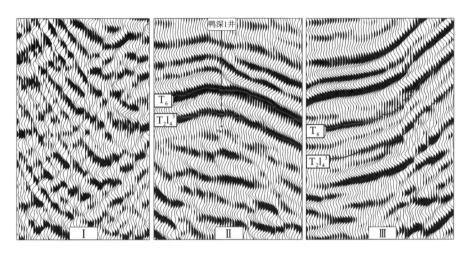

图9-17　川西雷口坡组四段上亚段典型地震相反射特征

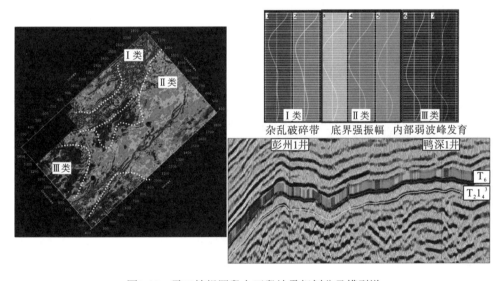

图9-18　雷口坡组四段上亚段地震相划分及模型道

工区内彭州1井、鸭深1井两口钻井实钻证实，目的层岩性、厚度等都变化不大。但其下储层段均表现为相对高能的潮间云坪、藻云坪微相，是有利的沉积微相。根据地震相平面分析结果，这两口井都属于第II类，同时地震属性上也认为这一类（第二相位强振幅）地震相下储层发育，因此认为第II类是最为有利的地震相带，对应相对高能的潮间云坪、藻云坪微相，第III类地震相为次有利地震相带。

9.3.2 储层定量预测

针对白云岩溶蚀储层的电性特征,采用"分步反演、逐级预测"的储层定量预测思路。首先通过约束稀疏脉冲反演预测低阻抗储层变化趋势,为随机反演提供依据;然后利用随机反演得到高分辨率纵波阻抗和岩相数据;最后通过孔隙度协同模拟和反演结合得到孔隙度数据体,实现相对优质储层定量预测,寻找高孔隙储层。

稀疏脉冲反演(CSSI)是基于稀疏脉冲反褶积的递推反演方法,其基本假设是地层的强反射系数是稀疏的,即地层反射系数由一系列叠加于高斯背景上的强轴组成。通过储层标定、子波提取、低频模型建立以及反演参数测试分析,确定最终反演参数。反演剖面(图9-19)分辨率较地震剖面有所提高,鸭深1井雷口坡组四段上亚段井点处地震反演波阻抗与井上波阻抗曲线趋势基本吻合,横向上波阻抗变化遵循地震反射特征,上储层以中高阻抗为主,下储层以低阻抗为主,红色区域代表相对低阻抗 $\left[\text{低于}17000\,(\text{g/cm}^3)\cdot(\text{m/s})\right]$,对应储层发育位置,相对低阻抗横向变化基本反映储层横向非均质性特征。

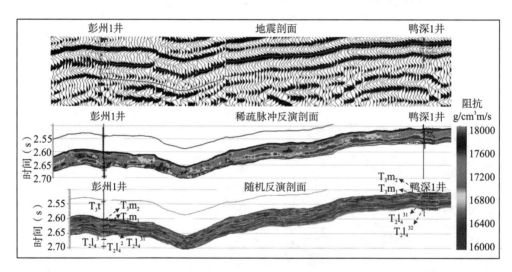

图9-19 连井地震剖面和反演剖面

为了进一步提高反演分辨率,采用基于马尔可夫链蒙特卡洛算法的随机地震反演和协同模拟地质统计学反演方法分别进行波阻抗和孔隙度预测,阻抗平面图可作为地质统计学反演的输入,提高地质统计学反演的精度,并通过协同模拟计算孔隙度。

针对雷口坡组四段上亚段进行统计模拟,以测井孔隙度曲线作为第一类数据,以波阻抗和岩性数据为第二类数据,通过不同岩相波阻抗数据的概率密度分布函数,井数据的孔隙度概率密度函数以及反演空间变换规律的变差函数的约束,模拟得到高分辨率波阻抗和孔隙度数据体。

从随机反演连井剖面图(图9-19)看,随机反演与约束稀疏脉冲反演横向忠实地震资料变化,约束稀疏脉冲反演的结果能反映大套的叠后反演结果,但随机反演纵向分辨率明显高于稀疏脉冲反演和地震数据,可以识别2m低阻抗薄储层,反演剖面与测井匹配程度高,纵向结构能反映雷口坡组四段上亚段顶部储层与中下部储层，综合分析认为，反演结果大于2m储层可信度较高，可用于岩性圈闭识别。

从孔隙度反演剖面(图9-20)上可以看出，随机反演得到的孔隙度剖面分辨率更高，与测井曲线较吻合，横向变化趋势与随机反演和稀疏脉冲反演基本一致，能反映各段薄储层孔隙度纵横向变化特征。上储层孔隙度相对较低，下储层孔隙度相对较高，与连井对比认识一致。

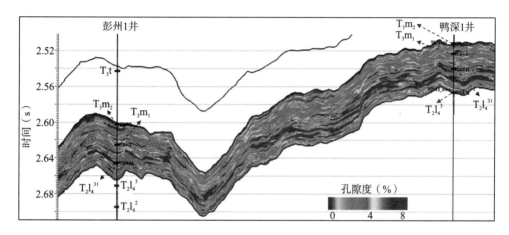

图9-20　连井孔隙度反演剖面

利用地质统计学反演数据体，结合沉积相、地震属性等资料开展储层定量预测。主要步骤如下。

(1)通过反演得到波阻抗或者孔隙度数据体。

(2)通过对测井资料的交汇解释，得出优质储层(孔隙度大于5%)门槛值。

(3)以反演数据为基础，在地震解释层位的控制下，在反演数据体上计算出储层的样点数。

(4)由加德纳公式计算每一储层样点波阻抗对应的层速度或者每一层的平均速度。

(5)每一样点数乘以对应的速度值得到储层厚度。

(6)对计算所得的储层数据进行网格化。

(7)利用井点储层厚度进行储层厚度校正。

(8)平滑后得到储层厚度平面图(图9-21)，同理可得储层孔隙度平面图(图9-22)。实现储层定量预测。

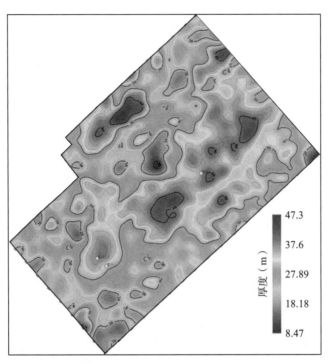

图9-21   雷口坡组四段上亚段下储层有效厚度预测平面图

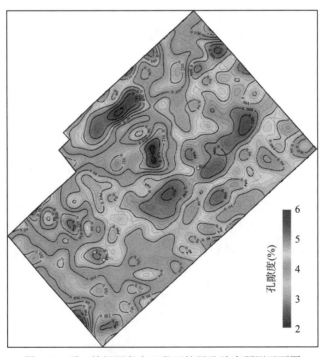

图9-22   雷口坡组四段上亚段下储层孔隙度预测平面图

雷口坡组四段上亚段卜储层主要分布在鸭子河构造部位、彭州1井附近以及西北部，鸭子河构造带储层呈大面积连续分布，鸭深1井预测厚度为36.5m，实钻厚度为36m，彭州1井及西北部区域储层呈片状分布，彭州1井预测厚度为33m，实钻厚度为31.05m，预测精度较高。

孔隙度图与储层厚度图平面变化具有较好的对应关系，储层厚的地方其平均孔隙度相对高，但是局部有细节的差异；紧邻鸭深1井东侧位置平均孔隙度较高，为5%左右，最高达到7%；从东往西，平均孔隙度有所降低，但是在有效厚度上保持相对稳定。彭州1井附近平均孔隙度在4%，储层相对发育。

9.3.3　裂缝检测

龙门山前隐伏构造带，经历了多期构造运动，断裂-裂缝较为发育。裂缝不仅有效地改善了储层的渗透性，对白云岩岩溶储层的发育具有十分重要的作用，而且断裂-裂缝作为油气运移的优势通道，对油气聚集成藏具有重要的意义；建设性钻井试采证实，该区裂缝发育程度与产能具有较好的正相关关系，因此，寻找有利的裂缝发育带对该区油气富集区预测具有重要意义。

针对裂缝具有类型繁多、成因复杂、特征多变的特点，以地质与物探相结合的思路，采用多种叠后地震裂缝检测、应力场模拟、叠前裂缝检测以及综合裂缝检测等技术开展不同方法、不同尺度裂缝定性-半定量的预测。裂缝检测方法和流程如图9-23所示。

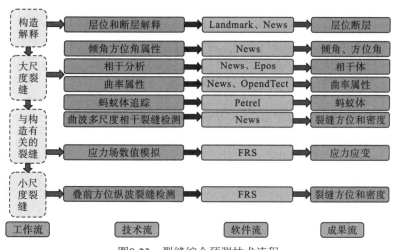

图9-23　裂缝综合预测技术流程

1. 叠后裂缝检测

对于叠后裂缝检测，通过倾角、相干、曲率、曲波多尺度相干、蚂蚁体等技术进行综合分析，完成大尺度和中尺度的裂缝检测。

1) 断层增强相干属性裂缝检测

合理的本征值相干是AFE断层增强相干计算的基础，AFE是在第三代本征值相干体技术的基础上，进一步对相干进行线性增强和断层增强处理，得到更为高品质的对断层敏感的数据体，突出断层和裂缝的响应特征。在线性增强处理的过程中，主要在平面上沿着噪声的方向进行噪声压制，通常认为垂直于主测线方向为主要噪声的方向，通过选择噪声滤波因子的长短达到去除噪声的目的。平面上的噪声压制完成后，再进行纵向上噪声的压制滤波，即对数据体进行断层增强处理。通过平面上和垂向上噪声的压制滤波，并最终得到更为精细的相干体。

图9-24（a）为本征值相干，黑色代表相似程度低，是断裂、裂缝发育的地区；图9-24（b）为AFE断层增强相干，图中红黄色代表相似程度低，是断裂发育区，绿色代表相似程度中等，是可能的裂缝发育区，蓝色代表地震轴连续性较好，断裂、裂缝基本不发育。整体上，AFE断层增强相干对断裂、裂缝的分辨能力更高，特别是对平面上的网状缝刻画更为清晰，主次分明，能较好地描述出断裂以及与断裂相关的裂缝的发育形态和位置。

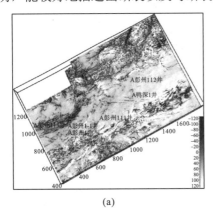 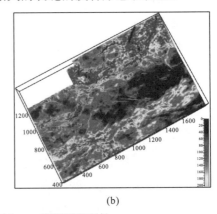

(a)　　　　　　　　　　　　　　　　　(b)

图9-24　T6本征值相干和AFE断层增强属性

2）曲率属性裂缝检测

曲率属性是利用地层的弯曲程度进行可能的裂缝发育带预测方法，通过求取储层顶面的曲率，评价裂缝发育状况。从另一个角度提供了刻画断层、裂缝及构造变形程度的手段。利用倾角和倾向作为已知输入数据体，在倾角倾向的控制下，通过设置步长等参数实现曲率属性的提取。图9-25中红黄色为曲率大的区域，表示地震同相轴弯曲程度较大地区，是可能的构造裂缝发育区。最大正曲率（最小负曲率更为明显）属性图表明，除上述相干属性预测的断裂区外，在背斜翼部存在明显的地震同相轴弯曲变化区域，是可能的小断裂或裂缝发育区。这与之前相干呈现的特征较为一致。

2. 叠前裂缝检测

由于常规叠后地震数据对裂缝的识别精度有限，可通过叠前地震数据各向异性分析来检测小微尺度裂缝的发育情况。叠前各向异性裂缝检测，主要通过分析叠前地震振幅和衰减属性随方位角的变化，以及该变化与裂缝之间的关系，进而为裂缝解释提供地球物理依据。在裂缝分析中，可依据衰减属性随方位角的变化来确定裂缝走向，也可利用相对波阻抗属性随方位角的变化进行裂缝方位与密度预测。图9-26为金马—鸭子河地区储层段裂缝密度平面图及全区裂缝方位图。预测结果显示研究区裂缝走向总体以北东向为主。根据各向异性强度，研究区可划分为3个带，其中强各向异性区为断裂发育带，中各向异性区为潜在裂缝-孔隙型储层发育区，弱各向异性区以孔隙型储集体为主。

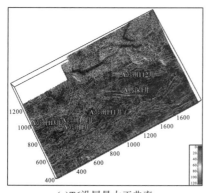

(a)T6沿层最大正曲率

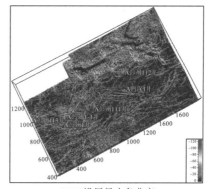

(b)T6沿层最小负曲率

图9-25 T6沿层曲率

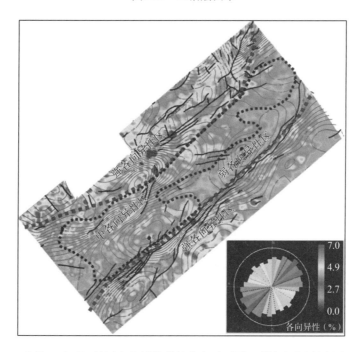

图9-26 金马—鸭子河地区各向异性裂缝密度平面图及裂缝方向图(彩图见附图)

9.3.4 流体识别

1. 频谱分解与吸收衰减属性分析

当储层中孔隙比较发育而且饱含油气时，地震波中高频能量衰减要比低频能量衰减大。通过提取高频端的衰减梯度属性，可以间接地检测储层含油气特征。与此同时，低频增加梯度的属性与之类似。衰减梯度属性是目前碳酸盐岩烃类检测取得了较好效果的技术。

雷口坡组四段上亚段含气丰度较高的区域，主要集中在金马—鸭子河背斜部位，而在断裂破碎带的位置，含气性指示较低。

2. 叠前AVO分析及含气性识别

利用CRP道集资料,分析储层界面上的反射波振幅随炮检距的变化规律,或通过计算反射波振幅随其入射角θ的变化参数,估算界面上的AVO属性参数和泊松比差,进一步推断储层的岩性和含油气性。

通过AVO正演模拟、AVO异常类型分析、CRP道集分析与预处理,通过AVO属性反演,得到P*G属性、伪泊松比属性,能够较好地刻画雷口坡组四段三下储层含气性以及雷口坡组四段三气藏平面分布特征(图9-27、图9-28)。

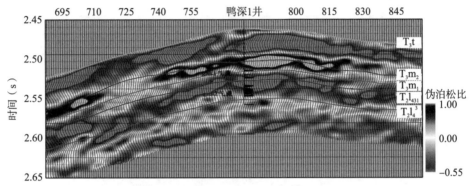

图9-27 过鸭深1井的伪泊松比属性剖面

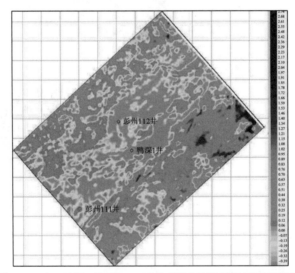

图9-28 雷口坡组下气藏AVO流体(伪泊松比属性)预测平面图

3. 叠前同步反演流体预测

叠前反演是以叠前地震资料为输入,保留了叠前地震数据丰富的信息,可以同时提供纵横波速度、密度、泊松比等弹性参数与各向异性参数信息,而特定的弹性参数对含油气性比较敏感,因此,叠前反演可以提高含气性预测的能力,尤其是岩性油气藏的流体识别能力。图9-29是泊松比反演剖面,预测结果显示红黄色对应的是低泊松比值区,蓝-绿色代表的是高泊松比值区，反演剖面上低值含气层呈条带状横向展布，与实钻含气层段吻合。

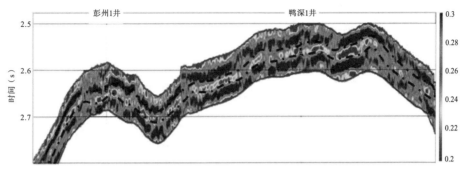

图9-29 泊松比反演连井剖面

9.4 潮坪相白云岩储层地球物理配套技术体系

针对龙门山前带雷口坡组气藏，以雷口坡组四段上亚段储层为目标，形成了"以精细目标处理为基础，岩石物理建模和正演模拟为纽带，叠后/叠前反演为重点，富集区预测为核心"的潮坪相强非均质性储层预测技术系列(图9-30)。

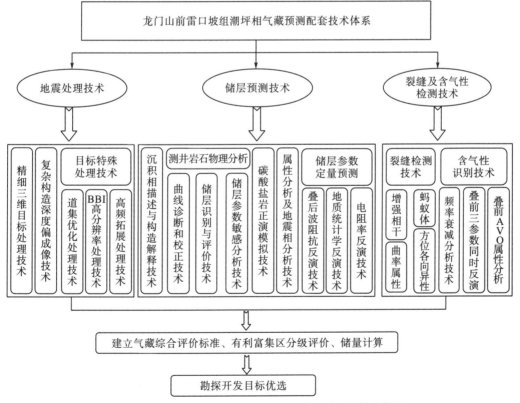

图9-30 龙门山前雷口坡组潮坪相气藏预测配套技术体系

第10章 川南深层页岩气"甜点" 预测与工程支撑技术

四川盆地页岩气资源量约为$27.5×10^{12}m^3$，可采资源量达$4.42×10^{12}m^3$，居全国之首（据美国EIA，2013）。但是，近88%的页岩气资源埋藏深度超过3500m，属于深层页岩气范畴（埋藏深度为3500～4500m），主要面临着勘探开发技术与装备突破、低成本生产、水资源与安全环保等四大挑战。目前，我国在涪陵、长宁、威远、荣昌、井研—犍为、永川、丁山、延长、昭通等地区取得了页岩气勘探突破，但仅在四川盆地的焦石坝、威远、长宁等少数探区实现了深层页岩气的商业化开采。实践表明，以大偏移距、宽方位、高覆盖次数、小面元的三维地震资料为基础，结合岩石物理、测井、地质、地震等信息综合分析，有效解决微幅构造、小断层、岩性、物性、TOC、含气量、应力、各向异性、脆性、微裂缝等高精度预测难题，精确评价地质与工程"甜点"区域和优选目标层段，为储量计算、钻井部署、水平井轨迹和压裂设计优化、压裂效果实时监测、高效支撑施工现场等提供关键支撑，是深层页岩气勘探开发取得突破的重要基础。

10.1 地质与地球物理特征

目前，在四川盆地发现的深层页岩气资源主要分布在川南，包括威远、井研—犍为、永川等地区。川南地区的大地构造在喜山期基本定型为川西南低缓断褶带和川南高陡断褶带，沉积相以深水陆棚和浅水陆棚为主，主要包括奥陶统五峰组—志留统龙马溪组和寒武系筇竹寺组两套深层页岩气地层。

其中，龙马溪组以含放射虫碳质笔石页岩、含骨针碳质笔石页岩、含钙硅质页岩、含碳笔石页岩为主，脆性矿物包含硅酸盐矿物（石英、长石等）和碳酸盐矿物（方解石、白云石等）；微孔隙和微裂隙比较发育，孔隙类型以基质孔和裂缝为主（图10-1），地层压力为68.69～77.48MPa，甲烷含量为95.75%～97.67%。龙马溪组优质页岩相对围岩具有低速度、高伽马值、低密度、低V_P/V_S值、较高的杨氏模量、较低的泊松比，TOC值（2%）与密度、体积模量、含气量具有较好的相关性。受物性和阻抗差异较大的作用，地震波的同相轴呈现出连续较好的强反射特征。

筇竹寺组页岩地层脆性矿物较高，硅质含量为35.0%～56.0%，石英含量为30.8%～43.6%，甲烷平均含量为97.22%；发育有机质孔隙及溶蚀孔隙；微缝数目多、分布广，以小平缝、斜缝为主，少量立缝，方解石、黄铁矿充填。在优质页岩段，具有低速度、低密度、低阻抗、高伽马值等岩石物理与测井响应，地震波的同相轴连续性较好、以"强波谷反射"为主。

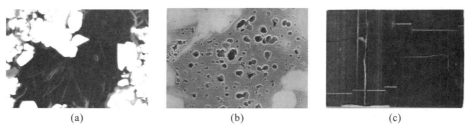

图10-1　威远地区五峰组—龙马溪组一段储层微观特征

(a)威页1井，3584.05m，块状有机质内部发育少量长条状孔隙，且定向分布；

(b)威页23-1井，3828.87m，有机质孔发育；(c)威页23-1井，优质页岩

　　图10-2和图10-3为威荣地区威页23井的合成地震记录标定结果和连井地震剖面。威荣地区龙马溪组一段从下至上依次为含灰质硅质页岩—含碳质粉砂质泥岩，水体由深水陆棚到浅水陆棚，连续沉积，从下到上物性是渐变的。但龙马溪一段顶部⑥号层页岩层阻抗明显降低，顶部为明显波谷，④号层顶部为明显的波峰特征，①号层五峰组底部同临湘组灰岩接触，物性差异明显，阻抗差异大，表现为明显的强波峰特征。

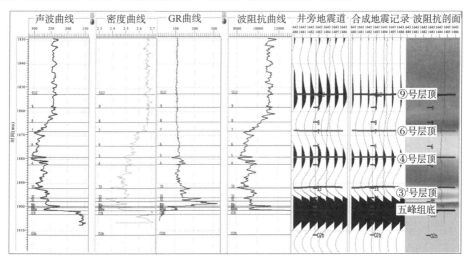

图10-2　威页23井合成地震记录标定

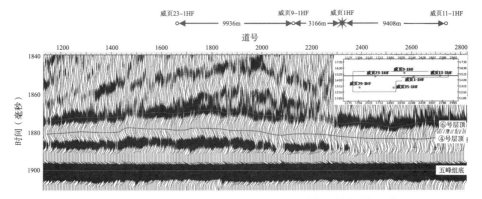

图10-3　威荣页岩气田龙马溪组页岩储层地震剖面特征(东西向)

10.2 地球物理预测难点

威荣页岩气田深层页岩气的成功规模的效益开发深层页岩气(与中浅层页岩气相比较)勘探开发面临着更加复杂的地下地质条件及开采设备与技术需求,勘探难度大、工程成本高开发效益差。成功经验值得借鉴,主要包括两个方面。

一是综合利用地质、地球物理、地球化学等理论方法和技术手段,实现了由定性到定量的储层描述及资源潜力的准确评价。

二是通过钻井、完井、压裂等开发工程技术攻关,使页岩气工业产能获得了有效地提升。

针对页岩气开发,无论是中浅层页岩气,还是深层页岩气,美国的经验都非常重视地质与工程方面的基础性研究与评价,早在20世纪70年代就开始了岩心实验分析、测井定量解释、地震预测、储层改造和经济评价等页岩气勘探开发技术研究,至21世纪初技术逐渐成熟并获得了广泛应用。

四川盆地深层海相页岩气主要分布在奥陶统五峰组—志留统龙马溪组和寒武统筇竹寺组,普遍具有埋藏深度大、脆性变差、地应力高、应力差大、裂缝复杂、非均质性强等不利特点,水平井轨道优选、井组部署、钻井轨迹控制压裂改造等都需要在地质和工程双"甜点"预测与综合评价的基础上精细设计、有效实施,才能实现经济有效的开发。

面临的主要地球物理问题如下。

(1)受钻井数量、岩心取样成本等因素制约,岩石物理测试、对比分析、敏感参数规律总结等研究有限,导致深层页岩气岩石物理、测井、地震等一体化综合研究深度不够。

(2)受地层、地下地质条件限制,多数探区原始地震资料信噪比和分辨率不高,一致性、静校正、各向异性等问题突出,高精度成像处理难度大,深层页岩气高精度预测基础条件不充分。

(3)受沉积环境、构造运动等影响,微幅构造和小断层,解释精度不够;页岩物性、TOC值、含气量等地质"甜点"要素和裂缝、脆性、孔隙压力、构造应力等工程"甜点"要素的预测精度不够高。

(4)深层页岩气勘探开发程度低,无成功的借鉴案例,针对页岩TOC值、含气量等地质"甜点"要素定量预测的方法少、精度低;针对深层页岩气的应力场反演、脆性系数计算、层理缝和微裂缝检测等工程"甜点"的精确预测方法不成熟。

(5)地质、地球物理与工程一体化研究薄弱,在水平井轨迹优化设计与控制调整、人造裂缝空间形态实时监控、储层改造效果快速评价等现场支撑保障能力方面明显不足。

10.3 深层页岩气地震勘探技术

10.3.1 "两宽一高"地震资料高精度采集

获得高品质且有利于解决地质问题的地震资料,是深层页岩气地震资料采集的关键。

结合地理条件、近地表和深层地震地质条件，以储层地质模型为基础，采用射线追踪或波动方程正演方法进行采集参数论证和模拟采集，确定最佳采集参数和观测系统；以宽方位或全方位采集，每个方位扇区的炮检距、覆盖次数分布均匀，满足裂缝检测和地应力场需求；以足够大且分布均匀的最大炮检距和高覆盖次数采集，满足精确成像及高精度叠前反演需求；以分布良好的最小炮检距采集，保证表层静校正精度；以较小的面元尺寸采集，满足高精度的叠前时间和深度偏移处理及构造、断层和岩性变化边界精细刻画的需求。

例如，在川南威远地区，通过道间距、面元尺寸、最大炮检距、偏移孔径、接收线距、覆盖次数等观测参数充分论证，形成了如表10-1所示的观测系统排列片参数，在龙马溪组深层页岩地层采集到频宽为5～60Hz、主频为26Hz的较高品质的地震资料，建立了深层页岩气"两宽一高"（宽方位、宽频带、高密度）地震资料采集技术。

表10-1　观测系统排列片参数表

参数	24L4S（128+128）96F细分面元复合模板观测系统	参数	24L4S（128+128）96F细分面元复合模板观测系统
面元尺寸	20m×20m	覆盖次数	8（纵）×12（横）96次
道距	40m	接收线距	320m
炮点距	160m	炮线距	160m
纵向X_{max}	5100m	纵向X_{min}	20m
最大非纵距	3980m	横向Y_{min}	20m
最大炮检距	6469.189m	束进距	640m
最小炮检距	28.284m	横纵比	0.865
线束宽度	7360	检波线方位角	0°
接收道数	6144（256道×24线）	—	—

10.3.2　"三保三高"地震资料高保真处理

根据四川盆地川南地区深层页岩气地震资料噪声特点和分布规律，按照保真、弱去噪、逐步逐域噪声压制的原则，利用保真度高的去噪方法保护低频端及弱有效信号，采用球面扩散补偿、地表一致性振幅补偿、道集剩余振幅补偿等方法，消除非地质因素对振幅的影响。采用地表一致性反褶积、时变谱整形、高密度Q补偿等方法，逐步拓宽有效频带、压缩子波、提高对薄页岩储层的分辨能力。采用高密度VTI和HTI介质各向异性保持与校正方法，分别获取为裂缝检测而保持各向异性特征、为储层预测而消除各向异性特征的高品质地震资料。按照提高信噪比处理、振幅补偿、提高分辨率、道集校平、保持AVO特征以及叠前道集优化处理方法，确保深层页岩地震道集的AVO特征与井旁道正演地震记录一致的思路。形成"三保三高"（保AVO、保频宽、保各向异性、高信噪比、高分辨率、高保真度）的资料处理方法技术，有效保护目标层的岩性、物性、脆性、TOC值及含气性等地震响应特征。

图10-4为川南深层页岩气"三保三高"精细目标处理流程。可见，该流程同时考虑了各向同性和各向异性处理。其中，地震资料的各向同性处理主要是为了满足后期页岩裂缝

检测的需要；地震资料的各向异性处理流程则主要是为了满足页岩目的层高精度成像及叠前弹性参数反演的需求。

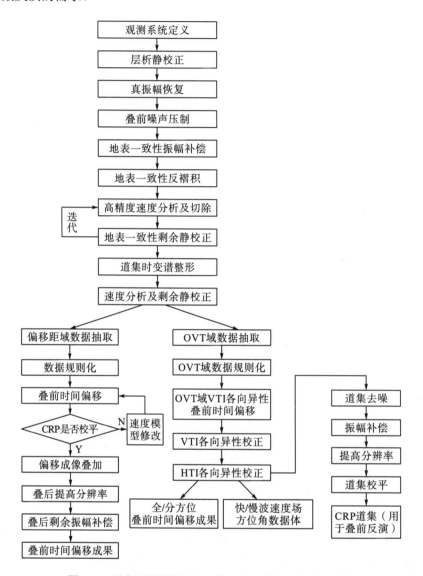

图10-4 川南深层页岩气"三保三高"精细目标处理流程

图10-5～图10-7分别显示了威荣地区连井叠前时间偏移剖面、信噪比分析、频率与频谱分布图。可见，地震剖面信噪比高，频带宽，分辨率较高，波组连续性好，页岩地震响应特征突出，断点清晰，可以满足后期解释与综合应用需求。

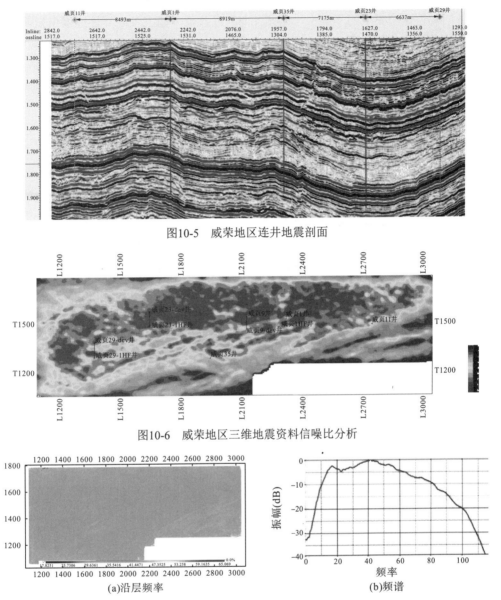

图10-5　威荣地区连井地震剖面

图10-6　威荣地区三维地震资料信噪比分析

图10-7　威荣地区沿层频率和频谱图

10.3.3　深度域叠前偏移高精度成像

四川盆地川南深层页岩气地层具有微幅构造多、小断层复杂等地质条件，不利于水平井钻进。因此，地震深度域构造成像的精度非常关键，一般情况下成像误差要求不低于2‰。要实现高精度成像目标，需做好两项关键工作。

（1）利用网格层析反演、全波形反演等技术建立精确的速度模型。

（2）利用高斯射线束叠前深度偏移、逆时偏移（RTM）等技术实现精确成像。

此外，在地表、地下"双复杂"的深层页岩气探区，如果地震资料存在信噪比低、覆盖次数不足、地震波速度各向异性明显等问题，则还需要基于声波测井和构造模型约束，在建立各向同性速度模型的基础上，计算各向异性参数并建立各向异性速度模型，以实现各向异性叠前深度偏移与高精度成像。

图10-8显示了威荣地区地震剖面存在的局部虚假微幅构造现象。在水平井实钻过程中，认识到部分水平井地震预测产状与实钻产状局部具有一定偏差，进而发现了地震成像剖面上存在的局部虚假微幅构造问题。

针对虚假微幅构造问题，利用网络层析反演、全波形反演速度建模等方法，建立更加精细的偏移速度模型，开展高精度叠前深度偏移处理。图10-9和图10-10分别显示了两种方法速度建模和偏移后的成果。可见，在一定程度上克服了虚假微幅构造问题。同时，与网格层析反演相比，全波形反演速度模型的细节更丰富，精度更高，偏移剖面成像效果更好。

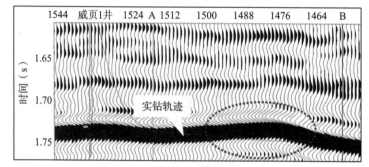

图10-8　威远工区前期地震成果存在的虚假微幅构造问题（过威页1井剖面）

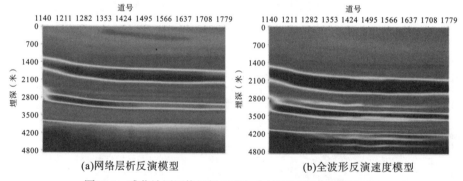

(a)网络层析反演模型　　　　　　　　　(b)全波形反演速度模型

图10-9　威荣地区网格层析反演与全波形反演速度模型对比

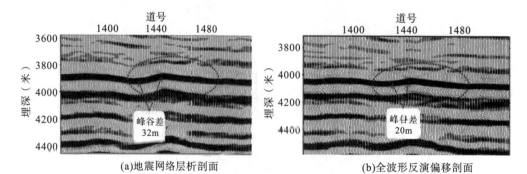

(a)地震网络层析剖面　　　　　　　　　(b)全波形反演偏移剖面

图10-10　威荣地区网格层析与全波形反演叠前深度偏移剖面

10.3.4 构造与断层精细化解释

在川南深层页岩气勘探开发的过程中，有的区域地层稳定、构造简单；而有的区域构造、断裂复杂，对构造与断层解释要求较高。这是由于局部的小断层和微幅构造对页岩气水平井部署和跟踪产生较大影响，需要尽可能地落实小断层、微幅构造的展布。涉及的构造与断层解释技术如下。

1. 层位对比追踪

反射层位的对比追踪要在严格遵守地震波对比原则和"规范"要求的前提下进行，层位对比解释是在构造的宏观印象和构造样式分析的基础上，在地震波形和相位属性上，手动和自动追踪相结合，开展 1×1～2×2 网格解释，确保异常地质体和局部微幅构造不被遗漏。解释过程中，尽可能应用三维可视化技术，充分挖掘三维实地地震信息。

2. 小断裂识别与刻画

在层位精细解释的基础上，首先利用地震叠后属性，开展不同尺度断裂、裂缝检测工作，与已钻井进行匹配性验证；然后选取合适参数的相干、曲率属性，通过沿构造层位提取沿层属性切片，指导小断层的解释和断层平面组合工作；最后，结合地质与钻井验证信息，尽量排除相干、曲率等属性的多解性，识别和刻画小尺度断裂，以实现小尺度精细化构造与断裂解释与成图。

3. 精细构造成图

对在构造成图过程中，通常情况下为了提高成图效果，需要选取大尺度参数开展平滑插值；这些参数在较大范围或区域上的成图影响较小，但会识别小井区小构造的细节。小井区成图需采用小尺度的平滑、滤波参数及针对性的插值方法，提高构造成图的精度。

10.4 岩石物理敏感参数分析与测井评价技术

10.4.1 页岩气岩石物理敏感参数分析

川南(如威远、永川等地区)深层页岩矿物组分包括黏土、石英、方解石、白云石、黄铁矿和斜长石，其中龙马溪组和筇竹寺组中黏土、石英、方解石和白云石占总矿物的 80%～98%，属于富硅质黑色页岩。岩石物理建模时，不仅需要考虑由于黏土、干酪根等矿物组分的定向排列引起的各向异性，还要考虑有机孔、无机孔、微裂缝等多种类型的孔隙、微观结构与常规储层的差异，以获得客观反映页岩物理特性的敏感参数，建立优质页岩中 TOC、孔隙度、含气量、脆性等属性与纵波阻抗、横波阻抗、纵横波速度比、密度、杨氏模量、体积模量、拉梅常数等弹性参数之间的数学关系(图10-11)。

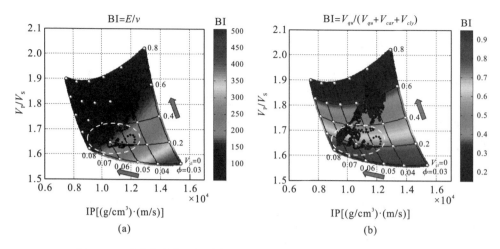

图10-11　反映孔隙度、泥质含量和以脆性矿物含量、弹性参数定义的
脆性指数与地震属性 $I_p - V_p / V_s$ 之间关系的岩石物理量板

10.4.2　页岩气测井识别与评价

由于页岩气赋存方式和储集空间的多样性、复杂性，页岩储层测井评价与常规油气储层测井评价差异较大，传统的储层评价的四性关系（岩性、物性、电性、含油气性）不能满足页岩储层评价要求。在四川盆地深层页岩测井识别与评价中，重点关注岩石组分特征、物性、地化特性、电性、含气性、可压性"六性"关系。例如，在川南威远地区龙马溪组优质页岩气储层测井响应特征为"三高三低"的特点，即高自然伽马、高铀、高视电阻率、低Th/U、低密度、低补偿中子。通过钍铀比值、常规测井（自然伽马、视电阻率和孔隙度曲线）曲线重叠等法识别优质页岩段，采用数据交汇、多元回归等方法计算TOC、吸附气、游离气和黏土、硅质、钙质等矿物组分含量、脆性指数、有效孔隙度、含水饱和度等参数，实现页岩气储层评价。

10.5　地质"甜点"预测技术

川南深层页岩气地质"甜点"的控制因素，包括构造形态、储层厚度、压力、TOC、含气量、孔隙度、裂缝、保存条件等。在岩石物理与测井分析的基础上，结合页岩气形成条件和富集规律，利用地震数据可以预测有利沉积相带、岩性、物性、脆性、生烃能力、含气量和裂缝，实现深层页岩气地质"甜点"要素综合评价。

10.5.1　高精度弹性参数反演

杨氏模量、体积模量、剪切模量、拉梅系数等弹性参数是川南深层页岩气储层预测的基础，基于叠前地震数据、测井和地质资料，通过贝叶斯理论、巴克斯平均模型、粒子群算法等方法能够反演计算精确的深层页岩弹性参数。

目前，叠前弹性反演常用的弹性参数可归纳为15个，不同弹性参数对岩性、流体以及含水饱和度具有一定的指示意义，详见表10-2。

表10-2　常用弹性参数表

编号	弹性参数	参数意义		指示岩性	指示流体	指示饱和度
1	V_P	P_wave velocity	纵波速度	√	√	
2	V_S	S_wave velocity	横波速度	√		
3	ρ	Bulk density	密度	√	√	√
4	σ	Poission's ratio	泊松比	√	√	√
5	V_P/V_S		纵横波速度比	√	√	
6	K	Bulk modulus	体积模量	√	√	
7	$I_P(AI)$	P_wave impedance	纵波阻抗	√	√	
8	I_S	S_wave impedance	横波阻抗	√		
9	EI(30)	elastic impedance	弹性波阻抗	√	√	
10	λ	Lamé modulus	拉梅系数	√	√	
11	μ	Shear modulus	剪切模量	√	√	
12	λ/μ		拉梅系数比剪切模量	√	√	
13	$\lambda\rho$	Lambda-Rho	拉梅系数乘密度	√	√	√
14	$\mu\rho$	Mu-Rho	剪切模量乘密度	√	√	√
15	E	Young's modulus	杨氏模量	√	√	

10.5.2　TOC反演

在川南深层页岩地层叠前弹性参数反演的基础上，利用岩石物理敏感参数分析中建立的TOC与弹性参数之间的数学关系，结合贝叶斯理论能反演深层页岩的TOC含量。主要包括岩石物理模型弹性参数标定、贝叶斯概率反演或蒙特卡洛仿真模拟计算TOC含量等步骤。

图10-12显示了威荣页岩气田①～④号层平均TOC参数预测平面图。可见，威荣地区龙马溪组底部①～④号页岩TOC含量整体较高，为2.5%～3.5%，呈现西高东低的特点。西边凹陷区TOC数值大，最大值位于威页23井附近（TOC值为3.5%）；东边凹陷区TOC数值变小，威页11井处TOC值为2.7%。①～④号层有机碳可能与古沉积环境密切相关。古地貌低，水体深，TOC含量高。东部水下古隆起位置，水体变浅，沉积的页岩厚度变薄，TOC含量略有降低。

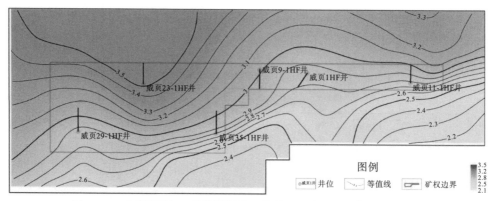

图10-12　威荣页岩气田龙马溪组①～④号层平均TOC参数预测平面图

10.5.3　含气量预测

　　川南深层页岩的含气量与多种因素相关，如埋藏深度、TOC含量、孔隙度、页岩厚度、地层压力、保存条件等。通过提取地震频变属性、吸收衰减等异常特征，可以定性地预测深层页岩的含气性，但还不能实现含气量定量预测的目标。目前，多数情况下都是基于岩石物理、测井等信息，利用神经网络、回归算法或深度学习（如Caffe深度学习框架）等方法建立含气量与吸收衰减、频变等属性或密度、纵横波速度比、泊松比等弹性参数之间的数学关系，再利用地震反演、模拟等方法计算含气量。

　　图10-13显示了过威页23-1HF井、威页9-1HF井和威页11-1HF井的地震频变响应特征。可见，产气层段能量相对较强、能量分布的频带更宽，在14Hz以下仍有较强能量分布。威荣等地区深层页岩气识别表明，含气性较好的页岩层，反射能量分布在较宽的地震频带范围内，低频端能量相对较强。可以认为，页岩气这类源烃共存模式的非常规气藏，地震能量和频率属性具有相对敏感性，简单描述为"低频强能量""宽频强反射"等含气响应特征。

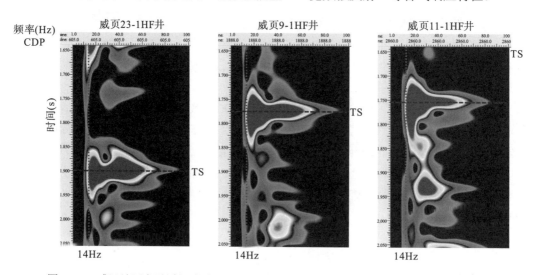

图10-13　威远地区龙马溪组威页23-1HF井、威页9-1HF井和威页11-1HF井地震频变响应

10.5.4　地层压力预测

川南深层页岩气勘探开发实践表明，页岩气的产量与地层压力呈正相关关系。此外，地层压力系数是页岩气保存条件评价的综合判别指标，统计发现，川南及周缘页岩气选区评价时，当压力系数大于1.2时，页岩气保存条件好。可见，压力预测在深层页岩气勘探开发中作用突出。目前，川南深层页岩气地层压力预测主要应用了CPS法、Eaton法及地震地层压力预测等方法。

图10-14显示了威荣页岩气田龙马溪组页岩地层压力预测结果。可见，威页23井和威页29井压力系数较高，分别达到了1.88和1.91。这与优质页岩段TOC含量高，生烃作用导致孔隙压力明显增高有关。区内地层压力系数介于1.7~2.1之间，深凹区压力系数大，保存条件相对隆起区要好。地震地层压力预测结果与测井地层压力预测结果吻合较好，龙马溪组底部地层压力明显偏高，属于高压页岩气藏。

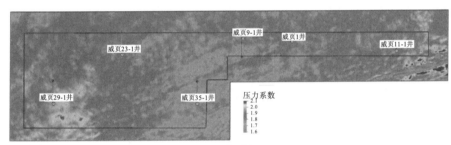

(a)平面图

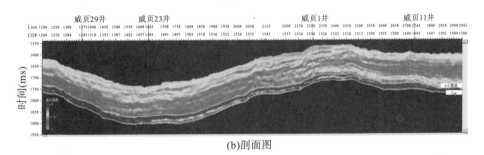

(b)剖面图

图10-14　威荣页岩气田龙马溪组页岩地层压力预测图

10.5.5　地质"甜点"预测

在地层综合解释的基础上，结合岩石物理、测井、地质等信息，通过储层弹性参数反演、TOC反演、孔隙度预测、含气量预测、孔隙流体压力预测等研究，可以获取构造形态、储层厚度、孔隙度、孔隙流体压力、TOC含量、含气量、保存条件等地质"甜点"关键要素；综合分析这些地质"甜点"要素，可实现页岩储层富气品质预测。

图10-15显示了川南威远地区龙马溪组底部地质"甜点"预测成果。可见，页岩储层"甜点"分布特征明显，体现出页岩储层品质的差异性(优、中、差)。

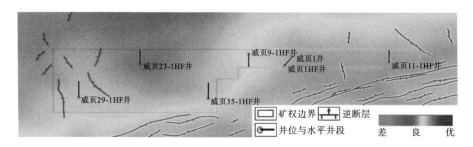

图10-15   威远地区龙马溪组底部地质"甜点"综合预测

10.6   工程"甜点"预测技术

在川南深层页岩气开发中，优质页岩仅是建成高性生产能力的物质基础，良好的储层改造效果才是获得商业效益的关键因素。因而，在实施储层改造之前，需要针对页岩储层开展影响改造的工程因素评价，即预测利于改造的工程"甜点"目标。重点预测页岩能否被压裂及形成的裂缝网络形态与体积规模等，涉及裂缝地应力、页岩脆性等工程"甜点"要素。

10.6.1   多尺度裂缝检测

川南深层页岩中的裂缝发育程度，是决定天然气富集程度及能否获产的关键因素。这是由于页岩裂缝可改善页岩储集性能和渗流能力，并影响压裂改造效果，对页岩气开发具有重大意义。页岩中的微裂缝，尤其是发育均匀、呈网状的微裂缝体系，对页岩气水平井压裂改造至关重要，能够促使压裂改造形成大规模缝网体系，有效增加体积改造。但是，大尺度的裂缝或者断层，可能破坏页岩气的保存条件，造成不良影响。因此，需要结合地质地震资料，在区域应力场研究、构造精细解释的基础上，运用岩心、成像测井、相干、曲率、各向异性等多种裂缝检测方法，从不同角度预测不同尺度的裂缝在三维空间中的展布，以实现深层页岩大、中、小、微等多种尺度的裂缝的综合评价。

图10-16显示了丁山地区龙马溪组页岩地震相干属性和各向异性裂缝检测效果。可见，裂缝主要分布在整个丁山鼻状构造根部，临近盆缘，构造应力作用大且形变剧烈，表明构造应力为裂缝发育的主要控制因素；往北西向深入盆地内部，裂缝总体不太发育，局部发育于断层附近，表明为断层诱导产生的微裂缝。

图10-17显示了丁山地区龙马溪组页岩储层多尺度裂缝综合评价结果。基于叠后地震属性、地质裂缝模拟、叠前方位各向异性等方法的裂缝评价，将丁山地区不同尺度裂缝发育情况分为3类进行评价：显裂缝、微裂缝、构造缝。由图10-17可见，显裂缝主要发育在盆缘推覆地带以及盆内大尺度断层附近，主要受断层控制；微裂缝发育区比较小，主要发育在丁山背斜翼部构造陡倾位置；构造缝主要指褶皱伴生裂缝，主要发育在丁山地区背斜翼部构造形变大但未发育断层的位置。

图10-16　丁山地区龙马溪组纵波各向异性与相干属性融合检测裂缝

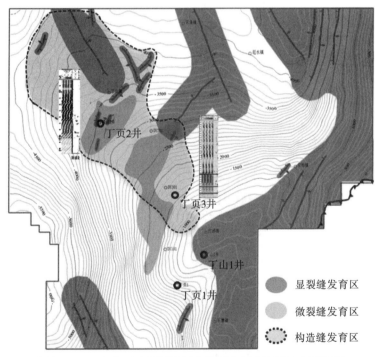

图10-17　丁山地区龙马溪组页岩储层多尺度裂缝综合评价图

10.6.2　地应力预测

四川盆地构造运动频繁，多期构造活动导致地应力十分复杂，采用有限元地应力模拟法、各向异性地应力反演等手段获得局部残余地应力分布，能为页岩气有效开发提供力学依据。但是，川南深层页岩中现存的残余地应力与孔隙流体压力、上覆岩层重力、构造运动、地理空间等多种因素密切相关，获得准确的地应力分布十分困难。目前，以地震数据反演地应力空间分布的方法为基础，主要包括Schoengerg线性滑动等效介质理论和Ruger方位各向异性介质近似反射系数方程、Terzaghi(1936)有效地应力原理和胡克力学定律，即在Ruger各向异性条件下反演深层页岩介质的弹性参数，在Schoengerg理论和胡克力学定律建立的应力与应变数学关系［式(10-1)］基础上，利用公式(10-2)计算最大和最小水平应力。

$$
\begin{bmatrix} \varepsilon_{\mathrm{h}} \\ \varepsilon_{\mathrm{H}} \\ \varepsilon_{\mathrm{z}} \end{bmatrix} = \begin{bmatrix} \dfrac{1}{E}+Z_N & -\dfrac{\upsilon}{E} & -\dfrac{\upsilon}{E} \\ -\dfrac{\upsilon}{E} & \dfrac{1}{E} & -\dfrac{\upsilon}{E} \\ -\dfrac{\upsilon}{E} & -\dfrac{\upsilon}{E} & \dfrac{1}{E} \end{bmatrix} \begin{bmatrix} \sigma_{\mathrm{h}} \\ \sigma_{\mathrm{H}} \\ \sigma_{\mathrm{Z}} \end{bmatrix} \tag{10-1}
$$

$$
\begin{cases} \sigma_{\mathrm{h}} = \sigma_{\mathrm{z}} \dfrac{\upsilon(1+\upsilon)}{1+EZ_N-\upsilon^2} \\ \sigma_{\mathrm{H}} = \sigma_{\mathrm{z}} \dfrac{\upsilon(1+EZ_N-\upsilon)}{1+EZ_N-\upsilon^2} \end{cases} \tag{10-2}
$$

式中，E 为杨氏模量；υ 为泊松比；ε 为应变；Z_N 为法向柔度；σ 为应力；H、h、Z分别为水平最大、水平最小和垂直地应力方向。

图10-18显示了丁山地区龙马溪组地应力分布预测结果。可见，丁山地区页岩气目标层最大水平主应力差异很大，分布范围为35～130MPa，总体表现出从东南部向北部逐渐增大的趋势，最大值在北部边缘区域；最小水平主应力差异也很大，应力范围为25～100MPa，总体上表现出从东部向西部逐渐增大的趋势，最大值出现在西北角；垂向主应力沿层变化较大，应力范围为25～170MPa，表现出埋深大的地区垂向主应力大。

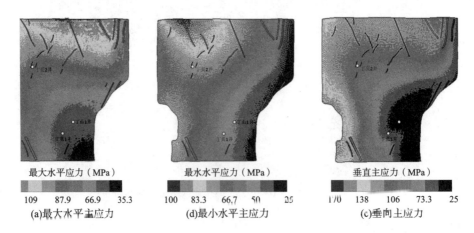

图10-18　丁山地区龙马溪组地应力分布预测图(彩图见附图)

10.6.3　地应力差异预测

在获得最大水平应力、最小水平应力和垂向应力的基础上，可以进一步求取地应力差异，实现深层页岩储层地应力差异预测。

通过最大水平主应力、最小水平应力等求取地应力差异指示因子DHSR，如下：

$$\mathrm{DHSR} = \frac{\sigma_\mathrm{H} - \sigma_\mathrm{h}}{\sigma_\mathrm{H}} = \frac{EZ_N}{1 + EZ_N + \upsilon} \tag{10-3}$$

式中，E 为杨氏模量；υ 为泊松比；Z_N 为法向柔度；σ 为应力；H、h、Z 分别为水平最大、水平最小和垂直地应力方向。

地应力差异指示因子DHSR反映储层承受水平方向的地应力差异，可以为压裂选层选段提供重要参数。当DHSR较高时，容易产生单组压裂缝；当DHSR较低时，有利于产生网状压裂缝。可见，DHSR的预测非常重要，可以直接指导水平井部署及压裂方案说明。

图10-19显示了威荣页岩气田龙马溪组①~④号层DHSR反演结果与地应力方向。可见，地应力差异指示因子DHSR中一东部埋深的区域较小，而中一西部凹陷中心较大；最大主应力方向与四川盆地现今地应力方向基本一致，为近东西向，但局部地区受构造形态影响，地应力方向略有旋转，威页11井井区的地应力方向为北东一南西向。

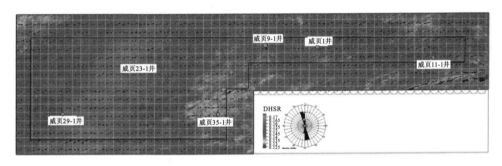

图10-19　威荣页岩气田龙马溪组①~④号层DHSR反演结果与地应力方向

10.6.4　脆性预测

页岩的脆性（brittleness）和塑性（ductility）是两种相反的属性。脆性越高，预示着页岩地层中岩石抗压、抗张和抗剪的能力较差，在外力作用下更容易断裂破碎，有利于压裂改造。

川南深层页岩脆性特征的预测方法主要包括两类：一类是矿物成分法，利用页岩中的脆性矿物（如石英、长石、方解石、菱铁矿等）与塑性矿物（主要指黏土矿物）之间的百分比，建立了力字脆性指数；另一类是力学参数法，基于应力与应变之间的数学物理关系，计算页岩在各类应力作用下产生拉伸、压缩、剪切等形变的概率，利用杨氏模量、体积模量、剪切模量、泊松比等弹性参数预测页岩的力学脆性指数。

图10-20显示了川南威远地区威页23井龙马溪组底部脆性指数与微地震监测叠合剖面。可见，川南威远地区龙马溪组页岩脆性预测与微地震压裂监测结果具有良好的一致性，证

实了脆性预测成果的可靠性。

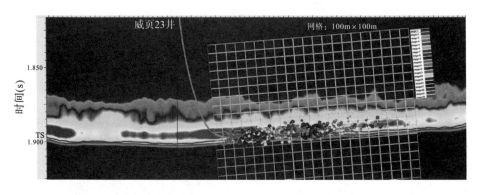

图10-20　威远地区威页23井龙马溪组底部脆性指数与微地震监测叠合剖面（彩图见附图）

10.6.5　工程"甜点"预测

　　页岩储层的裂缝、地应力、脆性指数等工程"甜点"要素，直接影响井部部署和压裂改造效果。基于叠前、叠后三维地震资料，结合岩心、成像测井资料，利用相干、曲率、各向异性等裂缝预测方法，可获取大、中、小、微等多尺度裂缝信息；运用各向异性弹性参数反演方法，能计算出最大水平应力、最小水平应力、地应力方向、应力差异系数等地应力参数；运用矿物成分法和力学参数法，可从多角度分析储层脆性特征；综合分析这些工程"甜点"要素，可实现页岩储层工程品质预测。

　　图10-21显示了川南威远地区龙马溪组页岩储层工程"甜点"预测成果。可见，页岩储层工程"甜点"呈现西好东差的分布特征，表现出页岩工程品质的转向非均质性。

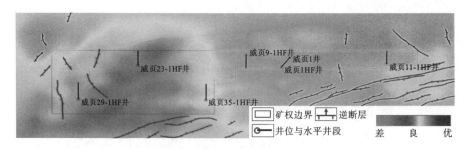

图10-21　威远地区龙马溪组页岩储层工程"甜点"预测

10.7　地质与工程"甜点"综合评价技术

　　在地质"甜点"与工程"甜点"预测的基础上，综合页岩储层的有利沉积相带、构造、埋深、岩性、物性、脆性、生烃能力、含气量、裂缝、孔隙流体压力和地应力差异等"甜点"要素，可实现页岩储层地质与工程"甜点"的综合评价。

　　图10-22显示了威远地区龙马溪组页岩储层地质与工程"甜点"综合评价结果。结合上文所述地质和工程"甜点"分布特征（图10-15和图10-20），综合不同区域的储层富气与工

程品质，评价优选出I类、II类和III类有利开发区。其中，I类"甜点"区为最有利的页岩气开发区域，II类次之，III类相对较差。

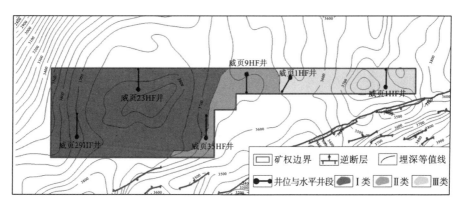

图10-22　威远地区龙马溪组页岩储层地质与工程"甜点"综合评价

10.8　钻井工程地球物理辅助设计与现场支撑技术

钻井工程在川南深层页岩气勘探开发中发挥的作用十分关键，施工成败直接影响资源动用效果和页岩气产量。因此，必须通过钻井靶窗选择、井轨迹设计、水平井跟踪及调整优化等工作，按照地质、地球物理、工程一体化，多学科协同的思路，才能有效提升水平井在优质页岩钻遇率，保持开发效果。

10.8.1　地质、地球物理、工程一体化水平井轨迹设计

水平井轨迹的设计质量是提高川南深层优质页岩钻遇率的保障。水平井轨迹设计的重点是做好地质靶窗评价、优选地球物理水平方位优选、工程优化水平井轨迹等工作。首先，根据已有钻井岩心精细描述、实验分析、测井解释、气测成果等信息综合评价地质"甜点"，优选出水平井靶窗位置。然后，结合页岩地层裂缝脆性、地应力等特征综合评价工程"甜点"，选择优质页岩靶窗，优选水平方向。最后，以优质页岩的靶点、控制点深度数据为基础，结合钻井工程技术要求，优化设计水平井轨迹。

图10-23显示了川南威远地区威页23-1HF井①～③号层综合评价图。通过精细刻画①～③号层页岩储层岩-电特征，细分出优质储层（II～III号峰）、较好储层（五峰组）、一般储层（③号层II号峰上部）。由此，明确了威远地区具有"五高二低"的参数特征（高自然伽马、高TOC含量、高有效孔隙、高含气量、高脆性、低黏土、低密度）的龙马溪组优质储层段②+③号层为地质+工程双"甜点"，并将其确定为水平井靶窗。

图10-24显示了川南威远地区威页23井平台钻井轨迹设计图。其中，威页23-1HF井、威页23-2HF井等为6口水平井，I类和II类"甜点"储层为钻井和压裂目标。

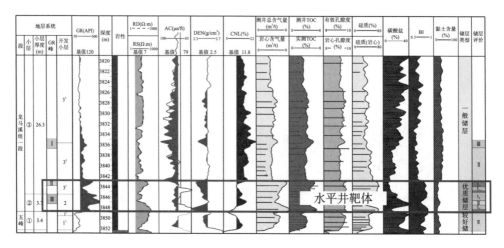

图10-23　威远地区威页23-1HF井①～③号层综合评价图

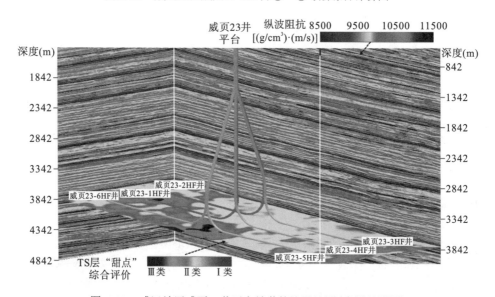

图10-24　威远地区威页23井平台钻井轨迹设计图(彩图见附图)

10.8.2　地质、地球物理、工程一体化水平井跟踪与动态调整

川南深层页岩气水平井跟踪、井轨迹动态实时控制与调整是一项复杂的系统工程，涉及地质、地球物理、工程等多种学科，可划分为3个实施阶段：钻前预测、正钻跟踪、钻后评估。在水平井施工前，设置三级预警点，对造斜段和水平段实施"两段"精确控制，其中造斜段以确保精确着陆中靶为目的，水平段以确保优质页岩钻遇率为目的。在水平井施工过程中，通过旋转导向、方位GR等测录井及其他随钻跟踪信息，及时修改地质模型、优化速度模型、校正深度偏移剖面，提升地质层位、微幅构造、小断层精细解释和时深转换精度，并结合钻井轨迹动态变化，实时提出调整建议。

图10-25显示了威远地区某井随钻深度偏移成果。可见，通过钻头信息的不断收集，可以高效地更新速度模型，获得精度更高的成像剖面，为钻井轨迹的动态调整提供依据。

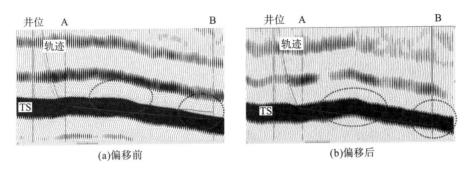

(a)偏移前　　　　　　　　　　　　　　(b)偏移后

图10-25　威远地区随钻深度偏移前后某过井地震剖面

10.8.3　基于地球物理信息的压裂数值模拟分析

在川南深层页岩气的开发中，压裂改造至关重要，其实施效果对页岩气产能具有决定性作用。在压裂施工前，利用测井、地震、地质等信息建立深层页岩天然裂缝数值模型，基于弹性断裂力学理论及应力差、脆性、厚度等岩石力学条件，通过多级人工压裂数值模拟方法，分析人工裂缝网络的发育方向、长度、宽度、高度、连接与导通性等，为压裂分段分级优化提供依据、为改造体积估算、动用资源评估和产能预测提供依据。

图10-26显示了川南威远地区威页23HF1井压裂数值模拟结果。与微地震现场监测相比较，可见压裂效果与数值模拟结果具有良好的一致性。因此，在压裂之前，通过收集地质与工程 "甜点" 信息，开展压裂数值模拟，能为实际压裂选层、选段、改造体积评价等提供有效支撑。

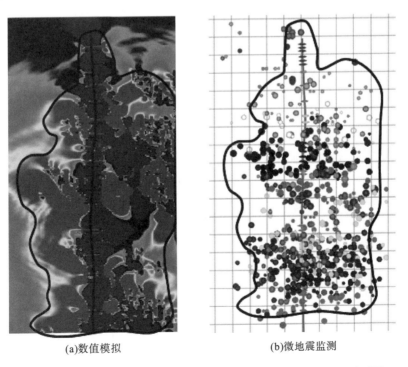

(a)数值模拟　　　　　　　　　　　　　　(b)微地震监测

图10-26　威远地区威页23HF1井压裂改造数值模拟和微地震监测效果图

10.9　川南深层页岩气地球物理综合预测技术体系

通过川南深层页岩气勘探开发实践，在总结深层页岩气地质特征、地球物理方法技术基础上，以需求为导向围绕深层页岩气地质与工程"甜点"评价、水平井轨迹辅助设计与实时调整、天然裂缝地质建模、储层改造数值模拟及压裂方案优化等目标，创建了一套深层页岩气地球物理综合预测技术体系(图10-27)。在威远、永川等地区应用，取得良好的效果，支撑了深层页岩气高压勘探和效益开发。

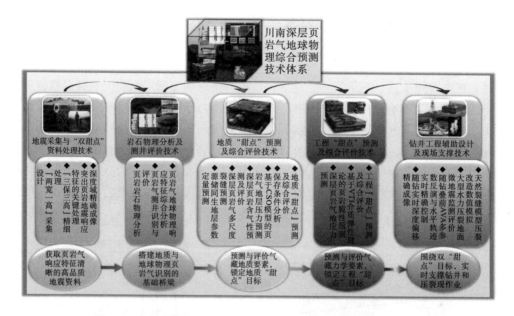

图10-27　四川盆地(川南)深层页岩气地球物理综合预测技术体系

总之，四川盆地深层页岩气勘探开发潜力巨大，但存在藏深度大、脆性较差、应力变化大、压力系数高、裂缝复杂、非均质性强等不利因素。为尽快实现商业开发，应以"两宽一高"三维地震资料为基础，结合岩石物理与测井信息推广应用，有效解决微幅构造、小断层、TOC值、含气量、应力、各向异性、脆性、微裂缝等预测难题。通过深层页岩气地球物理综合预测技术，准确评价并优选出地质与工程"甜点"区域，优化水平井组部署方案、井轨迹设计与控制方案、储层压裂改造方案，确保水平井在优质优质储层钻遇率和储层压裂改造效果，提高四川盆地深层页岩气勘探质量和开发效益。

第11章 储层测井识别与综合评价技术

岩石物理测井是联结井下和地面、宏观和微观、地质和地球物理的桥梁和纽带，测井技术在沉积、构造、储层、流体、成藏、地应力等石油地质研究中，发挥了不可替代的作用。鉴于测井技术与地震勘探技术在井震标定、储层反演、储层预测等方面的紧密联系，以及两者在四川盆地天然气勘探开发中扮演的关键角色，有必要对测井技术进行简略概述。

11.1 致密砂岩储层测井识别与评价技术

致密砂岩含气领域主要集中在川西地区和川东北地区三叠系及侏罗系部分地层，储层致密主要体现在储层渗透率指标上。《致密砂岩气地质评价方法》(GB/T-3051—2014)，将地层条件下覆压基质渗透率小于等于 $0.1 \times 10^{-3} \mu m^2$ 的储层定义为致密砂岩储层。根据该标准川西、川北和川东北三叠系须家河组大部分储层，以及侏罗系千佛崖、白田坝和沙溪庙部分储层均属于致密砂岩储层的范畴。

致密砂岩储层的物性和含流体性质的响应特征，较常规砂岩储层的测井响应要弱很多，因此对致密砂岩储层进行识别和评价更为困难。除储层岩性、物性、含流体性质外，储层是否发育天然裂缝，以及裂缝发育程度的描述和评价，也是储层有效性评价的重要因素。

11.1.1 定性与半定量指标识别

1. 岩性识别

储层的岩石学特征是测井岩性识别的基础。通过岩心、岩屑、薄片等资料研究典型储层的岩石成分和结构，及其对应的测井响应特征，建立致密砂岩储层岩性测井识别模型。考虑受孔隙、裂缝发育、地区压实程度等因素的影响，对于不同地区、不同层位应该建立不同的特征模式和识别标准。

表11-1是利用常规测井信息建立的岩性测井识别标准之一。针对不同地区、不同层位和不同评价目的，测井项目和测井信息会有所不同，但是建立典型岩石类型测井识别标准的方法是完全一致的。

利用表11-1所得出的类间差异性和类内相似性，按照不同测井曲线的敏感程度、曲线形态特征和纵向变化规律对连续测井曲线进行分类判别，即测井相模式岩性识别。

由表11-1可见，泥岩、煤等非储集岩类，自然伽马、密度、补偿中子等测井响应特征很明显，归一化伽马曲线(或泥质含量)以及补偿中子交汇方法，是最常用并且最有效的识别岩性方法。除此之外，岩石骨架识别图 [矿物骨架(M-N)交汇图、骨架密度—骨架时差

(Rhom-Dtm)交汇图、骨架密度—骨架截面(Rhom-Um)交汇图］等方法，进行岩性识别，属于定量化岩性识别指标。

表11-1　岩性测井识别标准

岩石类型	GR (API)	AC (μs/ft)	CNL (%)	DEN (g/cm³)	RD (Ω·m)	CAL (in)
灰砾岩	35	47	<1	2.72	>500	稳定
粗砂岩	45	57	2.5	2.58	150	—
中砂岩	65	62	4.5	2.58	>60	—
细砂岩	>85	65	7.0	2.58	—	—
泥岩	>100	70	>15.0	—	<45	扩径
煤	90	>80	>20.0	<2.00	—	扩径

2. 储层识别

储层与非储层的测井响应差异主要体现在岩性、物性两个方面，在岩性识别的基础上，剔除不具备储集空间或储集性能很差，以及虽然具备一定储集空间但是渗透能力很差的岩石类型。储层识别也是利用已知的典型储层的"四性"关系特征分析，通过正演的途径建立不同类型储层的识别模式，再对测井响应特征进行反演解释。多孔砂岩储层表型为低自然伽马和较低补偿中子测井响应，泥岩、泥质砂岩和粉砂岩等非储层则相反，呈现为高自然伽马和高补偿中子测井特征；储层品质主要通过声波时差、密度和补偿中子测井特征来反映。视电阻率是反映岩石导电能力的有效指标，可以定性或半定量指示岩石的渗透性能。

相似性映射变换、统计分析、主成分分析、模糊聚类、判别分析、神经网络等数学分析工具，曲线重叠图、直方图、频率交汇图、Z值交汇图等图形表现形式，以及它们之间的组合应用，是储层识别的有效分析手段。图11-1为主成分分析与视电阻率离散度特征差异曲线重叠识别储层的示例。图中蓝色和黄色部分反映了不同测井信息之间的差异，这些差异体现在储集岩石类型中，分别反映了物性和含流体性质的差异。

3. 流体识别

1)孔隙度—补偿中子(CNL-$\mathit{\Phi}$)交汇图斜率法

中子"挖掘"效应是测井识别储层含气性的最有效方法，受储层岩石矿物成分、粒度、曲线井间差异等因素的影响，中子"挖掘"效应具有多解性，流体识别符合率较低，为了提高"挖掘"效应流体识别可靠性，基于中子"挖掘"效应原理，建立CNL-$\mathit{\Phi}$斜率法。如图11-2所示，气层(红色)、水层(蓝色)斜率存在明显差异，水层斜率通常大于0.5。

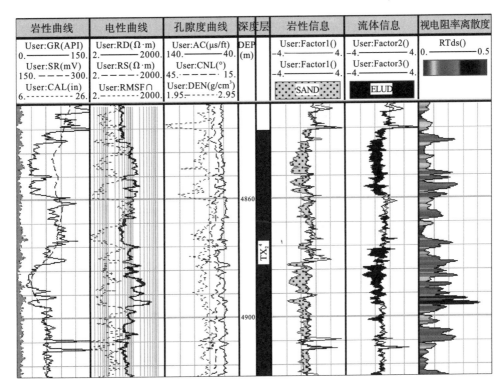

图11-1　储层测井响应特征

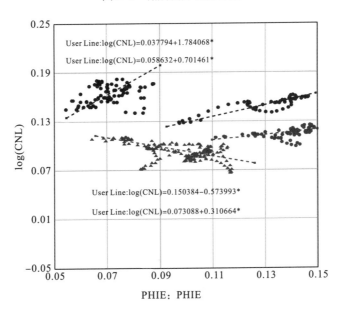

图11-2　孔隙度—补偿中子交汇法识别图版

2) 孔隙度—视电阻率(RD-Φ)交汇图斜率法

RD-Φ 斜率法主要针对低视电阻率气藏，含水饱和度为45%～65%，属于气水同层储层的进一步判断。若RD〔P90）—RD(P10)〕/〔Φ(P90)—Φ(P10)〕≥130，则认为储层低视电阻率主要是储层较好的孔隙结构引起的，储层含水是储层低视电阻率的次要原因，且解释的含水饱和度值偏高，储层以气为主。若$(RD(P90)-RD(P10))/(\Phi(P90)-\Phi(P10))$$<130$，则储层含水是储层低视电阻率的主要原因，储层以水为主（图11-3）。

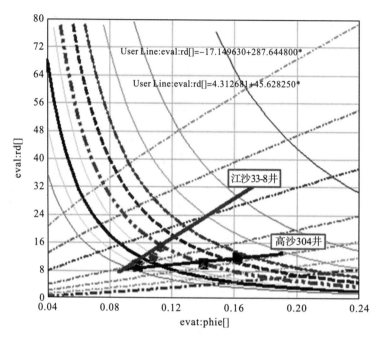

图11-3　孔隙度—视电阻率交汇法识别图版

3）多因素雷达图法

通常定量测井评价采用孔隙度、饱和度、泥质含量、视电阻率绝对值等多个指标独立进行评价，没有充分考虑各个评价指标之间交互作用的影响，难以准确、直观地表征气层、水层和干层之间的区别，尤其是对于视电阻率较低（一般低于$20\Omega\cdot m$）的储层，缺乏一种工具将各种指标纳入一个统一的评价标准体系，提高对储层含流体性质的判别的准确度和清晰度。

雷达图提供了一种多因素综合表征手段，通过合理筛选评价指标，合理设定指标范围，合理布局指标位置，可以达到多因素综合评价的目的。图11-4展示了10个指标构成的多因素综合指标体系典型识别模板。10个评价因素分别是孔隙体积指数（PhiH）、含气体积指数（PhiSoH）、含气指标（Igas）、可动烃体积指数（BVMI）、可动烃饱和度（SGM）、气水体积比（GWR）、孔隙度（Phi）、含水饱和度（SW）、泥质含量（VCL）、渗透率（Perm），构成了对岩性、物性、含流体性和综合储集能力等方面的全方位评价指标体系，通过各个评价指标连线围成的面积和形状，可以清晰直观地表征储层的品质。利用测井信息反演各个评价指标，与典型识别模板进行叠合比对，就能够快速对待判储层做出综合评价结论。

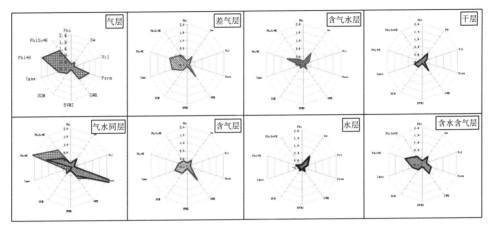

图11-4 多因素雷达图识别

除上述3种方法以外，声波时差—补偿中子—密度三孔隙度重叠法、视流体指标判别法、视地层水电阻率平方根P$^{1/2}$累积频率法、孔隙度—含水饱和度交汇法、纵波速度—纵横波速比值交汇法、纵横波—斯通利波幅度衰减法，以及核磁共振T2谱差谱和移谱等半定量识别方法作为上述方法的补充和辅助手段也有比较好的应用效果，得到了广泛应用。

4. 裂缝识别

根据裂缝的不同成因、产状和充填程度，及其不同要素的组合关系，可以对裂缝进行分类。不同类型裂缝具有不同的导电性和弹性波传播特性，这些特性能够反映在井壁微电阻率扫描成像和超声波扫描成像测井信息上，通过测井专用软件或图像处理通用软件进行图像处理，调整图像的调色板模式、色调、亮度、对比度等参数，就能突出裂缝响应与非裂缝岩石响应的差异，实现裂缝的直观表征(图11-5)。

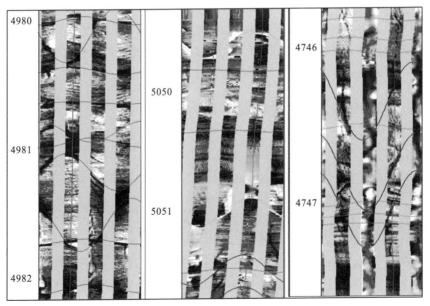

图11-5 成像测井裂缝识别成果图

1）高角度裂缝

非裂缝地层径向无视电阻率各向异性时，深、浅侧向视电阻率主要反映真实地层基质的视电阻率，因此，深、浅侧向视电阻率测井曲线重合。当地层发育高角度裂缝时，高角度裂缝对电极型仪器提供了低阻通道，使侧向测井的视电阻率降低表现为高阻背景下的低阻特征，且裂缝开度越大，深、浅侧向视电阻率降低越明显。因高角度裂缝的有效导电截面在径向上不变，而孔隙的导电截面在径向上逐渐增大，所以在浅侧向测井探测范围内，裂缝与孔隙的有效截面之比远大于深侧向测井，表现为RD＞RS，即正差异，且裂缝开度越大深、浅侧向视电阻率差异越明显。

2）低角度裂缝

双侧向视电阻率测井对低角度裂缝测井响应相对较明显，在双侧向测井响应中，低角度裂缝的视电阻率值在致密高视电阻率背景下明显降低，曲线形态尖锐，深、浅测向测井值一般呈负差异。裂缝的张开度与视电阻率成正比，当裂缝张开度增大时，低角度裂缝的深、浅侧向视电阻率均下降，幅度差值增大。

3）非天然裂缝

非天然裂缝包括钻具诱导缝和钻井液压裂缝。钻具诱导缝是钻井过程中改变了原地岩结构，井周应力作用叠加钻具剪切作用产生的裂缝，一般成组出现、排列整齐，规律性强，形态较规则且裂缝张开度变化很小，径向延伸也比较小。反映在成像测井图上多呈有规律性曲线排列或径向对称排列；侧向视电阻率下降不明显，深、浅侧向表现出明显的"双轨"现象。钻井液压裂缝是在钻井液密度过高，对井壁的压力超出了岩石的抗张强度时导致井壁被压裂。钻井液压裂缝竖直光滑垂向延伸。非天然裂缝均在钻井过程产生，对于工程地质参数具有评价意义，但对于储层地质参数不具评价指征和特别含义。

除利用成像测井直观定性和半定量识别裂缝方法以外，深、浅侧向视电阻率差比法，自然伽马—声波—深、浅侧向视电阻率一、二阶查分法，快、慢横波幅度—时差各向异性方位法等均可作为裂缝识别的辅助方法，而且效果比较明显。

11.1.2 储层参数测井解释模型

1. 孔隙度模型

川西沙溪庙组储层为碎屑岩储层，储层岩石类型主要以岩屑砂岩为主，孔隙度评价模型采用传统的声波威利（Wylie）公式建立评价模型：

$$\Phi = \frac{D_t - D_{tma} - V_{cl}(D_{tcl} - D_{tma})}{\left[D_{tfl} \times S_{xo} + D_{thy}(1 - S_{xo}) - D_{tma}\right]C_p} \tag{11-1}$$

式中，D_t、D_{tma}、D_{tcl}、D_{tfl}、D_{thy}分别为测井声波时差、岩石骨架声波时差、泥质声波时差、流体声波时差、烃类声波时差；S_{xo}、V_{cl}分别为冲洗带饱和度、泥质含量；C_p为压实校正系数。

　　威利公式提供了利用声波测井计算的基础，在勘探开发生产实践中，上述公式需要通过岩心实验室测量分析结果来标定，即所谓正演或建模过程。通过建模来确定模型中的常数和待定系数。

　　除上述基于声波测井的单一孔隙度模型外，如果条件允许并且资料可靠，则补偿中子—声波时差交汇法孔隙度模型和补偿中子—密度交汇法孔隙度模型也经常使用。

2. 含水饱和度模型

　　通过储层岩石类型、储层物性、储层孔隙结构以及测井响应特征综合研究，沙溪庙组地层为砂泥岩地层，且泥质含量小于10%，储层孔隙度中心频率为8%～10%，满足阿尔奇公式的适用条件，因此含水饱和度评价模型采用阿尔奇模型：

$$S_w = \sqrt[n]{\frac{abR_w}{\Phi^m R_t}} \qquad (11-2)$$

式中，S_w 为含水饱和度；Φ 为储层孔隙度；a、b、m、n 分别为比例系数、饱和度系数、岩石胶结指数、饱和度指数；R_w、R_t 分别为地层视水电阻率、地层视电阻率。

　　同孔隙度模型建立过程相似，含水饱和度模型中的常数、系数和指数的确定，均需通过岩石和流体样品的试验分析结果来确定。通常对于天然气储层很难做到完全密闭取心取样，因此含水饱和度一般不是直接采用岩石含水饱和度来刻画，而是在实验室中针对一组特定岩石样品，用一系列含水饱和度来正演测量在不同含水饱和度条件下的岩石视电阻率，再联立求解确定饱和度模型公式中的待定常数。

　　阿尔奇公式适用于纯砂岩地层，对于含有黏土的砂岩储层，应选择带有黏土校正项的西门度公式、印度尼西亚公式、双水模型公式等。常系数的确定方法与基础的阿尔奇公式方法一致，只是所需的已知条件和待定常数更多。

3. 渗透率模型

　　利用压汞分析未进汞饱和度近似作为束缚水饱和度，根据Timur公式，建立测井渗透率评价模型：

$$k = \frac{19.75\phi^{0.9682}}{S_{wirr}^2} \qquad (11-3)$$

式中，k 为测井模型渗透率，$10^{-3}\mu m^2$；ϕ 为储层孔隙度，%；S_{wirr} 为束缚水饱和度，%。

11.2　碳酸岩盐储层测井识别与评价技术

11.2.1　礁滩相储层测井响应特征

1. 生物礁

　　生物礁纵向上划分为礁基、礁核及礁盖微相。礁盖岩性主要为溶孔、针孔白云岩，表现出疏松多孔的测井响应特征，密度、视电阻率值下降，声波时差、补偿中子孔隙度等上升，反映溶孔发育；礁基岩性主要为生屑灰岩和泥晶灰岩，礁核岩性主要为生物骨架灰岩，礁基、礁核在电测曲线上表现为低自然伽马、极高视电阻率的特征，GR表现为平直的低值特征，指示礁灰岩整体岩性较纯（表11-2）。

表11-2　生物礁储层测井响应特征

礁体内幕特征	AC(μs/ft)	DEN(g/cm³)	CNL(%)	RD(Ω·m)	电成像
礁盖	锯齿状，高值 50~65	锯齿状低值 2.35~2.66	高值 3.05~10.5	双侧向正差异 500~30000	暗色图像，溶蚀孔洞及裂缝发育
礁核	相对高值 48~51	相对低值 2.63~2.7	相对高值 1.9~4.0	双侧向正差异 30000~50000	暗色图像，发育一定溶蚀孔洞及裂缝
礁基	平直 47~50	平直 2.68~2.73	平直 0~2.0	双侧向无正差异，RD极高 50000~99999	均一的白色、灰白色图像

2. 生屑滩

滩核、滩缘与滩间的最大区别在于滩间由于处于低能沉积环境，水体相对较深，GR较高，在30~80API之间，呈指型和尖峰状；滩核和滩缘处于高能和较高能沉积环境，GR均为低值，通常小于20API。滩核与滩缘在声波时差（AC）、补偿密度（DEN）、补偿中子（CNL）和视电阻率（RD）的值域范围有一定差别，但差别并不明显，它们之间最大的差别在于RD曲线形态和电成像特征，滩核RD呈"大肚"形，电成像可见交错层理，溶蚀孔洞发育；滩缘RD呈"锯齿"形，为低角度层理，夹少量溶蚀薄层，可见缝合线（表11-3）。

表11-3　滩核、滩缘、滩间储层测井响应特征表

滩体内幕特征	GR(API)	KTH(API)	AC(μs/ft)	DEN(g/cm³)	CNL(%)	RD(Ω·m)	电成像
滩核	低值 <20	低值 5左右	高值 50~65	低值 2.5~2.65	高值 3.05~11	中低值 400~12000	厚层块状，可见交错层理，溶蚀孔洞较发育
滩缘	低值 <20	低值 5左右	中高值 49~60	中高值 2.55~2.68	中高值 2~6	中高值 2000~40000	亮色块状，低角度层理，夹少量溶蚀的薄层，可见缝合线
滩间	高值，指状 30~80	较低值 10左右	低值 48~52	高值 2.65~2.72	低值 0.8~5.0	低值 100~8000	可见层状特征

11.2.2　礁滩相储层测井定量评价

1. 孔隙度模型

礁滩相储层溶蚀孔洞等次生孔隙相对发育，碳酸盐储层测井建模通常采用体积模型最

优化矿物求解方法，通过重构误差控制正演—反演迭代过程，同时计算矿物成分、孔隙体积和流体饱和度。在井眼规则资料可靠时，体积模型首选密度和补偿中子响应方程：

$$\begin{cases} \mathrm{CNL} = V_{\mathrm{sh}}N_{\mathrm{sh}} + V_{\mathrm{ma}}N_{\mathrm{ma}} + \phi N_{\mathrm{f}} \\ \mathrm{DEN} = V_{\mathrm{sh}}D_{\mathrm{sh}} + V_{\mathrm{ma}}D_{\mathrm{ma}} + \phi D_{\mathrm{f}} \\ V_{\mathrm{ma}} + V_{\mathrm{sh}} + \phi = 1 \end{cases} \tag{11-4}$$

式中，CNL 为补偿中子的测量值，%；N_{sh} 为泥岩补偿中子值，%；N_{ma} 为骨架补偿中子值，%；N_{f} 为流体补偿中子值，%；DEN 为密度的测量值，$\mathrm{g/cm^3}$；D_{sh} 为泥岩密度值，$\mathrm{g/cm^3}$；D_{ma} 为骨架密度值，$\mathrm{g/cm^3}$；D_{f} 为流体密度值，$\mathrm{g/cm^3}$；V_{sh} 为泥质含量，%；V_{ma} 为骨架体积，%；ϕ 为孔隙度，%。

对于井眼状况不良、密度和补偿中子资料质量较差的情况，声波时差孔隙度常被用作限制条件。

2. 含水饱和度模型

根据阿尔奇理论，纯岩石的电阻率主要取决于岩石的孔隙度、孔隙中含水饱和度及孔隙中地层水的电阻率。礁滩相储层为泥质含量低的溶蚀孔洞型储层，因此，含水饱和度可采用阿尔奇公式计算：

$$S_{\mathrm{g}} = 1 - \sqrt[n]{\frac{abR_{\mathrm{w}}}{R_{\mathrm{t}}\phi^m}} \tag{11-5}$$

式中，S_{g} 为含气饱和度，小数；$\varPhi$ 为储层有效孔隙度，小数；R_{w} 为地层水电阻率；R_{t} 为地层的真电阻率；m、a 分别为岩石孔隙结构指数、比例系数；n、b 分别为饱和度指数、系数。

3. 渗透率模型

储层的渗透率除与岩石颗粒粗细、孔隙度大小、孔隙几何形状、含流体性质有直接关联外，还受裂缝发育程度等诸多因素影响，是一个受多种因素控制的参数。大量岩心样品和铸体薄片观察表明，礁滩相储层的孔隙空间既有孔隙、孔洞发育，还有裂缝发育，孔隙空间的非均质性较强，剔除裂缝影响之后可以通过岩心孔隙度与渗透率建立渗透率模型：

$$\mathrm{PERM} = 0.0075\mathrm{e}^{0.6139\varPhi} \tag{11-6}$$

式中，PERM 为渗透率，$10^{-3}\mu\mathrm{m}^2$；$\varPhi$ 为孔隙度，%。

4. 有效储层确定

中石油西南油气分公司在20世纪80年代末计算福成寨飞仙关组储量时采用1.5%作为孔隙度下限；1991年，西南石油学院对新市飞仙关组孔隙度下限取为2.15%；近几年铁山气田、渡口河、罗家寨及普光气田采用的孔隙度下限均为2%。通过对礁滩相储层进行"四性"关系研究及类比以上地区，礁滩相气藏有效储层下限标准如下：岩性主要为云质灰岩类、灰质云岩类和云岩类，灰岩类局部发育有低孔3类储层；物性下限标准是孔隙度大于等于2%；深侧向视电阻率大于100Ω·m；含气性标准是孔隙度—饱和度交汇图具有单边双曲线特征、$P^{1/2}$ 具大斜率特征。

采用目前四川盆地海相碳酸盐岩储层分类方法，对测井解释的有效储层进行分类，定性划分为3类有效储层，即I、II、III类储层，同时将低于有效储层下限(孔隙度小于2%)的致密层、泥质层等归入非储层。

I类储层：$\Phi \geqslant 10\%$。

II类储层：$5\% \leqslant \Phi < 10\%$。

III类储层：$2\% \leqslant \Phi < 5\%$。

5. 有效储层分类测井评价标准

I类储层主要测井响应特征表现为低视电阻率(RD<5000Ω·m)、高补偿中子(CNL>8.0%)、高声波时差(AC>53μs/ft)、低密度(DEN<2.65g/cm³)特征，视电阻率、声波时差、补偿中子、密度同向增大，曲线形态呈"漏斗"状；电成像呈暗色层状或暗色块状特征，溶蚀孔洞发育(图11-6)。

II类储层测井响应表现为低视电阻率(RD<8000Ω·m)、高补偿中子(CNL>4.0%)、高声波时差(AC>50μs/ft)、低密度(DEN<2.7g/cm³)特征，视电阻率、补偿中子同向增大，曲线形态呈"漏斗"状；电成像呈暗色斑状或淡暗色块状特征，发育一定程度溶孔(图11-7)。

III类储层测井响应特征表现为较高视电阻率(RD<20000Ω·m)、低补偿中子(CNL<5%)、低声波时差(48μs/ft<AC<52μs/ft)特征，视电阻率曲线形态呈"漏斗"状；电成像相对中低视电阻率呈"亮色"弥漫状。

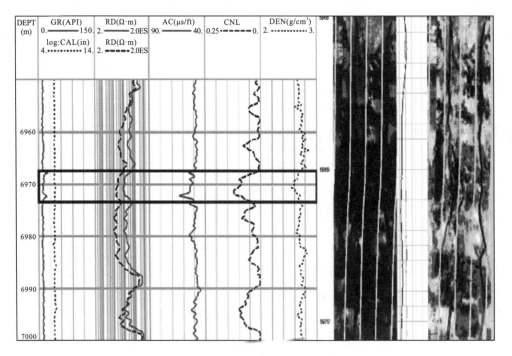

图11-6　I类储层响应特征

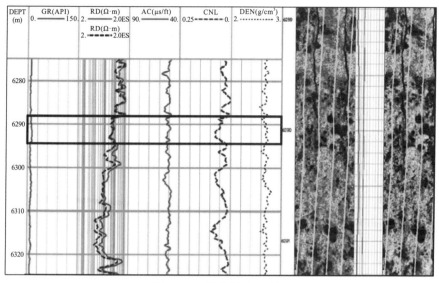

图11-7　II类储层响应特征

11.3　页岩储层测井识别与评价技术

11.3.1　页岩气储层测井响应特征分析

一般情况下，页岩储层具有相对低速、低纵波阻抗、低密度、低V_P/V_S和高GR特征。相对于泥页岩而言，优质页岩气储层具有"三高三低"测井响应特征，即高自然伽马、高铀、高视电阻率、低Th/U、低密度、低补偿中子。

通过测井参数交汇分析，可以识别页岩储层的弹性参数响应特征。利用偶极横波测井和常规曲线，可以计算拉梅系数、杨氏模量、体积模量和泊松比等弹性参数。图11-8显示了川南威远地区龙马溪组页岩储层具有相对低拉梅系数、低泊松比、低V_P/V_S和低体积模量特征。

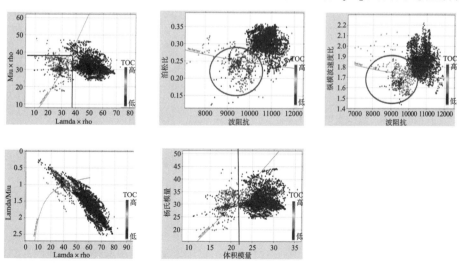

图11-8　川南威远地区龙马溪组页岩储层弹性参数交汇图

利用测井信息，还可以分析页岩储层的孔隙度、TOC含量及含气量等特征。图11-9和图11-10分别显示了威荣页岩气田龙马溪组页岩储层孔隙度与阻抗、含气量与TOC含量的交汇关系。可见，页岩储层阻抗受孔隙变化的影响较大；而含气量与TOC含量关系的正相关关系更加明显，可以拟合为含气量=1.18319+1.91295TOC。因此，根据页岩储层的阻抗，可以评估孔隙发育特征；根据页岩储层的TOC含量，可以预测含气的空间分布。

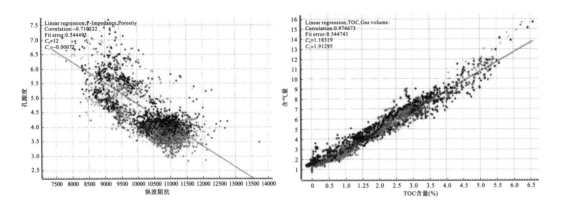

图11-9　威荣页岩气田龙马溪组页岩储层孔隙度与　　图11-10　威荣页岩气田龙马溪组页岩储层含气量
　　　　　　阻抗交汇图　　　　　　　　　　　　　　　　　　　与TOC含量交汇图

11.3.2　页岩储层"六性"关系分析

由于页岩气的赋存方式和储集空间具有多样性、复杂性等特点，导致页岩储层测井评价与常规油气储层测井评价差异较大。传统的储层评价"四性"关系，即岩性、物性、电性、含油气性，已经不能满足页岩储层的评价，需要拓展为岩石组分特征、物性、地化特性、电性、含气性、可压性"六性"关系。

图11-11显示了威荣气田岩心测试资料的关系。可见，TOC含量与硅质含量、孔隙度与TOC含量、含气量与TOC含量大致呈正相关关系，含水饱和度与孔隙度呈负相关关系。"六性"关系表明，威荣页岩气储层岩性、有机地化特性、物性和含气性之间关系密切。

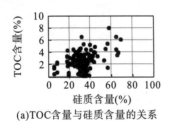

(a)TOC含量与硅质含量的关系

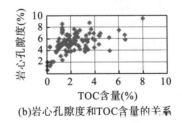

(b)岩心孔隙度和TOC含量的关系

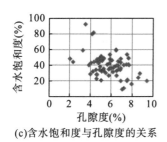

(c)含水饱和度与孔隙度的关系

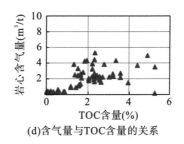

(d)含气量与TOC含量的关系

图11-11　威荣气田岩心测试资料关系

图11-12显示了威荣气田威页35-1井测井"六性"关系。可见，威页35-1井3668.3～3722.5m井段为优质页岩气储层，该段从上到下黏土含量降低，脆性矿物升高，脆性指数变大，TOC含量增大，孔隙度与含气量也逐次增大，该井水平井测试获得高产。

11.3.3　优质页岩储层测井识别

基于页岩气的测井响应特征，通过"六性"关系分析，可以有效识别优质页岩气储层。主要包括以下方法。

1. 钍铀比值大小判断优质页岩及有利页岩段

分别设定钍铀比(Th/U)值4和2为截止值。钍铀比值小于2，指示地层沉积环境为强还原环境；钍铀比值在2～4之间，指示地层沉积环境为强还原环境到半还原环境。例如，在威远地区龙马溪组页岩地层，将钍铀比值小于4的层段划分为优质页岩储层。

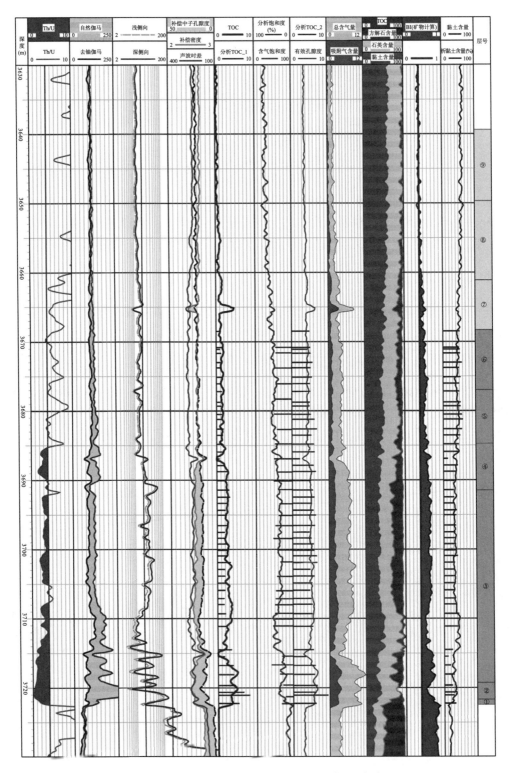

图11-12 威荣气田威页35-1井测井"六性"关系

2. 常规测井曲线重叠法识别优质页岩段

将自然伽马、视电阻率和孔隙度曲线，进行重叠实现优质页岩层段识别。优质页岩气层段密度降低较明显，补偿中子曲线出现类天然气的"挖掘"效应而降低；相对而言，补偿中子—密度曲线重叠识别效果最好。

3. 自然伽马能谱测井曲线重叠法

优质页岩气层段由于富含有机质且易于吸附高放射性铀元素，总自然伽马值将明显增大，并出现高铀异常。因此，采用总自然伽马—无铀伽马、铀—钾曲线重叠法，能较好地定性指示页岩气层段。

图11-13显示了威荣气田威页29-1井龙马溪组页岩气储层识别效果。可见，3675～3712m井段为优质页岩气储层段，该段自然伽马与去铀伽马具有较大的叠合面积，补偿中子曲线有明显的"挖掘"效应，中子密度包络面积较大，钍铀比值总体小于4，铀含量曲线和钾含量曲线叠合面积大。其中，钍铀比值小于2对应的3702～3708.5m井段，叠合面积或包络面积最大，为优质页岩气储层段。

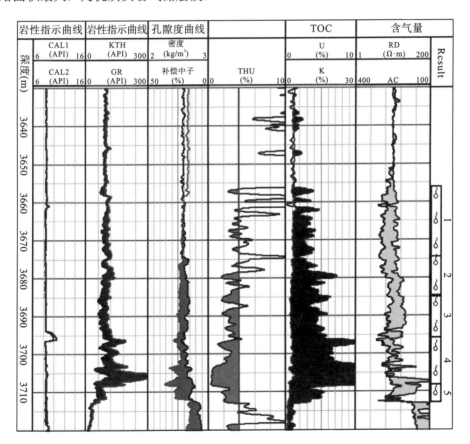

图11-13　威荣气田威页29-1井龙马溪组页岩气储层识别(彩图见附图)

11.3.4 优质页岩储层测井评价

优质页岩储层测井评价的内容主要包括TOC含量、矿物组分、脆性、含气量等储层参数评价。

1. 储层参数评价

1) TOC含量计算

TOC含量一般采用交汇拟合公式计算。例如，在威远地区，利用5口井210个岩心测试点，采用岩心刻画密度的方法建立TOC含量的解释模型，进行TOC含量解释。

TOC含量解释模型：

$$TOC = -16.961DEN + 45.45 \tag{11-7}$$

式中，TOC为总有机碳含量，%；DEN为密度测井值，g/cm³。

2) 矿物组分计算

利用岩性敏感测井参数，采用岩心刻度测井方法，可以建立基于补偿中子CNL、密度DEN、声波时差AC及自然伽马GR的多元测井评价模型，进行黏土含量、硅质含量及钙质含量的解释。

例如，在川南威远地区，形成了如下矿物组分计算模型。

(1) 黏土矿物含量 V_{sh} 的解释模型：

$$V_{sh} = -48.85 - 0.27087AC + 3.44917CNL + 34.94761DEN + 0.07726GR \tag{11-8}$$

(2) 硅质矿物含量 V_{Si} 的解释模型：

$$V_{Si} = -102.207 + 0.0433AC - 0.18961CNL + 40.4448DEN + 0.2145GR \tag{11-9}$$

(3) 钙质矿物 V_{Ca} 的解释模型：

$$V_{Ca} = 270.2638 + 0.1214AC - 2.53824CNL - 78.5916DEN - 0.3029GR \tag{11-10}$$

3) 脆性指数计算

利用脆性矿物组分含量占总矿物含量的比例关系，可以计算页岩脆性指数，实现页岩储层脆性特征评价。

按矿物组分只有石英、碳酸盐岩和黏土计算脆性指数的解释模型如下：

$$BI = \frac{V_{Si} + V_{Ca}}{V_{Si} + V_{Ca} + V_{sh}} \times 100\% \tag{11-11}$$

式(11-8)~式(11-11)中，AC为声波时差，μs/m；CNL为补偿中子，%；DEN为密度，g/cm³；GR为自然伽马，API；V_{Si}为硅质矿物含量，以百分数(%)表示；V_{Ca}为钙质矿物含量，以百分数(%)表示；V_{sh}为黏土矿物含量，以百分数(%)表示。

4) 有效孔隙度计算

孔隙度的计算有多种方法，也可以通过敏感参数交汇分析和回归拟合计算。

例如，在威远地区，利用威页1井等3口井测井交汇，发现岩心孔隙度与密度曲线相关性好。据此，建立了基于密度测井资料的孔隙度解释模型：

$$POR = -12.009DEN + 35.382 \tag{11-12}$$

式中，POR为计算的孔隙度，%；DEN为密度，g/cm³。

2. 含气性定量评价

1)吸附气含量计算

利用兰格缪尔(Langmuir)等温吸附方程，可获一定地层温度、地层压力条件下的吸附气含量。

$$G_x = \frac{VL \times P}{P_L + P} \tag{11-13}$$

式中，G_x为页岩吸附气含量，m³/t；P为地层压力，MPa；P_L为温度，℃。

通过交汇分析，也可以建立吸附气含量与TOC含量的关系，结合黏土润湿状况下的吸附特点，获得消除黏土吸附的吸附气含量解释模型。

$$G_x = 0.773TOC \tag{11-14}$$

式中，G_x为页岩吸附气含量，m³/t；TOC为有机碳含量，%。

2)含水饱和度计算

资料研究证明，页岩储层中的水主要以束缚水状态存在于黏土矿物中，通过页岩泥质含量分析，可以计算含水饱和度。

例如，在威远地区，利用威页1井、威页23HF1井、威页35HF1井等58个数据点，建立了含水饱和度的解释模型：

$$S_w = 1.4149V_{sh} - 12.618 \tag{11-15}$$

式中，S_w为页岩气储层含水饱和度，%；V_{sh}为页岩黏土矿物含量，%。

3)游离气含量计算

游离气含量是指每吨岩石中所含游离气折算到标准温度与压力条件下的天然气体积。在获得游离气饱和度后，可将地层条件下的含气量换算到地表，并获得页岩游离气含气量。具体换算公式如下：

$$G_f = \frac{1}{B_g}\phi(1 - S_w)\frac{1}{\rho_b} \tag{11-16}$$

式中，G_f为游离气含量，m³/t；B_g为天然气体积系数；ϕ为地层孔隙度，%；S_w为页岩气地层含水饱和度，%；ρ_b为地层岩石体积密度，g/cm³。

4)总含气量计算

页岩储层含气量主要包括存储于孔隙及微裂缝中的游离气，以及与TOC有关的吸附气含量。因而，总含气量等于两者之和。

$$G_t = G_x + G_f \tag{11-17}$$

式中，G_t为总含气量，m³/t；G_x为页岩吸附气含量，m³/t；G_f为游离气含量，m³/t。

　　总之，作为石油天然气勘探地质的一个重要专业工具和技术手段，测井方法和测井信息得到了比较广泛的应用，测井技术在储层地质、岩石物理、地球物理、油藏工程、工程地质等专业门类之间架起了桥梁，在储层识别和储层评价中发挥了不可替代的作用。当然，测井技术的作用不仅限于储层应用，在沉积、构造、地应力、岩石强度分析等方面同样得到了广泛应用；不仅在勘探评价阶段得到应用，而且在油气藏评价和开发生产阶段也获得了非常广泛的应用。限于篇幅，本章没有展开储层识别评价之外的其他应用，所提到的方法是最基础、最通用的方法，采用的测井信息是最基本、最常见的信息。核磁共振、元素俘获、偶极声波等特殊测井信息，在四川盆地的天然气勘探开发中也得到了广泛的应用，作为方法技术均是比较成熟的，其应用效果也更加显著、直观，限于方法技术的应用成本和其他因素，特殊测井方法的推广应用尚未普及，方法应用点到为止，不具体展开详细论述，相关内容可参阅其他文献。

参 考 文 献

蔡希源,2010. 中国石化天然气勘探实践与勘探方向[J]. 大庆石油学院学报,34(5):1-8.

蔡勋育,刘金连,赵培荣,等,2020. 中国石化油气勘探进展与上游业务发展战略[J]. 中国石油勘探,25(1):11-19.

陈实,1984. 古代和近代四川天然气的勘探与开发[J]. 石油与天然气地质,5(2):183-192.

陈作,曾义金,2016. 深层页岩气分段压裂技术现状及发展建议[J]. 石油钻探技术(1):6-11.

程冰洁,徐天吉,2008. 地震信号的多尺度频率与吸收属性[J]. 新疆石油地质,29(3):314-317.

程冰洁,唐建明,徐天吉,等,2014. 多波高精度匹配理论与实践[M]. 北京:科学出版社.

邓红,王君泽,冯杰瑞,2013. 四川盆地下古生界页岩气研究现状及勘探前景[J]. 四川文理学院学报,23(2):34-38.

董大忠,高世葵,黄金亮,等,2014. 论四川盆地页岩气资源勘探开发前景[J]. 天然气工业,34(12):1-15.

董大忠,王玉满,李新景,等,2016. 中国页岩气勘探开发新突破及发展前景思考[J]. 天然气工业,36(1)19-32.

董大忠,邹才能,戴金星,等,2016. 中国页岩气发展战略对策建议[J]. 天然气地球科学,27(3):397-406.

杜金虎,杨涛,李欣,2016. 中国石油天然气股份有限公司"十二五"油气勘探发现与"十三五"展望[J]. 中国石油勘探,21(2):
    1-15.

冯建辉,蔡勋育,牟泽辉,等,2016. 中国石油化工股份有限公司"十二五"油气勘探进展与"十三五"展望[J]. 中国石油勘
    探,21(3):1-13.

郭旭升,胡东风,黄仁春,等,2020. 四川盆地深层—超深层天然气勘探进展与展望[J]. 天然气工业,40(5):1-14.

国家能源局石油天然气公司,国务院发展研究中心与环境政策研究所,自然资源部油气战略研究中心,2019. 中国天然气发展
    报告(2019)[M]. 北京:石油工业出版社.

侯启军,何海清,李建忠,等,2018. 中国石油天然气股份有限公司近期油气勘探进展及前景展望[J]. 中国石油勘探,23(1):
    1-13.

李鹭光,2011. 四川盆地天然气勘探开发技术进展与发展方向[J]. 天然气工业,31(1):1-6.

李鹭光,何海清,范土芝,等,2020. 中国石油油气勘探进展与上游业务发展战略[J]. 中国石油勘探,25(1):1-10.

李鹏冲,舒俊,葛壮,2015. 四川省页岩气开发政策发展现状[J]. 现代经济信息(16):487.

李书兵,胡昊,宋晓波,等,2019. 四川盆地大型天然气田形成主控因素及下一步勘探方向[J]. 天然气工业,39(增刊1):1-8.

李曙光,程冰洁,徐天吉,2011. 页岩气储集层的地球物理特征及识别方法. 新疆石油地质,32(4):351-352.

李学义,1998. 四川盆地油气地震勘探现状及前景展望[J]. 天然气工业,18(6):24-30.

李延钧,赵圣贤,黄勇斌,等,2013. 四川盆地南部下寒武统筇竹寺组页岩沉积微相研究[J]. 地质学报,87(8):1136-1148.

李玉琪,惠荣,赵梓蓉,2014. 从石油天然气勘探的历史经验重新认识四川盆地[J]. 西安石油大学学报(社会科学版),23(5):
    55-61.

刘辉,韩嵩,叶茂,等,2018. 四川盆地大中型气田分布特征及勘探前景[J]. 天然气勘探与开发,41(2):55-62.

刘鑫,夏茂龙,吴煜宇,等,2019. 四川盆地永探1井二叠系火山碎屑熔岩储层特征[J]. 天然气勘探与开发,42(4):28-36.

路保平,2013. 中国石化页岩气工程技术进步及展望[J]. 石油钻探技术,41(5):1-8.

罗冰,夏茂龙,汪华,等,2019. 四川盆地西部二叠系火山岩气藏成藏条件分析[J]. 天然气工业,39(2):9-16.

罗志立,2000. 四川盆地油气勘探过程中"三次大争论"的反思[J]. 新疆石油地质,21(5):432-433.

马海，2012. Filippone 地层压力预测方法的改进及应用. 石油钻探技术，40(6)：56-61.

马新华，谢军，2018. 川南地区页岩气勘探开发进展及发展前景[J]. 石油勘探与开发，45(1)：161-169.

马新华，胡勇，王富平，2019. 四川盆地天然气产业一体化发展创新与成效[J]. 天然气工业，39(7)：1-8.

马新华，李国辉，应丹琳，等，2019. 四川盆地二叠系火成岩分布及含气性[J]. 石油勘探与开发，石油勘探与开发，46(2)：216-225.

马新华，杨雨，张健，等，2019. 四川盆地二叠系火山碎屑岩气藏勘探重大发现及其启示[J]. 天然气工业，39(2)：1-8.

马永生，蔡勋育，赵培荣，等，2010. 四川盆地大中型天然气田分布特征与勘探方向[J]. 石油学报，31(1)：347-354.

聂海宽，金之钧，马鑫，等，2017. 四川盆地及邻区上奥陶统五峰组—下志留统龙马溪组底部笔石带及沉积特征[J]. 石油学报，32(2)：160-174.

聂海宽，何治亮，刘光祥，等，2020. 中国页岩气勘探开发现状与优选方向[J]. 中国矿业大学学报，49(1)：13-35.

彭彩珍，任玉洁，2017. 页岩气开发关键新型技术应用现状及挑战[J]. 当代石油化工，25(1)：24-27.

唐建明，程冰洁，徐天吉，2011. 三维三分量地震勘探[M]. 北京：地质出版社.

王金琪，1999. 四川盆地油气地质 50 年[J]. 四川地质学报，19(3)：179-183.

王文涛，朱培民，2009. 地震储层预测中贝叶斯反演方法的研究[J].石油天然气学报(江汉石油学院学报)，31(5)：263-266.

魏国齐，杨威，刘满仓，等，2019. 四川盆地大气田分布、主控因素与勘探方向[J]. 天然气工业，39(6)：1-12.

吴迪，薛冰，2018. "十二五"期间中国页岩气进展[J]. 科技与创新，12：12-14.

吴国忱，2006. 各向异性介质地震波传播与成像[M]. 山东东营：中国石油大学出版社.

吴瑞英，龙吉昌，黄尹剑，等，2018. 页岩气开发现状及前景分析[J]. 山东工业技术(7)：96.

夏鸿辉，1997. 四川盆地天然气工业发展概况、前景和政策建议[J]. 天然气工业，17(6)：1-4.

肖钢，唐颖，2012. 页岩气及其勘探开发[M]. 北京：高等教育出版社.

徐天吉，程冰洁，2009. 基于吸收滤波技术的储层气水性质识别方法[J]. 地球物理学进展，24(5)：1787-1793.

徐天吉，程冰洁，李显贵，2009. 频率与多尺度吸收属性应用研究：以川西坳陷深层气藏预测为例[J]. 石油物探，48(4)：390-395.

徐天吉，沈忠民，文雪康，2010. 多子波分解与重构技术应用研究[J]. 成都理工大学学报(自然科学版)，37(6)：660-665.

徐天吉，闫丽丽，程冰洁，等，2015. 川西坳陷须五段页岩气藏地震各向异性[J]. 石油与天然气地质，36(2)：319-329.

徐天吉，曹伦，程冰洁，等，2016. 基于地震波多尺度吸收属性的页岩气识别方法[J]. 新疆石油地质，37(1)：41-45.

徐天吉，程冰洁，胡斌，等，2016. 基于 VTI 介质弹性参数的页岩脆性预测方法及其应用[J]. 石油与天然气地质，37(6)：971-978.

许多，唐建明，甘其刚，等，2012. 气水界面上的法向反射系数研究[J]. 成都理工大学学报(自然科学版)，39(5)：509-514.

闫亮，董霞，李素华，等，2019. 川西二叠系火山岩识别技术与油气远景[J]. 天然气工业，39(增刊1)：104-106.

袁桂琴，孙跃，高卫东，等，2013. 页岩气地球物理勘探技术发展现状[J]. 地质与勘探，49(5)：945-949.

曾义金，2014. 页岩气开发的地质与工程一体化技术[J]. 石油钻探技术，42(1)：1-6.

张健，张奇，2020. 四川盆地油气勘探——历史回顾及展望[J]. 天然气工业，22(增刊)：3-7.

赵文智，贾爱林，位云生，等，2020. 中国页岩气勘探开发进展及发展展望[J]. 中国石油勘探，25(1)：31-44.

中华人民共和国国民经济和社会发展第十二个五年规划纲要(全文)[EB/OL]. http://www. gov. en/201llh / eontent_1825838. html.

邹才能，董大忠，王社教，等，2010. 中国页岩气形成机理、地质特征及资源潜力[J]. 石油勘探与开发，37(6)：641-653.

邹才能，董大忠，王玉满，等，2016. 中国页岩气特征、挑战及前景(二)[J]. 石油勘探与开发，43(2)：1-13.

Akl K，Richards P G，1980.Quantitative seismology theory and methods[M].San Francisco：W.H. Freeman and Company.

Bahorich B，Olson J E，Holder J，2012. Examining the effect of cemented natural fractures on hydraulic fracture propagation in hydrostone block experiments. Paper SPE 160197 presented at the 2012 SPE annual technical conference and exhibition，8-10 October，San Antonio.

Bakulin A，Grechka V，Tsvankin L，2000. Estimation of fracture parameters from reflection seismic data—Part Ⅰ：HTI model due to a single fracture set [J]. Geophysics，65(6)：1788-1802.

Bardenhagen S G，Kober E M，2004. The generalized interpolation material point method. Computer Modeling in Engineering & Sciences(5)：477-495.

Bardenhagen S G，Nairn J A，Lu H，2011. Simulation of dynamic fracture with the Material Point Method using a mixed J-integral and cohesive law approach. Int. J. Fracture(170)：49-66.

Bardenhagen S G，Guilkey J E，Roessig K M，et al.，2001. An improved contact algorithm for the material point method and application to stress propagation in granular materials. Computer Modeling in Engineering & Sciences(2)：509-522.

Best A I，McCann C ，Southcott J，1994. The relationship between the velocities，attenuations and petrophysical properties of reservoir sedimentary rocks[J]. Geophys Prosp，42：151-178.

Beugelsdijk L J L，de Pater C J，Sato K，2000. Experimental hydraulic fracture propagation in multi-fractured medium. Paper SPE 59419 presented at the 2000 SPE Asia Pacific conference on integrated modeling，Yokohama，Japan，25-26Aprie.

Biot M A，1956. Theory of propagation of elastic waves in a fluid-saturated porous solid，I: low-frequecny range[J]. J Acoust Soc Am，28：168-178.

Biot M A，1956. Theory of Propagation of elastic waves in a fluid-saturated porous solid，Ⅱ：higer frequency range[J]. J Acoust Soc Am，28：179-191.

Biot M A，1962. Mechanics of deformation and acousticpropagation in porous media[J]. Journal of Applied Physics，33：1482-1498.

Blanton T L，1982. An experimental study of interaction between hydraulically induced and pre-existing fractures. Paper SPE 10847 presented at the 1982 SPE/DOE Unconventional Gas Recovery Symposium. Pittsburg，Pennsylvania.

Bowker K A，2007. Barnett Shale gas production，Fort Worth Basin：issues and discussion[J]. AAPG Bulletin，91(4)：523-533.

Burnaman Michael D，Xia Wenwu，Shelton John，2009. Shale gas play screening and evaluation criteria[J]. China Petroleum Exploration，14(3)：51-64.

Carcione J M，Helle H B，Zhao T，1998. Effects of attenuation and anisotropy on reflection amplitude versus offset [J]. Geophysics，63：1652-1658.

Carcione J M，Finetti L R，Gei D，2003. Seismic modeling study of the Earth's deep crust [J]. Geophysics，68：656-664.

Chapman Mark，2001. The dynamic fluid substitution problem[J]. SEG，Expanded Abstracts，20：1708-1781.

Chapman Mark，2007. Fluid substitution theories for reservoirs with complex fracture patterns[C]. SEG San Antonio Annual Meeting.

Chapman Mark，2008. Nonlinear seismic response of rock saturated with multiple fluids[C]. SEG Las Vegas Annual Meeting.

Chapman Mark，Liu Enru，2002. Frequency dependent anisotropy with a multi-scale equant porosity model[C]. SEG，Expanded Abstracts，21：197-200.

Chapman Mark，Liu Enru，2006. Seismic attenuation in rocks saturated with multi-phase fluids[C]. SEG，Expanded Abstracts，25：1988-1991.

Chapman Mark，Liu Enru，Li Xiang-Yang，2005. The influence of abnormally high reservoir attenuation on the AVO signature[J]. The Leading Edge，24(11)：1120-1125.

Colin M，2010. The effect of anisotropy on the Young's moduli and Poisson's ratios of shales[C]. SEG，2606-2611.

Connolly P，1999. Elastic impedance[J]. The Leading Edge，18(4)：438-452.

Crampin S，Peacock S，2005. A review of shear-wave splitting in the compliant crack-critical anisotropic earth[J]. Wave Motion，41（1）：59-77.

Dahi-Taleghani A，2009. Analysis of hydraulic fracture propagation in fractured reservoirs：an improved model for the interaction between induced and natural fractures. Ph. D. dissertation，The University of Texas at Austin.

Darrel Hemsing，Douglas R，2006. Schmitt. Laboratory Determination of Elastic Anisotropy in Shales from Alberta[A]. SEG Annual Meeting，New Orleans，229-233.

Dvokin J，Nur A，1993. Dynamic poroelasticity：A unified model with the squirt and the Biot mechanisms[J]. Geophysics，58：524-533.

Erdogan F，Sih G C，1963. On the crack extension in plates under plane loading and transverse shear. ASME Journal of Basic Engineering，85：519-527.

Faranak Mahmoudian，Gary F，et al.，2004. Three parameter AVO inversion with PP and PS data using offset binning[C]. SEG，Expanded Abstracts，Denver，Colorado，74th Annual Meeting，240-243.

Fonseca E R，Farinas M J，2013. Hydraulic fracturing simulation case study and post frac analysis in the Haynesville shale LRJ. SPE 163847.

Geertsma J，de Klerk F，1969. A rapid method of predicting and extent of hydraulically induced fractures. JPT（Dec. 1969）1571-81；Trans.，AIME，246.

Gidlow P M，Smith G C，1992. AVO analysis in gold exploration：A South African case study[C]. SEG，Expanded Abstracts，1992 Annual Meeting，856-859.

Goloshubin G M，Silin D B，2006. Using frequency-dependent seismic attributes in imaging of a fractured reservoir[C]. Expanded Abstracts，76th SEG Annual Meeting，New Orleans：1742-1746.

Goloshubin G M，Korneev V A，Silin D B，et al.，2006. Reservoir imaging using low frequencies of seismic reflections[J]. The Leading Edge，25：527-531.

Gu H，Weng X，Lund J，et al.，2012. Hydraulic fracture crossing natural fracture at Nonortohogonal Angles：A criterion and its validation. SPE Productions & Operations，February 2012 and paper SPE 139984.

Guo Y，Nairn J A，2004. Calculation of J-Integral and Stress Intensity Factors using the Material Point Method"，Computer Modeling in Eng. & Sci.，6：295-308.

Guo Y，Nairn J A，2006. Three-dimensional dynamic fracture analysis using the material point method. Computer Modeling in Eng. & Sci.，16：141-156.

Gurevich B，Ciz R，Denneman A I M，2004. Simple exprssions for normal incidence reflection coefficients from an interface between fluid-saturated porous materials[J]. Geophysics，69：1372-1377.

Hulsey B J，Cornette B，Pratt D，2010. Surface microseismic mapping reveals details of the marcellus shale. Paper SPE 138806 presented at the 2010 SPE Eastern Regional Meeting，12-14 October Morgantown，West Virginia，USA.

Jarive D M，Hill R J，Ruble T E，et al.，2007. Unconventional shale gas systems：the Mississippian Barnett Shale of north central Texas as one model for thermogenic shale gas assessment[J]. AAPG Bulletin，91（4）：475-499.

Johnston David H，1987. Physical properties of shale at temperature and pressure. Geophysics，52（10）·1391 1401.

King G E，2010. Thirty years of gas shale fracturing：what have we learned？Paper SPE 133456 presented at the 2010 SPE annual technical conference and exhibition，Florence，Italy，19-22 September.

Koren Z，Ravve I，2014. Azimuthally dependent anisotropic velocity model update[J]. Geophysics，79（2）：C27-C53

Kresse O，Weng Xiaowei，Gu H，2013. Numerical modeling of hydraulic fractures interaction in complex naturally fractured formations，Rock Mech. Rock Eng，46：555-568.

Lemaitre J，Chaboche J L，2004. Mecanique des materiaux solides. 2nd Edition Dunod，Paris.

Leon Thomsen，2013. On the use of isotropic parameters λ，E，ν，K to understand anisotropic shale behavior[C]. SEG，320-324.

Li Xiang-Yang，1998. Fracture detection using P-P and P-S waves in multicomponent sea-floor data[C]. SEG，Expanded Abstracts，1998 Annual Meeting，2056-2059.

Li Xiang-Yang，Crampin Stuart，1993. Linear-transform techniques for processing shear-wave anisotropy in four-component seismic data[J]. Geophysics，58（2）：240-256.

Li Xiang-Yang, Yuan Jian-Xin，2003. Converted-wave moveout and conversion-point equations in layered VTI media: theory and application[J]. Journal of Applied Geophysics，54(3-4)：297-318.

Liu Enru，Chapman Mark，Maultzsch Sonja，et al.，2003. Frequency-dependent anisotropy: effects of multi-fracture sets on shear-wave polarizations[C]. SEG，Expanded Abstracts，22：101-104.

Meek R，Suliman B，Hull R，et al.，2013. What Broke? Microseismic analysis using seismic derived rock properties and structural attributes in the Eagle Ford play. Paper URTeC 1580099 presented at 2013 Unconventional Resources Technology Conference，August 12-14，Denver.

Metwally Yasser，Lu Kefei，Evgeny M，2013. Chesnokov. Gas shale; Comparison between permeability anisotropy and elasticity anisotropy[A]. 2013 SEG Annual Meeting，Houston，2290-2295.

Nagel N B，Sanchez-Nagel M A，Zhang F，et al.，2013. Coupled numerical evaluations of the geomechanical interactions between a hydraulic fracture stimulation and a natural fracture system in shale formations[J]. Rock Mech Rock Eng，46：581-609.

Nairn J A, 2003. Material point method calculations with explicit cracks[J]. Computer Modeling in Engineering & Science, 4: 649-666.

Nairn J A，2007. Material point method simulations of transverse fracture in wood with realistic morphologies[J]. Holzforschung，61：375-281.

Nairn J A，2013. Modeling imperfect interfaces in the material point method using multimaterial methods[J]. CMES Computer Methods in Applied Mechanics and Engineering，92（3）：271-299.

Nairn J A，Guo Y，2005. Material point method calculations with explicit cracks，fracture parameters，and crack propagation. 11th Int. Conf. Fracture，Turin，Italy，Mar 20-25.

Olson J E，Wu K，2012. Sequential versus simultaneous multi zone fracturing in horizontal wells. Insights from Non planar multi frac numerical models. Paper SPE 152602 presented at the 2012 SPE hydraulic fracturing technology conference，Woodlands，TX.

Qian Zhongping，Li Xiang-Yang，Chapman Mark，2007. Effects of oil-water saturation on shear-wave splitting in multicomponent seismic data[C]. SEG，Expanded Abstracts，26：1019-1023.

Qian Zhongping，Chapman Mark，Li Xiang-Yang，et al.，2007. Use of multicomponent seismic data for oil-water discrimination in fractured reservoirs[J]. The Leading Edge，26（9）：1176-1184.

Rahman M M，Aghighi A，Rahman S S，2009. Interaction between induced hydraulic fracture and pre-existing natural fracture in a poro-elastic environment：effect of pore pressure change and the orientation of a natural fractures. Paper SPE 122574 presented at the 2009 Asia Pacific oil and gas conference and exhibition，Jakarta，Indonesia，4-6 August.

Refunjol X E，Marfurt K，J，Le Calvez J H，2011. Inversion and attribute-assisted hydraulically induced microseismic fracture characterization in the North Texas Barnett Shale. The Leading Edge，March，936-942.

Rickman R，Mullen M，Erik Petrel E，et a1.，2008. A practicaluse of shale petrophysics for stimulation design optimization：All shale plays are not clones ofthebarnett shale[C]. SPE 115258.

Ruger A，1998. Variation of P-wave reflectivity with offset and azimuth in anisotropic media[J]. Geophysics，63 (3)：935-947.

Sadeghirad A，Brannon R M，Burghardt J，2011. A convected particle domain interpolation technique to extend applicability of the material point method for problems involving massive deformations. Int. J. Num. Meth. Eng.，86：1435-1456.

Schoenberg M，Sayers C M，1995. Seismic anisotropy of fractured rock[J]. Geophysics，60 (1)：201-211.

Silin D，Goloshubin G M，2010.An asymptotic model of seismic reflection from a permeable layer[J]. Transport in Porous Media，83(1)：233-256.

Skopintseva L，Alkhalifah T，2013. An analysis of AVO inversion for postcritical offsets in HTI media[J]. Geophysics，78 (3)：N11-N20.

Smith G C.，Gidlow P M. 1987. Weighted stacking for rock property estimation and detection of gas[J]. Geophysical Prospecting，35：993-1014.

Sukumar N，Prevost J H，2003. Modeling quasi-static crack growth with the extended finite element method Part I：computer implementation" International journal of solids and structures，40：7513-7537.

Tezaghi K，1936. The shearing resistance of saturated soils and the angle between planes of shear[C]. Haverd，54-56.

Terzaghi K，1936. Stress distribution in dry and in saturated sand above a yielding trap-door[C]//.Proceedings of First International Conference Soil Mechanics and Foundation Engineering. Mass: Harvard University Press，35−39.

Walton I，McLennan J，2013. The role of natural fractures in shale gas production，in Effective and Sustainable Hydraulic Fracturing. Book edited by Andrew P. Bunger，John McLennan and Rob Jeffrey，17.

Warpinski N R，Teufel L W，1987. Influence of geologic discontinuities on hydraulic fracture propagation. Journal of Petroleum Technology.

Whitcombe D N，2002. Elastic impedance normalization[J]. Geophysics，67 (1)：60-62.

Whitcombe D N，Connolly P A，2002. Extended elastic impedance for fluid and lithology prediction[J]. Geophysics，67 (1)：63-67.

Wood D D，Schmit B E，Riggins L，et al.，2011. Cana Woodford stimulation practices：a case history[R]. SPE 143960.

Wyllie M R J，Gregory A R，Gaedner L W，1956. Elastic wave velocities in heterogeneous and porous media[J]. Geophysics, 21：41-70.

Xu Duo，2011. Seismic normal reflection based on the asymptotic equation in porous media[R]. The Centre forReservoir Geophysics，Imperial College London.

致　谢

　　本书重点归纳了常规地震和三维三分量地震资料采集、处理、解释等理论方法与综合应用技术的最新进展，比较全面地阐述了地震勘探技术在四川盆地致密砂岩气藏、碳酸盐岩气藏和页岩气等领域中的实践效果和方法经验，涉及地质、地球物理、工程等多门学科，理论方法非常丰富、技术内容十分详细。在编著过程中，获得了郭旭升院士的指导及中石化西南油气分公司许多管理者与科研人员的大力支持，参阅并引用了大量(或许还有遗漏)的科技文献，国家基金委和四川省科技厅等企事业单位给予了经费资助，科学出版社的编辑、校对、设计等相关人员也付出了辛勤的劳动，在此统一致谢！

附　　图

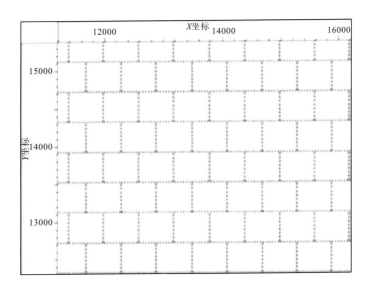

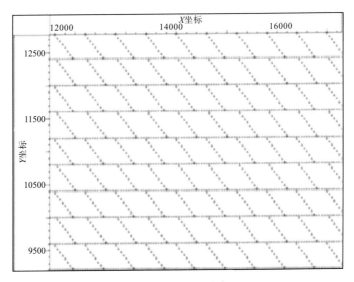

(a)炮点与检波点分布

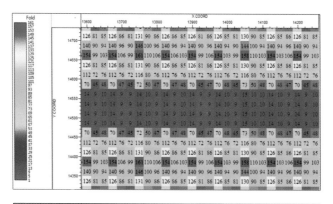

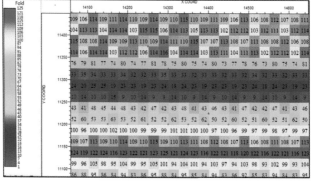

(b)覆盖次数分布

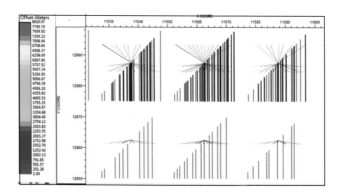

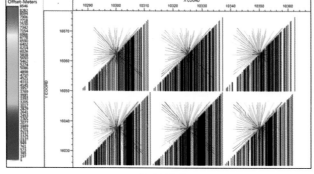

(c)偏移距分布

图2-4　砖墙式和斜交砖墙式观测系统类型对比

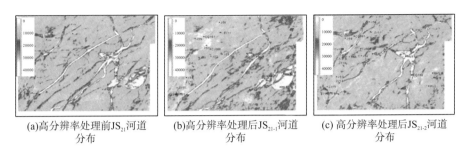

(a)高分辨率处理前JS$_{21}$河道分布　　(b)高分辨率处理后JS$_{21-1}$河道分布　　(c)高分辨率处理后JS$_{21-2}$河道分布

图3-9　利用高分辨率地震数据预测中江—回龙地区JS$_{21-1}$和JS$_{21-2}$河道展布

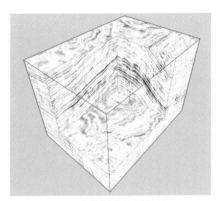

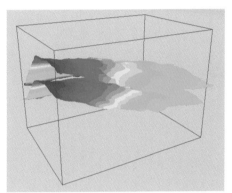

(a)三维数据体切割显示　　　　　(b)反射界面构造解释成果三维立体显示

图4-1　新场气田三维数据体及构造解释

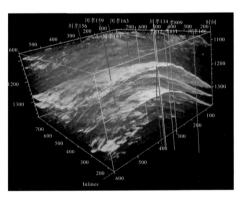

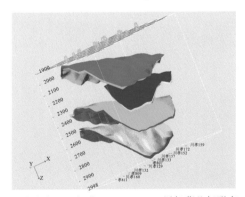

(a)新场气田J$_{2s}$气藏波阻抗三维可视化形态　　(b)新场气田J$_{2s}$气藏A、AB、B、C层气藏几何形态

图4-9　新场气田J$_{2s}$气藏储层几何形态和构造特征

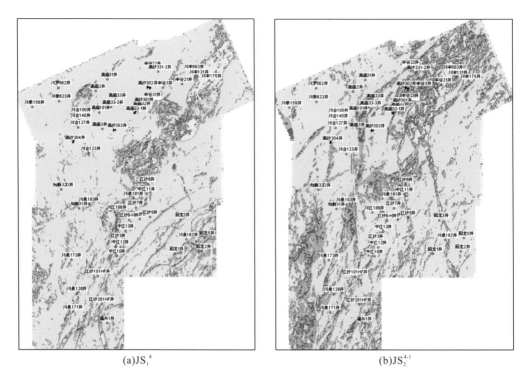

(a)JS$_1^4$ (b)JS$_2^{4-1}$

图5-37　中江气田合兴场—高庙子地区JS$_1^4$和JS$_2^{4-1}$河道砂体储层含气性预测平面图

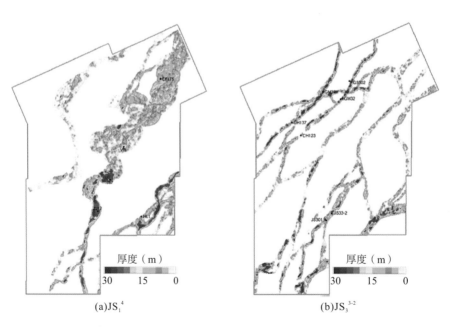

(a)JS$_1^4$ (b)JS$_3^{3-2}$

图6-19　中江气田叠前地质统计学反演JS$_1^4$和JS$_3^{3-2}$砂组储层厚度预测平面图

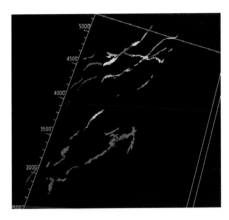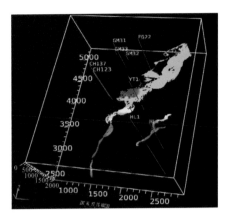

图6-25 中江气田斜坡区沙溪庙组河道砂岩自动追踪三维可视化图

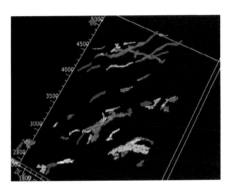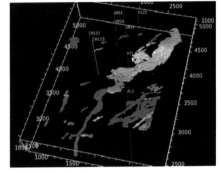

图6-26 中江气田斜坡区沙溪庙组河道砂岩异常体雕刻三维可视化图

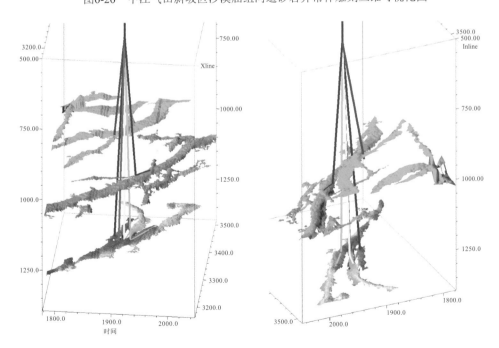

图6-27 中江气田江沙33-19HF井组三维可视化图

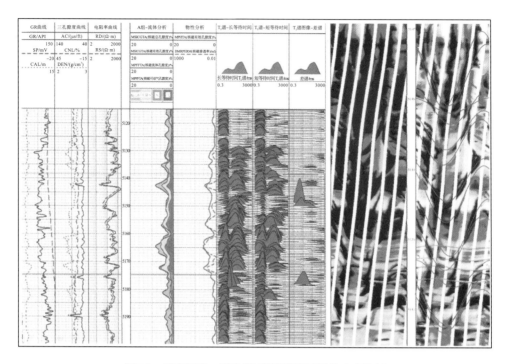

图7-2　须家河组二段孔隙-裂缝型储层测井响应特征

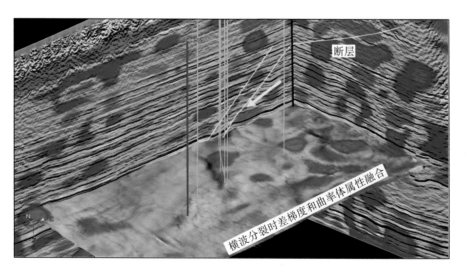

图7-6　横波分裂时差梯度、纵波曲率体属性和纵波振幅剖面融合显示

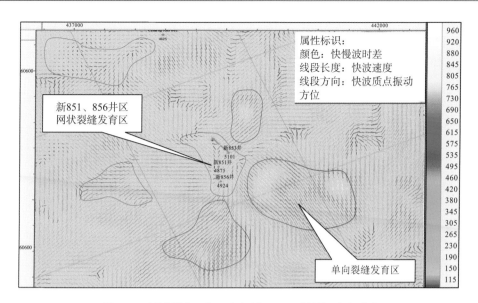

属性标识:
颜色: 快慢波时差
线段长度: 快波速度
线段方向: 快波质点振动方位

新851、856井区
网状裂缝发育区

新853井
5101
新851井
4875
新856井
4924

单向裂缝发育区

图7-11　新场须家河组二段纵波VVAZ裂缝检测平面图

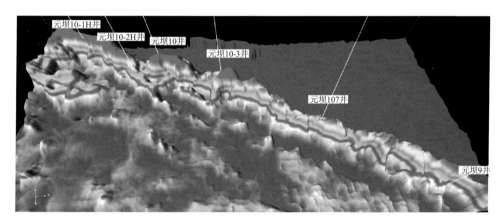

元坝10-1H井
元坝10-2H井　元坝10井
元坝10-3井

元坝107井

元坝9井

图8-4　元坝①号礁带三维可视化空间雕刻

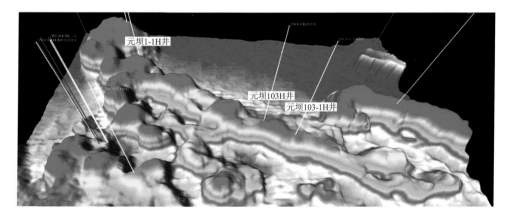

元坝1-1H井

元坝103H井
元坝103-1H井

图8-5　元坝②号礁带三维可视化空间雕刻

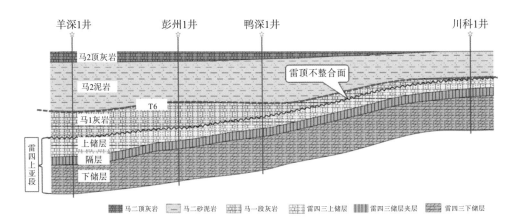

图9-13 山前带雷口坡组—马鞍塘组地质模型图

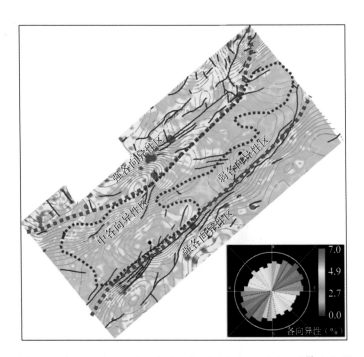

图9-26 金马—鸭子河地区各向异性裂缝密度平面图及裂缝方向图

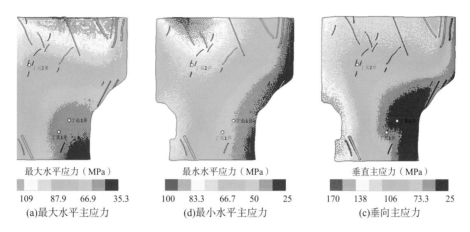

图10-18　丁山地区龙马溪组地应力分布预测图

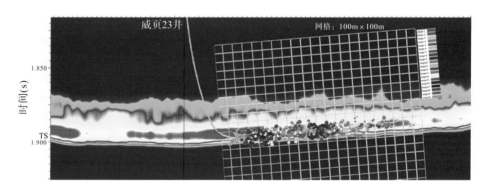

图10-20　威远地区威页23井龙马溪组底部脆性指数与微地震监测叠合剖面

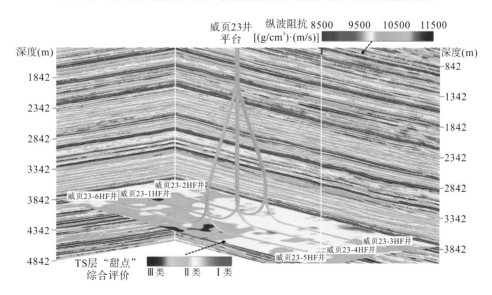

图10-24　威远地区威页23井平台钻井轨迹设计图

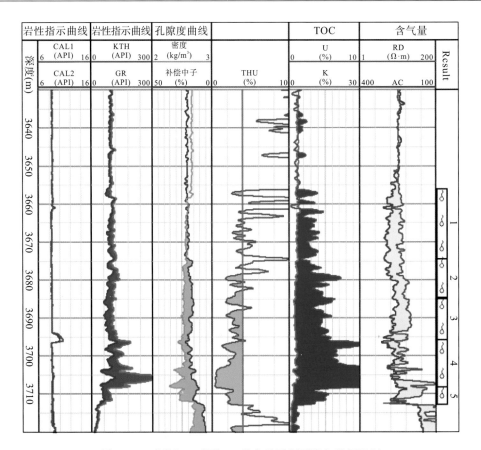

图11-13　威荣气田威页29-1井龙马溪组页岩气储层识别